胡本芙教授 1980 年在美国举行的第四届国际高温合金会议上

胡本芙教授(左一)出席1980年在美国举行的第四届国际高温合金会议期间代表团成员与会议主席和田家凯教授(左五)合影

胡本芙教授(右二)出席1980年在美国举行的第四届国际高温合金会议期间代表团参观美国GE公司地面燃气发动机实验室

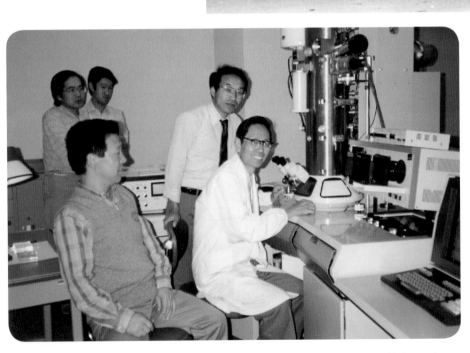

1986年胡本芙教授(右一)在北海道大学工学部留学期间与导师在超高压电镜室研究讨论问题

1993 年北海道大学授予胡本芙（前排右）工学博士学位

胡本芙教授（右）和章守华教授 1994 年出席在日本东京举行的国际金属学会、钢铁协会年会

胡本芙教授（左）1994 年出席在日本东京举行的国际高温合金腐蚀会议

胡本芙教授(左一)1994年出席日本北海道大学工学部成立70周年学术交流会

2001年胡本芙教授(左一)与导师章守华教授(左二)和高桥平七郎教授在北海道

2001年胡本芙教授（右一）在武钢出席中日新材料技术交流会

2002年胡本芙教授（左三）出席在包头举行的国际合金稀土应用研讨会

2002年胡本芙教授（前排右）和夫人李慧英教授（前排左）与博士研究生合影（后排左一余泉茂，后排左二陈焕铭）

2005年5月20日胡本芙教授（左二）出席刘建涛博士（左五）论文答辩说明会

2006 年胡本芙教授（右）与博士研究生田高峰（现工作于北京航空材料研究院）合影

胡本芙教授（右）与博士研究生张义文出席 2007 年在上海举行的第十一届中国高温合金年会

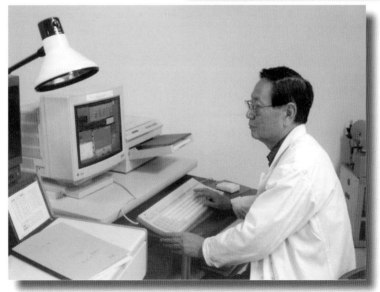

2009 年胡本芙教授在日本北海道大学新能源研究中心21世纪新材料中心实验室工作

胡本芙教授（右一）与博士研究生(左一刘建涛，左二张义文)出席 2011 年在成都举行的第十二届中国高温合金年会

2012年12月10日胡本芙教授(左二)出席张义文(右一)博士论文答辩说明会

2013 年 1 月 4 日胡本芙教授（右）出席张义文博士毕业典礼会

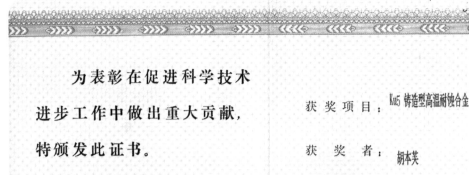

为表彰在促进科学技术进步工作中做出重大贡献，特颁发此证书。

奖励日期： 1990 年 12 月

证 书 号： 90-053-02

获奖项目： KU5 铸造型高温耐蚀合金

获 奖 者： 胡本芙

奖励等级： 三 等

中华人民共和国冶金工业部
科学技术进步奖评审委员会

胡本芙教授 1990 年获冶金工业部科学技术进步三等奖

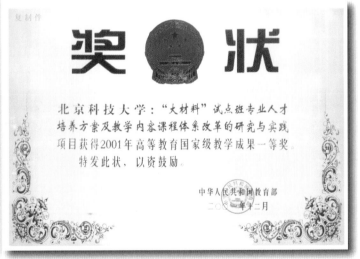

胡本芙教授 2001 年获国家级教学成果奖

（本书照片按时间顺序编排）

粉末冶金高温合金论文集

——胡本芙教授从事粉末冶金高温合金研究 30 年

张义文 编

北 京

冶 金 工 业 出 版 社

2013

内 容 简 介

本书总结了胡本芙教授30年来从事粉末高温合金研究的科研成果及发表的学术论文。全书由三部分组成：第一部分是胡本芙教授已经公开发表的论文；第二部分是胡本芙教授内部发表的论文；第三部分附录是胡本芙教授与其他人员合作发表的论文标题以及指导的本科、硕士、博士毕业论文标题。

本书可作为从事粉末高温合金研究和开发的科技工作者和工程技术人员以及相关专业的学生参考书。

图书在版编目（CIP）数据

粉末冶金高温合金论文集：胡本芙教授从事粉末冶金高温合金研究30年/张义文编．—北京：冶金工业出版社，2013.11
ISBN 978-7-5024-6449-3

Ⅰ．①粉…　Ⅱ．①张…　Ⅲ．①耐热合金—合金粉末—文集
Ⅳ．①TG132.3-53　②TF123.7-53

中国版本图书馆 CIP 数据核字（2013）第 265005 号

出 版 人　谭学余
地　　址　北京北河沿大街嵩祝院北巷 39 号，邮编 100009
电　　话　(010)64027926　电子信箱 yjcbs@cnmip.com.cn
责任编辑　俞跃春　美术编辑　吕欣童　版式设计　孙跃红
责任校对　李　娜　责任印制　牛晓波
ISBN 978-7-5024-6449-3
冶金工业出版社出版发行；各地新华书店经销；北京百善印刷厂印刷
2013 年 11 月第 1 版，2013 年 11 月第 1 次印刷
787mm×1092mm　1/16；19 印张；4 彩页；473 千字；291 页
96.00 元
冶金工业出版社投稿电话：(010)64027932　投稿信箱：tougao@cnmip.com.cn
冶金工业出版社发行部　电话：(010)64044283　传真：(010)64027893
冶金书店　地址：北京东四西大街 46 号(100010)　电话：(010)65289081(兼传真)
（本书如有印装质量问题，本社发行部负责退换）

序　言

粉末冶金方法在高温合金生产中的应用是 20 世纪 60 年代末高温合金生产工艺技术的重要发展时期。这个技术的优点在于能显著地改善合金的化学成分偏析，达到组织的均匀一致性，从而提高产品的质量和性能。粉末高温合金涡轮盘是增高先进飞机发动机推重比，延长寿命，节约原材料的有效途径。世界上先进工业国家在经历第一、二代粉末高温合金后，第三代粉末高温合金的研制也已进入工程化快速发展阶段，相继开发出许多性能优良，使用温度在 700℃ 以上的第三代粉末高温合金如：美国的 Alloy10、ME3（René104）、LSHR、法国的 NR₃ 系列等，并成功地实现了双晶粒双组织高推重比航空发动机用双性能涡轮盘。

我国粉末高温合金的研制起步较晚，1981 年在冶金工业部和航空工业部的领导下，由钢铁研究总院、北京航空材料研究所（现北京航空材料研究院）、北京钢铁学院（现北京科技大学）和北京航空学院（现北京航空航天大学）组成联合科研组正式在我国开展粉末高温合金研究工作。1984 年底采用氩气雾化（AA）制粉 + 热等静压（HIP）成形 + 包套模锻工艺研制出 φ420mm 涡轮盘件。后于 1995 年在西南铝加工厂的 3 万吨水压机上，使用等离子旋转电极（PREP）工艺制取粒度为50～100μm 粉末，同样采用 HIP 成形 + 包套模锻工艺成功地研制出 φ500mm 以上大尺寸 FGH95 合金粉末涡轮盘，取得了丰硕成果。我国粉末高温合金研制经过艰苦努力地工作，目前可以批量生产压气机盘、涡轮盘、涡轮轴、涡轮挡板等粉末高温合金热端部件。

北京科技大学胡本芙教授是我国首批参加粉末高温合金研发队伍的主要科研骨干成员，他从合金制粉、加工成形直到测试组织性能，亲自工作在科学实验第一线，积累了丰富的粉末高温合金实践、研究经验和具有较强的科研组织能力。北京科技大学粉末高温合金研制工作密切配合联合科研组的工作进程，针对粉末高温合金生产工艺中影响合金质量一些关键因素和基础理论问题进行了探索和研究，寻找其产生的原因和对合金组织性能的影响，以及防止其产生和减少其危害性的途径。在粉末高温合金研制的初期阶段（"六五"、"八五"和"九五"期间），研究内容主要针对提高合金低周疲劳性能影响最大的问题开展系统地研究工作，如：雾化过程中粉末颗粒凝固及凝固组织；粉末颗粒表面化学成分；金相组织和原颗粒边界（PPB）问题；陶瓷夹杂物的本质及来源；热等静压、锻造及热处理过程中淬火裂纹等工艺对合金组织的影响。这部分研究结果是对粉末高温合金以及其制造工艺初步认识阶段性总结也编辑在本书里。

从"十一五"、"十二五"开始，国内对高性能粉末高温合金的需求日益迫切和增大，对已研究成功的一代（FGH95）、二代（FGH96）粉末高温合金急需开展大量工程化研究，第三代（FGH98）粉末高温合金也得到国家积极地支持立项研究，本书就是在这种对粉末高温合金强烈需求的形势下完成的，具有重要的参考价值。

在分析和总结国内外特别是国内粉末高温合金实践和发展的基础上，新世纪开始，粉末高温合金课题组首先在国内系统地介绍先进工业国家开展第三代粉末高温合金研制双性能涡轮盘开发研究的新成果以及相关工艺技术，同时围绕我国第二代（FGH96）粉末高温合金工程化中一些重要基础性理论问题进行深入研究，如：建立强化相 γ' 相与固溶冷却速度和其尺寸的定量关系，提出 γ' 相多阶段析出模型。揭示热处理固溶冷却过程中 γ' 相形态失稳表现形态和形成机制以及含微量元素铪（Hf）的 FGH97 合金在长期时效热处理时发现铪元素促进立方状 γ' 相分裂，形成低能稳定的 γ' 相"择优形态"的机理；在开发研究第三代（FGH98）粉末高温合金时对 γ' 相扇形结构这一特殊失稳形态的形成动力学和机理以及消除或改善其形态的有效工艺技术等进行具有创新性研究，对我国粉末高温合金成分优化设计和组织调控都有重要指导作用。

本书总结了胡本芙教授 30 余年研究粉末高温合金发表的学术论文，也凝集了几届参与粉末高温合金研究的莘莘学子的心血，留下他们刻苦钻研和辛勤劳动的足迹。本书是迄今看到最为详尽介绍粉末高温合金的专集，是一本颇具实用价值的参考书，可作为从事粉末高温合金研究和开发的科技工作者和工程技术人员以及高温合金专业的研究生的参考资料，相信本书的出版对促进我国粉末高温合金生产、研究和工程应用起到积极的作用。

章守华

2013 年 8 月 25 日

感　言

　　30 年来，我在北京科技大学材料科学与工程学院粉末高温合金研究过程中，特别是在著名的粉末高温合金教育和研究的先驱者章守华教授领导下，取得了一定成绩。粉末高温合金研究组将本人研究初期未公开发表和公开发表的学术论文进行整理、汇总，编辑出版本书，以此来见证我国粉末高温合金从起步、仿制、消化、独自创新的艰辛曲折的过程，同时也记录着为发展我国粉末高温合金事业，我校的各届众多学子为之所付出的辛勤劳动。

　　本书出版首先应当感谢钢铁研究总院高温材料研究所粉末高温合金工程中心主任、教授级高工张义文博士，在他的积极倡议和热情支持下本书才得以顺利出版。我特别感谢尊敬的导师章守华教授在百忙中为本书亲自作序，也感谢刘国权教授热情支持和学术梯队中多名博士和硕士生帮助收集整理复印论文工作，对钢铁研究总院高温材料研究所粉末高温合金工程中心刘建涛博士和其他同事为本书出版也付出辛勤劳动表示谢意。

　　由于作者认识水平所限以及各种条件限制，论文中肯定存在不妥错误之处，恳请各位同行和读者批评指正。

　　最后希望本书的出版有助于推动我国粉末高温合金领域超越式向前发展。

胡本芙

2013 年 9 月 6 日

编者的话

时间飞逝，斗转星移。自 1989 年 1 月，我于北京科技大学材料科学与工程系金属材料与热处理专业硕士研究生毕业，在钢铁研究总院高温合金研究室（现高温材料研究所）从事粉末高温合金工作，现已近 25 载。2007 年 9 月重返母校攻读博士研究生，又转瞬即逝，于 2013 年 1 月 4 日取得北京科技大学工学博士学位。回想 5 年半的博士生活，留恋之情，不禁油然而生，忙碌而充实的学习生活给予我很多，收获颇多。学校是我们成就事业的摇篮，老师是我们起航的风帆。胡老师的谆谆教诲和辛勤培养，使我踏入了粉末高温合金应用基础理论研究的殿堂。胡老师广博的学识，丰富的阅历，独特的视角，扎实严谨的治学态度，实事求是的科学精神，时时刻刻影响着我。

胡本芙教授是我国最早从事粉末高温合金研究的专家学者之一，是国内粉末高温合金领域的知名学者。1981 年冶金工业部和航空工业部组织了由钢铁研究总院、北京航空材料研究所（现北京航空材料研究院）、北京钢铁学院（现北京科技大学）和北京航空学院（现北京航空航天大学）参加的联合研制课题组，共同研制 FGH95 粉末高温合金。从此，胡本芙教授开始从事粉末高温合金的研究工作。胡本芙教授在 30 年的粉末高温合金领域教学和研究中，培养了近 20 名硕士和博士研究生，撰写了百余篇学术论文。

为总结胡本芙教授从事粉末高温合金研究 30 年的科研成果，也为方便从事粉末高温合金研究人员学习和查阅文献，决定编写本书。本书由三部分组成：第一部分是胡本芙教授已经公开发表的论文，对当时公开发表的印刷错误做了修改，参考文献保持原样；第二部分是胡本芙教授内部发表的论文，略去了英文标题、中英文摘要和关键词，参考文献参照 GB/T 7714—2005 编写；第三部分附录是胡本芙教授与其他人员合作发表的论文标题，以及指导的本科、硕士研究生、博士研究生毕业论文标题。

在本书编写的过程中，胡本芙教授的很多学生给予了积极的支持，在论文整理方面北京科技大学的肖翔博士、马文斌博士和杨万鹏硕士、吕文婷硕士，钢铁研究总院的刘建涛和黄虎豹做了大量的细致工作，钢铁研究总院的贾建、迟悦、孙志坤及吴超杰参加了论文的校对工作，对此表示衷心感谢！

本书的出版希望能对从事粉末高温合金工作的科技人员，尤其是年轻的科技人员和大专院校的学生有一点帮助和启示。

在本书的搜集和整理过程中，难免有疏漏和不周之处，恳请读者谅解。

本书的出版得到了"国家重点基础研究发展计划"资助（课题编号：2010CB631204），在此表示感谢！

2013 年 9 月 9 日于钢铁研究总院

胡本芙教授简介

一、教育与研究历程

1960 年毕业于原北京钢铁学院（现北京科技大学）工艺系金相热处理专业后，留校任教，担任特冶系高温合金教研组助教和讲师，1985 年因军工课题需要调至金相教研组，在章守华教授直接领导下承担国家攻关项目"先进航空发动机用粉末高温合金涡轮盘研制"课题组。先后参加国家"六五"、"八五"和"九五"计划中粉末高温合金盘件研究的专项课题，并承担高温合金学，金属材料及热处理课程教学工作。1986 年赴日本北海道大学先进能源材料工学研究中心作为访问学者进修，从事新能源低活性长寿命低肿胀奥氏体型钢研究，于 1993 年获日本北海道大学工学部工学博士学位和兼职研究员，1995 年任北京科技大学材料科学与工程学院博士生导师。曾任物理测试学会常务理事，金属学会会员，核学会会员和河北理工大学客座教授，日本北海道大学先进能源工学中心客座教授。

从 1981 年开始参与我国粉末高温合金涡轮盘研制专项攻关课题，在章守华教授指导下，通过与钢铁研究总院通力合作，系统地开展我国粉末高温合金应用理论和工业技术基础理论研究，开拓我国粉末高温合金基础理论研究的新局面，取得有创新性的理论研究成果。

1993 年开始与日本北海道大学先进能源工学中心开展双边国家课题合作研究，并参加日美联合聚变堆高温结构材料课题研究工作。在低肿胀辐照机理和辐照诱起晶界偏析行为等方面提出创新的观点，获得同行的赞许。

二、粉末高温合金理论研究和成果

根据章守华教授的研究思路与指教，胡本芙教授具体带领课题组从应用基础理论出发，通过大量科学实验在粉末颗粒凝固过程、夹杂物分析检测、原粉末颗粒表面成分、PPB 析出相的形成、预热处理工艺和组织、最佳热处理工艺制度和盘坯淬火开裂成因以及先进双性能盘件合金中强化相 γ′ 的形态演化行为等方面开展系统深入研究，对推动我国粉末高温合金工业技术发展起到有益指导作用。

（一）基元-粉末颗粒凝固及相析出行为研究

首次应用牛顿流体力学微元分析法，描述 PREP 法熔滴凝固热学参数和对急冷凝固粉末组织的影响，为制粉工艺参数优化和改进制粉工艺技术提供理论依据。采用一级碳萃取复型先进实验技术（专利），系统研究基元-粉末颗粒（PREP 法）表面和内部亚稳碳化物，提出粉末凝固过程中剩余液体成分变化决定合金元素扩散速率，影响和改变亚稳碳化物形态的论点，在国际学术界也未见报道。率先在国内开始系统研究基元粉末预热处理和松散粉末热变形过程，并指出两者是改变亚稳碳化物稳定性和分布的有效技术，为粉末预热处理工艺提供技术支持。揭示粉末高温合金涡轮盘中残存的残留枝晶区其实质就是典型部分未再结晶组织区，并提出减少同一取向的胞状长大晶比例就可以减少残留枝晶区数量，为优化雾化工艺参数提供理论指导。

（二）原颗粒边界 PPB（Prior Particle Boundaries）问题的研究

PPB 的形成一直是粉末高温合金生产过程被关注的特殊冶金缺陷。运用现代先进实验方法，密切结合我国生产实践，以外因和内因相结合的分析方法对 PPB 从理论上赋予新的认识和解释。首先 PPB 碳化物带有亚稳碳化物特征是多元合金碳化物。PPB 由 MC 型碳化物和大尺寸 γ' 相两相组成的沿颗粒边界分布的网状物，在热等静压时粉末颗粒表面存在的富氧吸附层可以把近表的非平衡偏析的 Ti 和 Al 拉向颗粒表面，其中 Ti 与颗粒表面的吸附层的 C 和 O 优先发生反应，生成含氧的碳化物 TiC；与此同时在粉末近表面富集的 Al 则在后续冷却过程中发生反应，生成 γ' 相和钛碳（氧）化物。即粉末高温合金中 PPB 析出相的形成机理是由粉末颗粒表层过饱和固溶体中存在着溶质元素的不平衡偏析和粉末颗粒表面吸附的富集 C、O 元素发生固态化学反应而形成的产物，故欲要彻底消除 PPB 是很困难的，但是可以采取有效措施使 PPB 最少化。

（三）粉末高温合金中强化相 γ' 相的形态不稳定性研究

提出粉末高温合金在固溶冷却过程中 γ' 相的形态失稳的两种表现形态，并分别说明其形成机制。γ' 相分裂（splitting）形态取决于 γ/γ' 相间的错配度与 γ' 相尺寸两因素，当 γ' 相长大或粗化至一定临界尺寸时，通过自溶解，释放弹性应变能导致 γ' 相分裂。而 γ' 相不稳定长出（unstable protrusion）形态是当 γ 相基体存在足够的过饱和度引发的局部扩散效应（point effect of diffusion）造成的相界面的不稳定性。γ' 相的不稳定长出失稳形态现象，它的形成与 γ/γ' 相间错配度无关。并首次指出很多单一颗粒 γ' 相发生分裂的同时也会相应发生不稳定长出，不稳定长出的 γ' 相（凸起）已与基体失去共格不会产生点阵错配，引发弹性应变能。

系统研究了含微量元素 Hf 的 FGH4097 合金，发现在长期时效时 Hf 对 γ' 相形态演化起到重要作用。Hf 元素促进立方状 γ' 相发生分裂，呈现出二重平行状（doublet of plates）和紧密排列的八重小立方状组态（octet of cubes），作为一个整体形态的 γ' 相八重小立方体，区别于单独形态的析出相，被称为 γ' 的择优形态（preferred shape），它是弹性应变能和表面能之和最低时的稳定形态，是 γ' 相粗化过程中分裂的产物，这种择优形态可减少基体的点阵畸变，形态稳定且不易粗化。

三、培养学生及发表学术论文

我国自从 20 世纪 70 年代末开展粉末高温合金研究以来，北京科技大学粉末高温合金研究组在教育领域为我国粉末高温合金专业领域培养了一批优秀人才。胡本芙教授先后指导和培养的粉末高温合金专业的本科生、硕士生和博士生近 30 名，在国内外工作的大多学子已成为领导骨干和专题负责人，为推进和发展我国粉末高温合金事业做出了巨大贡献。胡本芙教授在粉末高温合金和聚变堆高温结构材料领域发表学术论文 200 余篇。

目 录

❖ 第一部分 已公开发表的论文 ❖

❖ 第二部分　内部发表的论文 ❖

❖ 第三部分　附　录 ❖

▲ 第一部分

已公开发表的论文

粉末高温合金工艺、成分、组织研究的新进展

胡本芙

（北京钢铁学院）

从第四届国际高温合金会议发表的文章和会后参观看到，各国在研制高温合金方面开始大量使用新的工艺和新的技术。例如：单晶工艺，定向凝固，热等静压（HIP），机械合金化，粉末冶金高温合金，双重特性合金组合工艺以及激光堆焊涡轮盘工艺等。使用这些新的工艺和新的技术，一方面提高了合金使用寿命，满足新的更高的使用条件；另一方面降低成本，节约能源。正如第四届国际高温合金会议预测那样，把 60 年代研究成功的一些优秀高温合金和 70 年代、80 年代初出现的先进工艺技术相结合，着重研究适合新工艺条件下的合金成分、组织结构，以直接支持新工艺技术的推广，将是今后高温合金发展的方向之一。这一动向体现了当前世界上以节约能源为中心发展工业的总目标。同时也表明，欲扩大高温合金的使用范围，使之能耐更高温度，满足各种复杂使用条件，不一定要创造新合金，而靠改革工艺技术即可实现。本文介绍有关高温合金成分以及组织结构研究的新进展和一些新工艺技术。

1　粉末冶金过程中碳化物问题

在第四届国际高温合金会上，美国国际镍公司(INCO) R. F. Decker 博士综合第一、二、三届国际高温合金会议发表文章和目前各国高温合金的发展现状，作了"高温合金寿命更新 50 年"的报告。他指出，从第三届国际高温合金会议以来（1976 年），高温合金发展有些停滞。而从第四届国际高温合金会议以后，高温合金的发展将出现上升的趋势，其中 5 ~ 10 年之内，高温合金粉末冶金的发展将是高温合金生产重新上升的主要内容。所以，这次会议有关粉末冶金生产高温合金方面，从工艺、组织结构到产品生产有不少文章。这说明各国对此方向都在密切注视，并开始从理论上解决粉末冶金高温合金中一些实际问题。粉末颗粒中碳化物问题的研究就是一项基础性工作。

美国中部俄亥俄州立大学用旋转电极方法，以氦急速冷却，制取含 $w(\mathrm{Mo})$ 为 14%、$w(\mathrm{Ta})$ 为 6%、$w(\mathrm{Al})$ 为 5.8% 的镍基合金粉末颗粒，研究单个颗粒形态、微区域成分与冷却条件的关系。指出，在单个微细粉末颗粒中有三种组织结构：第一种为树枝晶组织，一次轴和二次轴具有确定的角度，在立方体棱边方向上生长，二者互相垂直，第二相存在于枝晶间区域；第二种组织为胞状生长，它与普通树枝晶有区别，没有二次晶轴。但第二相还是在晶轴间分布；第三种组织形态是细小等轴晶，在晶界上没有明显的第二相析出。

图 1 示出 Ni-Mo-Ta-Al 单个粉末颗粒三种不同的组织形态，是一张十分难得的电镜照片。

图1 透射电镜下 Ni-Mo-Ta-Al 粉末颗粒三种不同组织状态

合金在凝固过程中形核和长大是由于过冷度提供驱动力，随着过冷度的增加，组织形态从树枝晶状→胞状→等轴晶状变化。最初的过冷度，导致在细等轴区大量形核，产生细等轴晶，随着结晶潜热放出，过冷度减少，固-液界面移动速度降低。变成胞状结构和树枝晶结构，因为对树枝晶长大来说，只需要固-液界面有若干分之一过冷度就可以进行，所以，金属结晶通常以树枝晶形式长大居多。这就证明，即使是很微小的颗粒，在凝固之前，固-液界面上存在极大的过冷度。

另外，结晶形态不同合金元素偏析也不同，单个微细颗粒同样存在这一现象，实验结果如图2所示。图2(a)表明在树枝晶间有第二相析出。图2(b)等轴晶组织形态，晶界处没有第二相析出，但存在合金元素偏析。图3是电子探针分析结果。图3(a)树枝晶：中心线指示是枝晶间的析出，指示点是从二次轴中心到另一相毗邻的二次晶轴的中心。显然，Mo、Ta 在枝晶间有偏析，而 Al 是下降的。这可能是由于第二相析出（不含 Al）把 Al 排出，使得与第二相相毗邻区域 Al 稍高，而使枝晶间 Al 稍低。图3(b)等轴晶：中心线为晶界，指示点是从一个晶粒的中心到另一个相毗邻晶粒中心，可以看出，Mo、Ta 在细等轴晶中存在偏析，但不如树枝晶间偏析严重，从晶粒中心到边界有一个浓度梯度。但没有第二相析出。作者认为，这可能是不同过冷度下凝固机理有所不同，为此作者正在进一步研究微细粉末凝固机理，选用 Ni-27% Mo 二元合金在快冷条件下，研究过冷度，颗粒尺寸对凝固时组织形态影响。

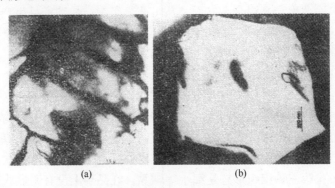

(a)   (b)

图2 Ni-Mo-Ta-Al 合金粉末颗粒两种不同状态
（a）树枝晶形态；（b）等轴晶形态

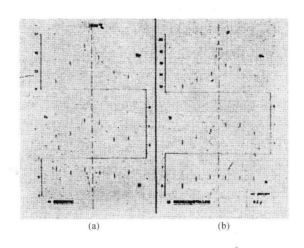

图3　电子探针成分分析

（a）树枝晶；（b）等轴晶

其次，瑞典 Chalmers University of Technology 用雾化法制取单个粉末颗粒研究其组织结构，使用的合金为 Astroloy 合金（Co：16.8、Cr：14.6、Mo：5.2、Ti：3.5、Al：4.1、C：0.036、O_2：0.05、余 Ni）。

作者发现单个颗粒的组织形态如图 4 所示，雾化粉末颗粒是树枝晶结构，其特点是枝晶间区域富碳，碳化物优先在此形成。

图 5 用电解法萃取碳化物质点，并进行电子衍射结构分析，确定为 MC 碳化物。

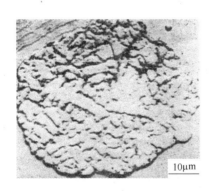

图4　Ar 雾化的粉末树枝晶凝固组织

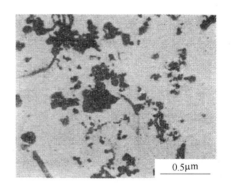

图5　电解萃取碳化物形貌（Ar 雾化粉末）

经过不同温度的热处理，枝晶间碳化物类型有变化，图 6 示出经 950℃ × 1h 处理后粉末颗粒组织状况，由于枝晶间富集第二相 γ′和碳化物优先被侵蚀，碳化物主要为 $M_{23}C_6$。

在 1000℃ 处理 1h，出现 MC 碳化物，$M_{23}C_6$ 并没完全消失。至 1150℃ × 1h 处理。只剩下 MC，而 $M_{23}C_6$ 碳化物已完全溶解。图 7 给出 1150℃ × 1h 处理时碳化物的分布，碳化物集中在中心，而且粗大，多富集在枝晶间区域。值得注意的是单个粉末颗粒，在上述温度下（950～1150℃）粉末颗粒自由表面没有发现任何碳化物。显然，质点自由表面不是碳化物主要形核地点，至于经热压缩的致密粉末中产生表面碳化物可能是其他原因。

由以上研究结果来看，生产粉末的条件不同，微细粉末的组织形态也不同，不管哪种

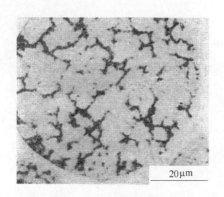

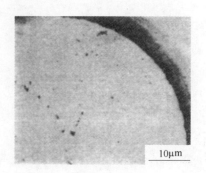

图6 经950℃×1h处理后粉末颗粒组织形态　　图7 经1150℃×1h观察到碳化物（在晶内）

粉末生产方式，枝晶间都是第二相富集的地方；颗粒的自由表面没有发现碳化物，微区中都有合金元素的偏析。看来，质点表面碳化物的形成问题要从相互接触的质点表面去找原因。

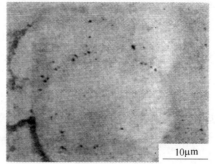

在用雾化法生产粉末时，由于雾化过程中粉末相碰撞，有的两个粉末颗粒相互粘在一起，取相互粘在一起的粉末于1150℃退火1h，则发现在粉末金属-金属界面之间碳化物优先形成，如图8所示，在两颗粒之间接触表面发现碳化物有明显析出。这说明相互接触粉末颗粒之间金属-金属界面较之其自由表面或晶界，MC碳化物要优先形成。

在另外一篇文章中，用俄歇能谱分析热烧结固化后的粉末表面成分结果表明，无论旋转电极或雾化法制取粉末，质点表面都有C的偏聚，C在旋转

图8 1150℃退火1h在接触
表面上碳化物沉淀

电极粉末颗粒表面上偏聚（约40%）比雾化粉末表面偏聚高（约27%），Ti量在雾化粉末中比平均的高约16%。而旋转电极粉末比平均的高约5%。实验证明了碳和钛在粉末颗粒表面有偏析，进一步研究又证明，在固化粉末产品质点间的碳化物主要为MC碳化物，复杂的M_6C或$M_{23}C_6$碳化物一般不直接在质点表面间析出。俄歇能谱分析表面并不富Cr、Mo、B等元素。钛和碳易于向表面移动，起主导作用的是质点表面吸附O_2所致，也就是说，表面C和Ti浓度高与O_2存在有关。松散粉末未压实时，测量粉末表面O_2含量比晶内平均的高20%~30%，这就有利于Ti和C向表面移动，结合成稳定化合物（$TiC_{1-x}O_x$）。同时发现表面吸附O_2拖住一部分C和Ti，形成表面碳化物只能是在一定深度内起作用，而且其深度与固化温度和热处理条件有关，一般为20~30μm。

一般认为，在给定的C量下，C的偏析程度随着质点尺寸增加而增加，旋转电极粉末质点比雾化粉末质点粗大，碳化物相对集中在较少的面积上，所以表面碳化物就严重些，加上O_2在其表面吸附较严重，甚至在很低的C量下，均可见表面碳化物产生，如图9所示，雾化粉末（AA）和旋转电极粉末（RE）表面碳化物分布情况不同，断裂断口形态不同，旋转电极粉末表面碳化物严重，所以沿颗粒表面断裂严重。

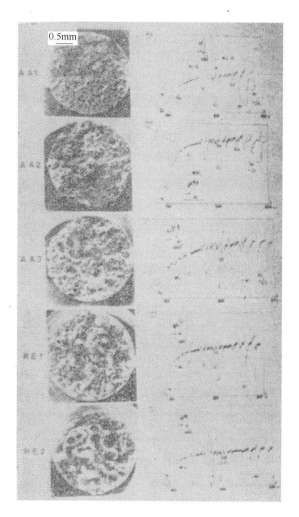

图9 热等静压后旋转电极与雾化粉末表面断裂特征

2 碳化物相间作用和转化

研究碳化物相间关系以及与生产因素之间关系也是粉末高温合金中一个重要问题，W. J. Boesch 和 J. F. Radavich 对 René95 合金铸-锻材和粉末经热等静压（HIP）材碳化物变化作了对比，得出结果如表1所示。

表1

材 料 类 型		点阵常数 a/nm	MC 中占总碳量/%	MC 中含元素	MC 中 C 的质量分数/%
钢锭	高 C	0.442	85	Nb Ti	11.4
	低 C	0.442	87	Nb Ti	11.9
粉末	−35m	0.4393 ± 0.001	73	Nb Ti W Cr	10.3
	−80m	0.4396 ± 0.001	64	Nb Ti W Cr	9.4
	−150m	0.4389 ± 0.001	60	Nb Ti W Cr	9.3
	−325m	0.4374 ± 0.001	38	Nb Ti W Cr	8.3

从表 1 可以看出，随着粉末质点尺寸的减小，点阵常数略有降低，碳化物中 C 的百分含量也降低。其次，粉末中的 MC 碳化物和铸锭中 MC 碳化物的合金元素成分和大小均不相同，铸锭 MC 中主要含有 Nb、Ti。MC 的尺寸一般为 $1\mu m$。可是在急冷粉末的 MC 碳化物中因含有 Nb、Ti、W、Cr，故称为 M′C，尺寸约为 $0.1\mu m$，比铸锭 MC 小 10 倍。重要的是发现 M′C 相是一个新的碳化物过渡相，它仅存在于松散粉末中，并且是不稳定的，在热等静压加工，温度在 1120℃ 时，发生碳化物相间转化即：M′C→MC + Cr、W。

由于发生碳化物相间转化，W、Cr 从碳化物扩散出来到固溶体中，合金元素重新分配，有利于提高合金强度。

由于铸锭和粉末中 MC 碳化物成分不同，其溶解温度也不相同，铸锭的 MC 比松散粉末高 30℃ 左右，例如：

铸锭（含 C = 0.04）：MC 溶解温度 1352℃；

粉末 – 150m：MC 溶解温度 1324℃；

粉末 + HIP 后 – 150m：MC 溶解温度 1329℃。

诚然，René95 合金是 12 年前就发现和应用的优秀镍基合金，但随着技术的发展，合金的使用逐渐扩大到粉末冶金生产零件，其相变特点还要进一步研究，以适应新的工艺要求。

3 改善表面碳化物（PPB）提高合金性能

改善表面碳化物的工艺有以下几种：

（1）在不施加任何压力之前，先对粉末进行热处理，加热温度选择在只有 MC 形成温度（1000 ~ 1150℃），使颗粒内部界面先形成粗大稳定的碳化物，这时由于没有大量粉末金属-金属的接触表面，表面碳化物（PPB）不会折击或形成，当进行热等静压时，这种先期形成的粗大碳化物足够稳定，阻止和减少 C 向质点表面分布，避免表面碳化物的产生。实际结果表明，经热处理后 PPB 碳化物比未经热处理直接热等静压减少。

（2）在进行热等静压高温加热之前，使粉末质点发生强的变形，储存大量应变能，再在低于 MC 形成温度进行热等静压，由于再结晶的发生，粉末颗粒内部产生细小晶粒（1 ~ 2μm），它们相当稳定，不粗化，具有超塑性状态，故采用低温压缩就能获得应有密度，此温度下 MC 根本不会形成或形成很慢，避免减少 PPB 碳化物。

4 粉末颗粒中 γ′ 相溶解温度

粉末材料中 γ′ 的溶解温度与一般铸造材料中 γ′ 的溶解温度有很大差异，J. E. Radavich 等人用热差分析仪，测定不同工艺对 γ′、MC 溶解温度的影响，其结果如图 10 所示，松散粉末比铸锭中 γ′ 溶解温度高 40℃ 左右。作者认为这可能是由于冷却速度不同造成从边缘至中心枝晶间元素偏折情况不同所致。

材 料		γ′溶	MC 溶
铸 锭	0.04℃	1150℃	1352℃
	0.16℃	1127℃	1331℃
粉 末	0.07℃	1160℃	1321℃

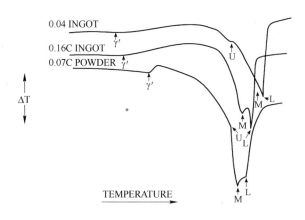

图 10　不同工艺方法测定 γ′、MC 溶解温度

γ′相溶解温度直接影响热等静压时合金获得的晶粒度，因为一般合金允许晶粒度尺寸是根据 γ′ 的百分数而选择的热等静压温度而决定的，如：热等静压温度低于 γ′ 溶解温度 18℃ 时，晶粒度为 10 ~ 12 级（ASIM）；高于 γ′ 溶解温度 12℃ 时，晶粒度为 6 ~ 8 级；低于 γ′ 溶解温度 9℃，则晶粒度 8 ~ 12 级，介于上述两者之间，适合的晶粒度不仅可以保持拉伸强度，同时改善缺口断裂寿命。

5　关于再结晶和晶粒细化

粉末冶金方法生产 Astroloy 合金的研究证明，利用 γ′ 相在再结晶过程中发生溶解后的阻碍作用，限制晶粒长大，获得的超细晶粒具有超塑性是粉末热等静压再结晶特点之一。在稍低于 γ′ 溶解温度下，使粉末发生变形，在进行热等静压时合金发生再结晶，当再结晶晶粒迁移界面移动穿过 γ′ 相时，破坏其与基体共格，此处能量较高，促使 γ′ 相在再结晶晶粒迁移界面前沿发生溶解，形成一个溶质团的障碍物，限制新晶粒长大，再结晶继续发生必须重新形核，这样就产生非常细的再结晶晶粒，此时晶粒相当稳定，不易粗化。具有超塑性。

6　合金成分调整问题

在一些成熟牌号的镍基变形和铸造合金基础上，研究适合新工艺条件下的合金成分的工作也是一个重要动向，研究结果证明原封不动地把一些铸造变形合金用在粉末冶金和热等静压新工艺上，其性能要受到影响的。

J. F. Radavich 教授研究了含有低 W + Mo 合金 IN-713C 和含有高 W + Mo 合金 Mar-M-246，在热等静压下组织变化。认为，合金经过热等静压可以消除显微疏松，但并不一定能改善机械性能，这是因为在热等静压加工过程中可能形成新相，第二相发生溶解，或在热等静压冷却过程中的独特的方式进行再折出改变一次相的成分等。

对 IN-713 C 合金，热等静压后可以使直径在 0.6mm 的空洞完全焊合，同时可以改变 γ′ 相尺寸和分布如图 11(a)、(b)、(c)所示，结果改善室温塑性和断裂韧性（由 386kg/ mm² $\sqrt{mm}$ 提高至 436kg/mm² $\sqrt{mm}$），明显改善低周疲劳（由 Hf 2570 提高到 Hf 6793）。

可是对含有高熔点金属的合金 Mar-M-246（Ni-10Co-10W-9Cr-5.5Al-2.5Mo-1.5Ti-1.5Ta）经过热等静压后，在 980 ~ 1200℃ 形成 M_6C 和 σ 相，特别是长时间在 1205 ~

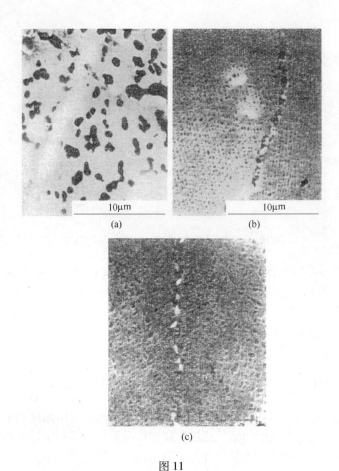

图 11

（a）热等静压后 + 1080℃ 10min；（b）热等静压后 + 1320℃ 1/2h 空冷 + 1080℃ 10min；

（c）热等静压后 + 1232℃ 1/4h 空冷 + 1080℃ 4h + 760℃ 8h

1218℃保温，M_6C 数量增加，使合金持久寿命波动在 68～132h 之间，造成性能的分散。其显微组织如图 12（a）、（b）所示。

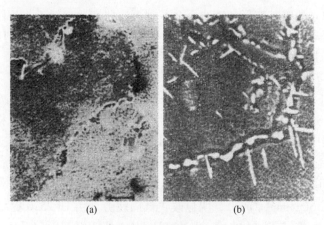

图 12

（a）Mar-M-246 铸造和热处理后；（b）Mar-M-246 热等静压后和热处理

X 射线分析证明，1218℃，4h M_6C 还存在，是由富 Ti 的 MC 碳化物分解产生的。扫描电镜证明断裂试样的裂纹是沿着 M_6C 片通过的。所以，高 W + Mo 合金经热等静压后，要诱导出片状相 σ 和 M_6C，对这类合金要仔细控制和选择热等静压的温度和热处理制度。作者认为最根本的办法是通过合金成分调整，增强 MC 碳化物的稳定性，排除产生脆性相的可能性，加入一些 Nb、Hf 元素形成比 Ti 更稳定的碳化物。

Pratt-Whitney Aircraft 公司介绍了一种高强度涡轮盘材料 MERL 76 合金（Cr：12.5、Co：18.5、Mo：3.2、Al：1.0、Ti：4.4、Hf：0.4、Nb：1.4、B：0.02、Zr：0.06、C：0.02、余 Ni），适合进行热等静压工艺生产的特殊合金成分，它是以 IN100 合金为基础降低 C 加入 Hf、Nb 来控制碳化物，改善塑性。在设计金合过程中，发现 Hf 的含量轻微变化有重要影响，Hf 量加入 0.7% 明显降低合金熔点，若从 0.7% Hf 降至 0.4% Hf，合金熔点升高 18℃（为 1218℃）而 γ' 相溶解温度仍然是 1190℃，这样 Hf 就直接影响一次 γ' 的尺寸和时效后 γ' 相的体积百分数。MERL76 粉末冶金盘已用在 F100 发动机中 F-15、F-16 上。

其次，难熔金属 W + Mo 往往是一些优秀高温合金不可缺少元素。它的加入直接影响碳化物和 TCP 相类型和形态，研究含 Hf 的镍基合金 W、Mo 相互作用，对于使用热等静压工艺来说十分必要，因为热等静压合金使用前就在较高温度下进行暴露，温度一般在 1205℃ 或更高，必须保证合适的 W、Mo 含量和比例，不至于产生有害相。

选用合金成分为 10Co、8Cr、4Ta、6Al、1Ti、1.5Hf，W 和 Mo 在 12% 范围内变化。其结果如图 13 所示。结果表明用原子比 1：1 以 W 代 Mo 达到 60% ~65% 时获得最好的机械性能，用原子比 1：1/2，或 1：3/2 以 W 代 Mo 都不能获得最佳性能。

W 和 Mo 形成片状脆性相的极限值（TCP）如图 14 所示。

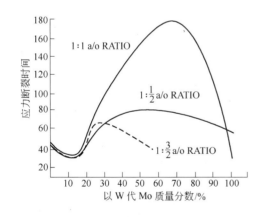

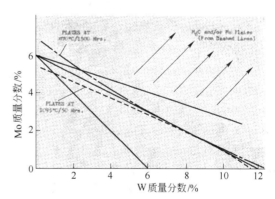

图 13 760℃、669MPa 断裂时间与以 W 代 Mo 的质量分数间关系

图 14 用 W 代 Mo 在 870℃/1500h 和 1095℃/50h 形成片状脆性相的极限值

此极限值的意义在于：当成分位于右边线以上时就要产生片状 M_6C 相。

值得注意的是，最大断裂应力和片状相的极限值遵循同一条线，此线为原子比 1：1 的以 W 代 Mo，大约质量分数在 8% 时具有最好强度（不出现 M_6C，而且强度最高）与图 13 所示最佳性能相符。过量的 W 取代 Mo 则有害。

若 W 质量分数达 11% 时，由于含 Ti + Ta 的 MC-1 碳化物发生分解（1218℃ 4h）使部分 Ti、Ta 进入固溶体中，减少 W 在 γ-固溶体的溶解度，出现 α-W 片状相，α-W 可溶解

3% ~4% Cr，降低合金机械性能。

这里，还要介绍有关采用激光堆焊新工艺制造小型涡轮盘合金成分选择问题。

采用高功率激光快速冷却（10^6℃/s）获得超细晶粒对高温合金进行表面处理的新工艺，使用一种 Ni-3.4Al-17.9Mo-8.4Ta 的富 Mo 合金，制成粉末做焊料，用激光溶化，一层一层堆焊成直径为 13.2cm × 3.2cm 厚圆柱形坯料，随后进行机加工制成 12.7cm 直径的燃气透平涡轮盘。这种工艺条件要求堆焊合金具有良好抗裂纹能力。因为每一次堆焊都要经受沉积-冷却的过程，伴随拉压应力的反复交替。经大量试验发现，目前一些著名的高温合金，如 AF2-10A、AF-115、IN100 等都不能承受上述条件，均产生裂纹。研究证明，要适合上述条件，合金就要具有低的 γ′ 体积百分数，保证堆焊时塑性好，合金要有一定时效强化能力，不用 γ′ 相而用 Ni_8Mo、Ni_4Mo 金属间化合物。合金要在成分设计上保证熔滴有较大的过冷度才能达到快速凝固目的，研究者认为能满足上述条件的合金系统为 Ni-Al-Mo系，其中 Mo≥18% 才能避免裂纹，Mo 量变化 ±1% 都有产生裂纹危险，Al >7% 便会产生裂纹，已生产的第一个涡轮盘用 Ni-3.4Al-17.9Mo-8.4Ta 合金能满足上述要求。后来又提出 Ni-5Al-19.5Mo-8.8Cr 也无裂纹，是有希望的合金。

7 高温合金工艺研究新成果

高温合金生产消耗大量的战略元素和贵重金属，与其他工业合金生产相比，产品成本和产品质量之间矛盾更为突出，除了解决返回料和节约贵重元素外，当前，世界各国都在采用接近成品部件的直接加工（即近似尺寸或无余量零件），最近国外介绍以下两种新工艺。

（1）大气热压烧结工艺，简称 CAPR（Consolidation by Atmospheric Pressure）。

为了提高粉末热等静压零件密度和可靠性，往往把重点放在粉末净化上，可是提高粉末细度和净化要提高成本，这不符合生产要求，用 CAPR 工艺可以把零件近似尺寸与降低成本结合起来。

其程序如下：含氧量在(96 ~ 126) × 10^{-6} 的雾化粉末经活化处理，装在一定形状玻璃容皿内，抽真空后封闭，然后烧结，烧结温度与时间取决于合金成分。在高温下保温、玻璃容器软化，由于大气和真空压力之差使玻璃容器受到压力，使之向内收缩挤压粉末。这样，粉末在高温下扩散，固化，其形状与原来玻璃容器形状一样，具有密度达 98% ~99%，随后可以进行热等静压（或模锻、轧制加工），最后热处理 1093℃/1h，油冷，760℃ 16h 时效。经过 CAPR 工艺性能达到指标要求，而且其低周疲劳用 60m 比 150m 更优越。这是因为其组织结构不同所致。因此，此工艺提供了低成本高性能生产近似尺寸零件方法。

（2）双重特性的组合工艺。

小型燃气透平涡轮盘，直径很小（15.2 ~20.3cm），铸造和机加工都很困难，特别是盘轴和叶轮所受工作条件不同，要求性能也不同。如果在设计上用具有较高断裂寿命材料做盘，用高蠕变抗力材料做叶片，两种材料组合起来就具有双重特性的涡轮盘，这工艺被认为是有吸引力的。

此工艺使用 Mar-M-246 做带叶片轮缘，用粉末 IN792 做盘经热等静压接合而成。其工艺要点是：将上述两材料机加工成型后，在真空去气处理 1218℃ 1h 获得干净表面，为使两者结合紧密，加热 204℃ 将它们套在一起，收缩压紧，用 Cu-Zn 合金或 B-Si 改良的 Mar-M 247 合金粉，在真空下进行焊接，加热 30min 至 1218℃，随后在 1093℃ 固化 10min，再 1h 升温到 1149℃，目的是使 B 和 Si 扩散到基体中，最后进行热等静压处理（1218℃ 加力 103.4MPa 3h）在 1121℃ 扩散处理、性能试验表明有良好的强度。

这种工艺成本低，可以选用不同材料组合，并且可用在方法生产冷却盘和冷却叶片。

粉末冶金热等静压制造高温合金零件有着很大发展前途，以美国通用电气公司为例，GET-700 发动机（用于军用直升飞机）每台有 René95 粉末热等静压零件 27kg，每年生产 700 台，将准备生产 1500 台，需要生产 2~4t 高温合金。GE CFM/56 发动机（已用在民航波音 727、757 上）René95 用量达 905kg。这些数字说明，高温合金粉末热等静压工艺将是很有生命力的。

（原文发表在金属材料研究，1981，7(2)：44-51.）

粉末高温合金的现状及潜力

胡本芙　　章守华

（北京钢铁学院）

摘　要　本文论述了粉末高温合金的现状。对用不同工艺路线生产的粉末高温合金的性能进行了对比。提出了进一步严格控制生产工艺，提高性能，保证产品质量的措施和今后粉末高温合金的研究方向。

Present Situation and Latent Potentialities of P/M Superalloys

Hu Benfu and Zhang Shouhua

（Beijing University of Iron and Steel Technology）

ABSTRACT：The current development and how continuing exploitation potentialities of P/M superalloys have been recounted in this paper. Especially a suggestion and measures are made in selecting manufacturing process and controlling to assume high quality powder products. The controlling factors of low cycles fatigue in P/M superalloys have also been detailed investigated. Improving low cycles fatigue is the key to the continuing exploitation potentialities of P/M superalloys.

近代涡轮喷气推进技术迅速发展，对高温合金的数量和质量提出了更高的要求，国际上，粉末高温合金的生产工艺已相当成熟，而以美国处于领先地位。由于用粉末冶金方法生产，高温合金产品具有很多铸造合金所无法达到的优点，诸如：消除合金成分的宏观偏析，获得更加均匀的性能；均匀的结晶组织提高了高温塑性和改进热加工性能，提高中、低温强度和低周疲劳性能；可以得到各种形状复杂的整体零件和按需要在不同部位获得不同晶粒度、不同合金成分的特殊要求的性能；大大减少机加工，简化工序，提高材料利用率，节约战略元素，降低成本等等。目前，已有众多牌号的粉末高温合金投入生产使用，特别是在航空工业中得到越来越广泛的应用。

有必要回顾美国粉末高温合金发展的历史，以了解目前粉末高温合金所达到的水平。

1969 年由 M. M. Allen 首先用粉末冶金方法生产 Astroloy 高温合金锭，但由于形成颗粒边界碳化物导致性能不好[1]。1970 年，S. H. Reichman 研究低碳 IN100 的粉末高温合金，获得超塑性[2]，首先宣布在美国 Pratt-Whitney 飞机制造公司研制成功 IN100 粉末高温合金，并在 F100 发动机上制造压气机盘和涡轮盘 11 个部件，装在性能先进的 F15、F16 飞机上，目前，该合金已投入大批生产和使用[3]。1976 年该公司又试制成功强度更高的 Astroloy 合金涡轮盘，用在 JT8D-17k 发动机上，也投入生产使用[4]。1979 年该公司又研究成功性能更高的粉末高温合金 MERL76，计划在 JT10D 发动机上使用。

美国另一家生产飞机发动机的通用电气公司（General Electric Co.），采用直接热等静压生产工艺，1972 年研制成功粉末高温合金 René95 盘件，装备在最新式的强击机 F/A-18 飞机的发动机上，1980 年交海军 24 台，估计 1990 年总产量为 7000 台[5]。该公司还用 P/M René95 代替普通锻造的 Inconel 718，在 CF6 发动机上作压气涡轮轴套，在 CFM56 涡轮风扇发动机上代替铸、锻 René95 合金作 5～9 级压气机盘。开创在民航飞机上使用粉末高温合金的历史。

由以上美国两家主要飞机发动机制造公司生产粉末高温合金的历史来看，Pratt-Whitney 公司几乎每 2～3 年就研制或移植成功一种新合金；通用电气公司尽管采用直接热等静压（HIP）成形 + 热处理工艺，难度比较大，但经过 4～5 年也可以完成一种新合金的投产使用。由此看出：粉末高温合金的生产无论从生产工艺还是从合金质量上说都是成熟的。对高强度难变形的高温合金采用粉末冶金技术大有潜力，前景广阔。

1 合金工艺路线的选择

目前使用较多的粉末高温合金有 IN100，René95，MERL76，Astroloy 和 AF115 等。其中 IN100，René95 合金在美国已成熟应用。大量试验数据证明[6]，同一种合金采用不同工艺路线生产，其性能均能满足技术条件要求。以 René95 合金为例，采用不同工艺路线生产（其性能数据列于表 1），可以看出两种工艺路线对室温和高温拉伸强度性能影响不大，但经锻造后，持久强度，特别是低周疲劳性能提高较多。Astroloy、IN100、MERL76 合金机械性能对比也出现同样结果。

表 1 P/M René 95 合金机械性能对比

拉伸性能	直接热等静压				热等静压 + 等温锻造			
	$\sigma_{0.2}$ /kgf·mm^{-2}	σ_b /kgf·mm^{-2}	δ /%	Ψ /%	$\sigma_{0.2}$ /kgf·mm^{-2}	σ_b /kgf·mm^{-2}	δ /%	Ψ /%
21℃	127.4	169.4	18.5	20.07	129.3	170.1	20.3	21.1
649℃	114.8	152.6	12.1	14.5	116.5	152.3	16.1	15.61
持久性能 649℃/105.5kgf·mm^{-2}								
断裂时间/h		伸长率/%		断裂时间/h			伸长率/%	
28.95		5.05		47.47			4.57	
蠕变性能 613℃/105.4kgf·mm^{-2}								
试验时间/h		应变/%		试验时间/h			应变/%	
100		0.152		100			0.76	
应变控制低周疲劳								
应变/%	温度/℃	循环周期/次		应变/%	温度/℃		循环周期/次	
0.78	433	25242		0.78	—		62702	
0.66	433	28611		0.66	—		169111	

注：热处理制度 1120℃/1h/油 + 870℃/1h/空 + 650℃/24h/空；1kgf ≈ 9.806N。

因此，在选择粉末高温合金生产工艺路线时，要根据使用零件要求、技术掌握的熟练程度、经济成本和管理水平等因素综合考虑然后确定，不能笼统认为某种工艺先进某种工艺落后。但直接热等静压成形可以大幅度提高材料利用率、减少工序和降低成本，这一点已尽为人知。

2 严格控制生产工艺确保产品质量

粉末高温合金零件的断裂和破坏，往往并不是由于显微组织不合格，也不是一般典型的高温合金缺陷（晶粒、析出相形貌、数量、尺寸等），而主要是两种特有的缺陷所造成：一是外来的非金属夹杂物；二是原粉末颗粒边界问题（Previous Powder-Particle Boundaries）。必须采取下列办法消除这些缺陷[7,8]：

（1）确保热等静压前粉末的清洁度。即使进行致密化后，仍要细心对零件进行后续操作；

（2）建立一套严格检查，控制非金属夹杂物的检测方法；

（3）必须建立严格的粉末转运和储存方法，包括运输容器的合理设计、容器内氩气压力等；

（4）重视包套焊接技术，焊接人员必须经过专门训练；

（5）热等静压坯料在热处理时，易产生淬火裂纹。在美国，已采用计算机分析各种形状零件在热处理中产生裂纹的可能性。

美国 G. E 公司采用上述措施，成功地生产了 175000kg 共 1100 个 René95 盘件交付用户[8]。

3 疲劳性能的改善

粉末高温合金比一般铸、锻合金具有良好的低周疲劳性能[6]。而这种优势是早期粉末高温合金所无法达到的，这是因为粉末的纯洁度差，造成疲劳寿命低。除此之外，合金中的缺陷对疲劳性能的影响也较大[9]。表 2 列出缺陷尺寸、数量及形状对性能的影响数据。从表 2 可以看出，由两种工艺方法所生产的 AF115 合金，其性能一般高于 AF2-1DA 合金，但塑性方面，AF2-1DA 却比 AF115 高得多。显然，缺陷敏感地影响了塑性，因为 AF2-1DA 合金缺陷少得多。在疲劳性能方面，AF2-1DA 高于 AF115 合金，这也是因为后者缺陷多，促使初始裂纹形成和扩展而降低了疲劳性能[9]。

表 2

试 样	缺陷状况	$\sigma_{0.2}/\text{kgf} \cdot \text{mm}^{-2}$	$\sigma_b/\text{kgf} \cdot \text{mm}^{-2}$	$\delta/\%$	$\Psi/\%$
AF115-HIP		100.9	117.9	8.3	11.6
2-19	孔洞多，直径达 $130\mu m$；非金属夹杂物 $100\mu m$；圆形，椭圆形，片状 HfO_2 氧化物达 $125\mu m$	103.3	122	7.6	12.9
7-19		107.2	121.6	8.9	9.5
9-20					
AF115-HIP + 锻造	孔洞多，直径达 $130\mu m$；非金属夹杂物 $100\mu m$；圆形，椭圆形，片状 HfO_2 氧化物达 $125\mu m$				
5-33		106	115.4	8.0	13.1
5-35		106.2	118.7	10.0	12.8

续表 2

试 样	缺 陷 状 况	$\sigma_{0.2}/\text{kgf} \cdot \text{mm}^{-2}$	$\sigma_b/\text{kgf} \cdot \text{mm}^{-2}$	$\delta/\%$	$\Psi/\%$
AF2-1DA					
B2-4	少量孔洞和少量非金属夹杂物，没有	92.7	97.7	—	17.9
B2-5	HfO_2 氧化物	91.6	98.3	—	17.5

应力集中是产生初始裂纹源的主要原因。粉末高温合金中引起疲劳断裂的主裂纹源形成方式，随着应变量而变化：在高应变下，主裂纹在表面—近表面发生；在低应变，主裂纹在试样内部产生。室温的裂纹源与高温不同，主裂纹源在近表面处产生而在内部不发生；高温下，缺陷的部位和尺寸控制高应变的初始阶段裂纹产生。而在低应变，裂纹源主要在大的长的孔洞和非金属夹杂物处[10]。因此，要改善低周疲劳性能，消除非金属夹杂物是非常重要的。

要充分发挥粉末高温合金的性能，关键是改善合金的疲劳性能，必须从多方面进行控制。

3.1 克服非金属夹杂物的有害作用

合金中非金属夹杂物主要来源于：

（1）重熔的钢锭中所固有；

（2）生产粉末时熔体和坩埚的相互作用。HfO_2 尺寸为 $125 \times 5\mu m$ 时就严重影响性能[9]。

因此，首先要减少夹杂物质点数目，采用耐高温、抗冲刷的耐火材料坩埚和喷嘴[8]。其次，要严格控制颗粒尺寸，夹杂物尺寸小于 $100\mu m$ 对低周疲劳影响较小。故主张采用 -150 目的细粉。在工艺方法上目前采用挤压、锻造方式压碎夹杂物，改变其大小和分布，当粉末处理工艺欠佳、采用此措施尤为必要。

3.2 克服氧化膜的有害作用

严格控制气体雾化时的残余含氧量是消除 PPB 的有效措施。在松散粉末表面残余 O_2 与 Zr、Al，易生成富 Zr、Al 氧化膜，成为 PPB 核心[11]。一般要求在氩气中 $O_2 < 5 \times 10^{-6}$，雾化粉末中 $O_2 < 10^{-4}$。采用粉末表面活化处理，即 H_2-HCl 气体处理，残余含 O_2 量降低到 2×10^{-5} 以下[12]。

3.3 克服析出相的有害作用

γ' 相是合金中主要强化相，其尺寸、形态不仅影响裂纹传播，同时影响合金的形变特点如：当 $\gamma' < 0.2\mu m$ 时，裂纹扩散速率（da/dN）低；当 $\gamma' > 0.2\mu m$，da/dN 与 γ' 尺寸无关[13]。另外，在 HIP 温度高于固液线在凝固过程中形成的片状物（$200 \times 5\mu m$），一般在 M（CN）的延长线上生长，如 IN100 合金中为 $Ti_4C_2S_2$。Astroloy 合金为 $M_{0.67}Sn_{0.24}C_{0.09}$，713LC 合金中为 $Zr_4C_2S_2$[14]，均不利于合金疲劳性能的提高。P/M René95 合金出现 Co_2Mo（Laves 相）δ 相、硼化物相（$MoCrNi)_3B_2$ 以及 $\gamma + \gamma'$ 共晶等，都对疲劳性能起不利作用。有害相的析出可以通过增加凝固速度、减少元素偏析和合理选择 HIP 温度等加以避免。

总之，粉末的质量影响合金疲劳性能带有先天性作用。它既是生产技术问题，也是生产管理科学化问题。目前，各国对粉末的后续处理采用了许多办法，如：CAPR 法（Consolidation by Atmospheric Pressure）即大气热压烧结工艺[12]，采用 60 目粉末制造的合金，其低周疲劳性能由于出现"项练"组织（Thinnecklace Structure,）而优于 150 目粉末，此工艺提供了低成本高性能生产近似尺寸零件的方法；又如在不施加压力之前，先对粉末进行加热处理，在 MC 碳化物形成温度（1000 ~ 1150℃）保温使 MC 在颗粒内部晶界析出，以便进行热等静压时，阻止和减少碳向颗粒表面扩散，避免 PPB 产生；采用热机械处理使粉末颗粒发生变形，再在低于 MC 形成温度进行热等静压，由于再结晶发生，晶粒细小（1 ~ 2μm），减小单位面积含 O_2 量，减小和避免 PPB 产生。这些办法必须建立在粉末生产规范和步骤严密化的基础上才能有效。

4 粉末高温合金发展中的几个问题

粉末高温合金正面临着以大量实践经验结果为依据，把定性现象升到定量模型，创造新理论的阶段，新理论的建立将使粉末高温合金的生产技术建立在可靠的基础上。

4.1 重视应用基础研究，提高粉末生产工艺技术

雾化制粉是熔滴靠液体流或膜不稳定性而形成的。液体流的不稳定性决定球化的驱动力，而液体流不稳定驱动力与金属黏度，金属与气体之间的表面张力有关，它又取决于合金成分、气体压力、流速、金属与气体间热传导性、温度等。若能使熔滴的形成过程模型化，使用计算机加以控制，可以预先诊断熔化过程并反馈到工艺参数，得到合格粉末，是十分有意义的基础性研究，国外已有报道[15]。另外，采用等离子旋转电极离心雾化制取无陶瓷夹杂的清洁粉，被认为是避免非金属夹杂最有效的办法，在美国已建立以这种方法生产清洁粉末的管理系统。为防止外界污染，整个粉末生产系统需安装在专用的清洁的大房间内，保持 100 级（28L 空气中尺寸为 0.5μm 的杂质微粒少于 100 个），获得超净粉末[8]。

4.2 加强检测技术是提高材料质量最可靠的保证

在高温合金粉末以及在制品中检查任何类型的夹杂物是需要特殊的技术的，通常用的水淘析法是比较有效的方法之一。但只有当夹杂质点和金属粉的密度差别大时才能淘析出来，如果夹杂被金属基体包围就检测不出来。目前正发展一种通过电子束熔化浓缩的技术，将非金属夹杂物浓缩，来比较准确地测定夹杂物的数量和种类，对于夹杂物被金属包裹的颗粒亦可以通过这种方法被鉴定出来[8]。

4.3 根据粉末组织结构选择热等静压工艺参数

热等静压温度是一个很重要工艺参数，它直接影响合金组织。若温度低（980 ~ 1038℃）晶粒不均匀。温度高对高碳合金易得细晶粒，低碳合金易得粗晶粒。其次，粉末颗粒组织结构不同，使 HIP 过程中组织转变动力学不同；具有枝晶结构，其第二相析出优先于晶界运动，析出相钉扎而阻止再结晶的进行；具有胞状组织结构粉末，胞状间第二相的析出在晶界移动之后，对再结晶阻止不明显，易达到完全再结晶[16]。所以研究粉末颗

粒组织结构不同的转变产物形成顺序或动力学，对详细掌握热等静压过程中复杂的转变规律是十分必要的。

4.4 发展新工艺和新技术，提高材料利用率和降低成本

各国都在探索采用组合工艺及近似尺寸成形工艺来制造高温合金[17]。其中大气热压烧结工艺（CAP 工艺）有着明显优越性，是实现扩大粉末粒度范围，降低成本，改进低周疲劳性能及生产近似尺寸零件的好方法。表 3 给出 CAP + 热加工工艺 René95（-60 目）合金性能。

表 3　CAP + 热加工工艺 René95（-60 目）合金性能

性　能	$\sigma_{0.2}/kgf \cdot mm^{-2}$	$\sigma_b/kgf \cdot mm^{-2}$	$\delta/\%$	$\Psi/\%$
技术指标	159.6	125.1	>10	>12
室　温	175.4	137.7	14	18
640℃	163.2	129.5	12	16

热等静压加等温锻造或挤压工艺（Thermomechanical Processing，简称 TMP）是提高粉末高温合金性能，消除粉末先天性带来的缺陷的有效方法，目前美国采用 TMP 工艺取得良好效果，经过 TMP，合金组织精细化，析出相分布均匀，有害夹杂破碎分散、细小，特别是挤压工艺，因压缩比高，效果更为明显[18]。

5　结束语

粉末高温合金生产将随着使用范围的扩大不断增长，GF 公司预计 1985 年之前能提供 René95 合金无余量的零件，在 1985 年要生产 900 ~ 1400t 粉末高温合金用在飞机发动机上，Pratt-Whitney 公司将把 IN100 改型的 MERL76 合金用在 F-100 发动机上。

美国国家科学基金会 1980 年 5 月向美国总统和国会提交的五年科学展望中对粉末冶金和快速凝固技术有这样的论述：这些技术的出现将对运输，空间和能源系统提供大量的经济利益，并且将会增强美国的工业生产基础，并且可能对整个美国的生产局面产生相当大的冲击。这种预见无疑是有科学根据的。

参 考 文 献

[1] M. M. Allen，Met. Eng. Quar.，20，1969.

[2] S. H. Reichman，Int. J. of P/M，6，65，1970.

[3] D. J. Erans，The 5th National SAMPE Conf.，428，1973.

[4] R. E. Dreshfield，Int. Powder Metall. Conf.，1980.

[5] Metal Powder Report，35(11)，507，1980.

[6] W. Betz，Symposium Superalloys，643，1980.

[7] J. L. Bartos，International Symposium on Superalloys，9，459-508，1976.

[8] J. E. Coyne，P/M Superalloys Conf.，Zürich November，18-20，1980.

[9] J. W. Hyzak，Met. Trans.，13A(7)，33-45，1982.

[10] J. W. Hyzak，Met. Trans. 13A(1)，45-51，1982.

[11] C. Aubin，Symposium Superalloys，345，1980.

［12］J. D. Buzzanell. Sympsium Superalloys，149，1980.

［13］J. L. Bartos，Fracture，2B，995，1977.

［14］W. Wallace. Metallography，6，511-526，1973.

［15］J. K. Tien，Int. Pow. Met. conf. ，1980.

［16］J. E. Smugeresky，Met. Trans. ，13A，1535-1546，1982.

［17］D. M. Carlson，Symposium Superalloys，501-511，1980.

［18］R. E. Duttweiler，Superalloy Powder Processing Properties and Application 在北京钢铁学院讲学用资料（1985）.

（原文发表在粉末冶金技术，1985，3(4)：35-40. ）

粉末高温合金热处理裂纹形成原因的研究

胡本芙　李慧英　章守华

（北京钢铁学院）

摘　要　本文研究了 FGH95 合金原颗粒边界（PPB）对淬火裂纹的影响。结果表明，开裂严重的是由于 PPB 碳化物及在其外表面形成富氧层破坏了合金的连续性，促使沿原颗粒边界断裂。开裂不严重的是由于 γ 相晶界析出大块 γ′相及其周围的贫 Al，Ti 区形成氧化层，促使沿 γ 相晶界断裂。淬火裂纹形成的主要原因是氧的污染和淬火冷却速度选择不当。

Study on Crack Formation of P/M Superalloy during Heat Treatment

Hu Benfu, Li Huiying, Zhang Shouhua

（Beijing University of Iron and Steel Technology）

ABSTRACT：The effect of previous, powder-particle boundaries（PPB）on the quench crack has been studied. The serious quench crack is due to the PPB carbides and on their surfaces formation of rich-oxygen layer destroying continuity of alloy and promoting fracture along the previous particle boundaries. The slight quench crack is due to the precipitation in a coarse form at the grain boundaries of γ′-phase. The coarse precipitates are surrounded by Al, Ti depleted zones forming oxide layers which promote the fracture path along the grain boundaries of γ-phase. The major reasons of the formation of quench cracks are the contamination of oxygen and unsuitable quench cooling rate.

　　粉末高温合金自 70 年代初成功地使用在航空发动机上以来，它的优良性能引起了材料工作者的极大重视。可是在应用热等静压成型生产工艺中，出现所谓原颗粒边界 PPB（Previous Powder-Particle Boundaries）问题，而且在随后的热处理过程中更加严重。它不仅破坏了粉末颗粒之间结合，甚至在零件热处理淬火时会引起开裂[1,2]。其原因至今还未详细报道。本文试图较详细地研究淬火裂纹的形成原因和控制因素。

1　材料与方法

　　为了显露 PPB 碳化物的形成和作用，选择含碳量较高的镍基粉末高温合金 FGH95，合金的化学成分（质量分数/%）如下：

C	Cr	Co	Mo	W	Nb	Al	Ti	B	Zr	Ni
0.087	13.84	9.00	3.58	3.59	3.69	3.56	2.73	0.01	0.051	余量

采用热等静压成型。热等静压制度为实际压力 91MPa，温度对 111 号为（1120 ± 10）℃，对 222 号为（1080 ± 10）℃。

热处理制度为 1140℃，1h 盐浴（400℃）空冷：+ 870℃，1h 空冷 + 650℃，24h，空冷。

金相试样侵蚀剂采用 0.5g $CuCl_2$ + 10mL HCl + 10mL 乙醇。侵蚀后，用光学显微镜和扫描电镜观察组织，用 EDAX 进行微区化学成分分析；采用电解双喷制取金属薄膜试样，用 TEM 观察组织，并做电子衍射分析；利用俄歇能谱仪对断口表面进行分析。用 NaOH 及 10% HCl 去油，超声波振荡去污垢，再用丙酮清洗，采用逐层剥离方法测定剖面元素分布，并用光电子能谱（ESCA）确定元素存在状态。

2　实验结果及讨论

2.1　合金显微组织特征

图 1 给出 111 号试样金相显微组织及扫描电镜照片。可以看出，合金基本实现致密化，但局部地方粉末原颗粒边界未能完全消除，由 SEM 的背反射电子像（图 1(b)）看出，晶界存在大块 γ′相，且 γ′相周围存在贫 γ′区，贫化区范围宽窄由 γ′相的尺寸所决定。晶

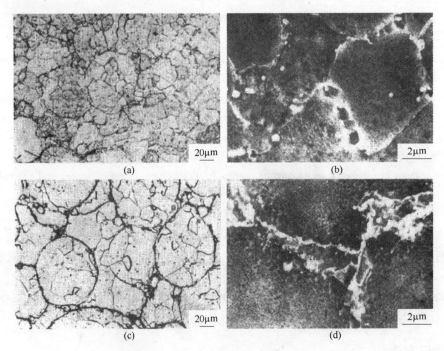

(a)　20μm　　(b)　2μm

(c)　20μm　　(d)　2μm

图 1　合金显微组织

Fig. 1　Microstructure

(a), (b) Optical and SEM of Specimen No. 111; (c), (d) Optical and SEM of Specimen No. 222

界上 γ′相与碳化物覆盖晶界的面积通过定量金相测定约30%。

222号试样，由于 HIP 温度过低，在颗粒边界形成连续碳化物网膜，明显地勾画出原颗粒边界的轮廓，如图1所示。用 SEM 背反射电子像可以清楚看出，原颗粒边界碳化物粗大，连续分布，而且不均匀，覆盖晶界面积约60%~70%。电子衍射分析表明，它们主要是 MC 型碳化物如图2所示，此外，还有少量 M_6C 碳化物。

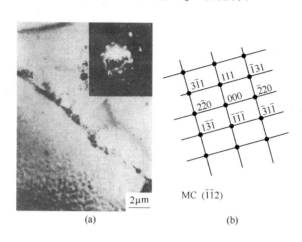

(a)　　　　　　　　(b)

图2　原粉末颗粒边界析出物

Fig. 2　PPB precipitate in specimen No. 222

(a) MC type carbide and Electron diffraction pattern；(b) Indexing

2.2　裂纹扩展路径及断口形貌

经1120℃和1080℃ HIP 的两种试样，标准热处理后均发现不同程度的淬火裂纹，而后者更为严重。这些裂纹主要起源于材料表面，向内扩展。111 号试样的裂纹主要沿着 γ 相晶界发展，偶尔也能看到沿颗粒边界扩展，裂纹较细如图3(a)所示。淬火开裂断口上看不出明显沿颗粒边界断裂，然而存在明显的韧性带如图4(a)所示，表明合金具有一定

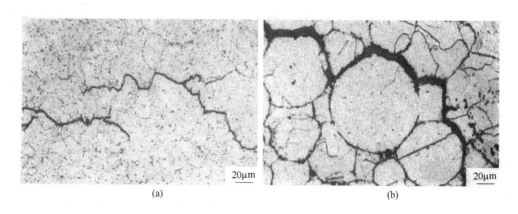

(a)　　　　　　　　(b)

图3　裂纹扩展形貌

Fig. 3　Morphology of crack propagation

(a) Specimen No. 111；(b) Specimen No. 222

塑性。冲击断口面上这一特点更为突出。只是在局部地方出现颗粒边界，颗粒表面也有一定塑性变形。

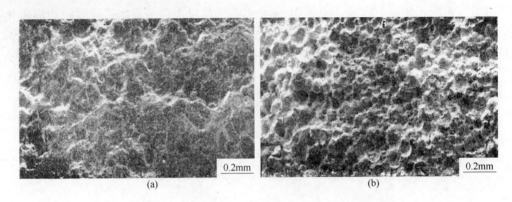

(a)   (b)

图4 淬火开裂断口形貌

Fig. 4 SEM fractograph of quench cracked specimens

（a）No. 111；（b）No. 222

222号试样淬火开裂程度普遍严重，裂纹粗大，扩展路径均沿着原粉末颗粒边界，见图3(b)，只有个别沿γ相晶界横穿粉末颗粒。淬火开裂断口观察表明，几乎全部沿原颗粒边界开裂，粉末颗粒的球形轮廓清晰可见，颗粒表面整齐无塑性变形痕迹，几乎观察不到韧性撕裂带，见图4(b)。除此以外，由于HIP温度偏低，原颗粒边界结合差，不致密，颗粒之间还存在着空洞和裂口。

利用TEM二级碳复型观察裂纹附近的微观组织表明，111号试样裂纹沿着晶界粗大γ′相边缘扩展，222号试样沿着原颗粒边界连续网膜状碳化物边缘扩展，如图5所示。

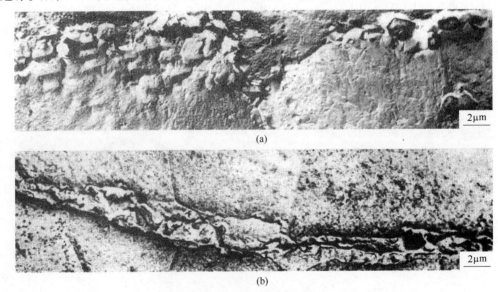

(a)

(b)

图5 微观裂纹的形态

Fig. 5 TEM morphology of microcracks

（a）Specimen No. 111；（b）Specimen No. 222

2.3　断口表面的俄歇谱成分分析

图6(a)给出222号试样溅射时间-峰高比的关系曲线, 约在溅射5min之前出现一个碳信号高峰值, 随后到20min时碳的含量才趋于一定值, 与碳变化规律相对应有O、Nb、Ti、Cr、Al也出现峰值。Nb、Ti与C一起亦约在20min后接近某一定值。Cr、Al趋于某一含量时间稍晚一些, 而且有一转折, 转折处与氧的第二峰值相对应, 最后O、Cr、Al同时接近基体的平均含量。

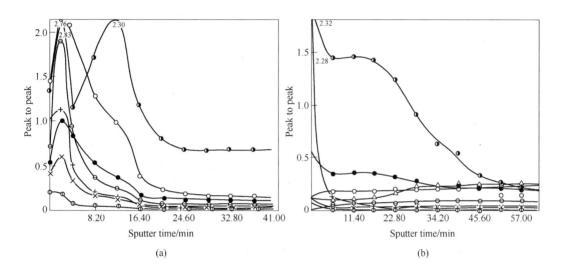

图6　断口Auger谱溅射时间-峰高比曲线

Fig. 6　AES composition-depth profile at fracture surface

(a) Specimen No. 222; (b) Specimen No. 111

◑—O/Ni; ●—Cr/Ni; ○—Al/Ni; +—C/Ni; ◔—S/Ni; ◓—Ti/Ni; ×—Nb/Ti; △—N/Ni

值得指出的是, 图6(a)中氧峰值有两个, 第一个氧峰值可认为是在热等静压过程中, PPB碳化物中元素Nb、Ti与氧有较大亲和力, 在表面形成化学式为$M(C_{1-x}O_x)$的膜, 包围着MC碳化物, 其厚度用Ta_2O_5的溅射速度近似大约为$0.1 \sim 0.15\mu m$。而Nb/Ni, Ti/Ni峰直到20min才趋于平缓, 由此推算MC碳化物尺寸约为$0.5\mu m$。

采用光电子谱(ESCA)确定第二氧峰值氧的可能存在形态, 在颗粒边界另取一点, 把溅射5min之后ESCA谱与Al_2O_3标准谱和CrO_3^-, $Cr_2O_4^-$酸根离子化学式能级比较, 如图7所示, 可以认为第二氧峰值是以Al_2O_3和$NiCr_2O_4$的形态存在。它们是在热处理淬裂时高温氧化所致。Waters[3]认为此时氧化膜厚度为$0.2 \sim 0.3\mu m$。本实验表明第二氧峰值的厚度约为$0.4\mu m$, 比文献给出的淬裂时高温氧化层要厚, 可能是因为两者热处理制度不同所致, 本合金的热处理制度中除一般时效外, 增加了870℃, 1h高温时效。

从以上结果可知, 222号试样在淬火过程中开裂是由于颗粒边界形成大量的PPB碳化物, 与氧作用产生C、O共存网膜, 在淬火过程中, 由于热应力作用, 不能与基体协调变形, 成为裂纹源和扩展通道, 进入导致氧渗入到碳化物下面形成Al_2O_3或$NiCr_2O_4$氧化膜。清除吸附污染氧后, 接着就是$M(C_{1-x}O_x)$层(相当氧的第一个峰值), 其下面就是Al_2O_3、

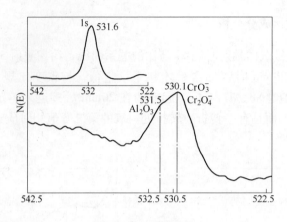

图 7 光电子谱比较

Fig. 7 Electron spectroscopy for chemical analysis（ESCA）

$NiCr_2O_4$ 氧化膜（相当第 2 个氧峰）。

111 号试样断口表面分析结果与 222 号试样相比有明显不同，从 Auger 电子能谱-峰高比可以得知如下变化规律，如图 6(b)所示。

碳峰开始很高，后急剧下降约 20min 后趋于平缓，接近基体平均成分。在 5min 以前 Ti、Nb 等元素并没有峰值出现，故可以认为碳峰开始高是表面被 CO_2、CO 以及 CH_4 等污染所致。

氧峰开始很高，后很快下降，约 5min 后达到一相当高的水平，并保持不变，直到 15min 随后又很快下降。这一变化规律说明表面氧高为吸附污染所致，接着出现氧峰平台，与氧峰相对应表面出现高的 Cr 峰与 Cr 峰的平台，而 Al、Ti 比基体平均成分略贫些。

从 222 号和 111 号试样断口氧剖面比较可知，111 号试样的氧峰平台较 222 号试样的第一个氧峰为宽，这是由于 γ′相周围贫 Al、Ti 区域易氧化的缘故。

因为在颗粒边界或晶界上，形成大块 γ′相，使周围基体贫 Al、Ti，这些贫 Al、Ti 区域是与颗粒边界或晶界相连接。正如 Waters[3] 指出大块 γ′相周围存在贫 Al、Ti 区，易发生内氧化腐蚀。粉末中残留的氧在热等静压过程中易优先在这些区域发生氧化或在热处理过程中吸收氧，而使 γ′相周围区域生成氧化膜（$NiCr_2O_4$）。在淬火过程中，由于热应力致使表面这些区域成为裂纹源，而内部在颗粒边界或晶界上 γ′相周围贫 Al、Ti 区已经被氧化的区域，将成为裂纹扩展择优路线，最后导致开裂。但由于晶界或颗粒边界被大 γ′相的覆盖面积约30%，且 γ′相周围氧化膜与基体结合较好，故只显出部分沿颗粒断裂，而大部分沿晶粒边界韧性撕裂。

由以上结果可以看出，111 号和 222 号两种不同热等静压制度的试样在淬火时都发生开裂，其主要原因都是与氧的作用相联系，但其断裂机构是不同的。

合金内部组织状态是影响淬火裂纹形成的主要原因，而严格控制氧的污染无疑是关键，但也不能忽视工艺因素的作用，特别是热等静压工艺参数和热处理制度有着重要影响。从 111 号试样来看合金组织形态与国外公布的同类合金组织状态近似[4]，只是晶界上，颗粒边界上 γ′相尺寸过大，这是由于热等静压温度偏低造成的。222 号试样中大量原颗粒边界 PPB 碳化物，说明1080℃左右正是 MC 碳化物易形成温度，在该温度下进行热等静压导致大量 PPB 碳化物形成[5]。Astroloy 合金粉末中即使 C、O 含量小于 250×10^{-6}，热等静压温度 1170℃ 时 PPB 变得也很严重[6]，这表明合金对热等静压温度的影响十分敏感。

另外，热处理过程中用来淬火的熔盐温度不能偏低。文献［7］淬火介质的冷却速度一般以 3.6℃/s 为宜，亦即熔盐温度不能低于 580℃。应用 400℃ 熔盐淬火介质，其冷却速度经计算相当于 7 ~ 8℃/s，比文献介绍冷却速度高一倍，显然，淬火造成的热应力很大，直接导致淬火裂纹的形成。

3　结论

（1）热处理时裂纹的形成与原粉末颗粒边界或晶界的组织状态密切相关。在颗粒边界存在大量 PPB 碳化物时，淬火开裂严重，裂纹沿原颗粒边界扩展。在晶界或局部颗粒边界存在大量大块 γ′ 相时，淬火开裂较前者轻，裂纹沿 γ 相晶界和部分颗粒边界扩展。

（2）在两种不同热等静压制度的试样中，裂纹形成的机理不同。一种是由于原颗粒边界 PPB 碳化物及在其外表面形成富氧层，促使颗粒边界开裂；另一种是由于 γ 相晶界析出大块 γ′ 相及其周围的贫 Al、Ti 区形成易氧化层，促使沿 γ 相晶界断裂。

（3）为克服热处理中形成裂纹必须适当调整合金的化学成分，特别是含碳量；防止在雾化、热等静压、热处理过程中氧的污染；选择合宜的热等静压温度，严格避免 PPB 碳化物和颗粒边界或 γ 相晶界过大 γ′ 相产生；热处理时，选择合理的固溶处理制度和冷却速度。

参 考 文 献

［1］Tien J K, Boesch W J, Howson T E, Castledine W B. P/M Superalloys Aerospace Materials for the 1980's Metal Powder Report Conference, Zurich, Switzerland, Nov, 1980.

［2］Aubin C, Davidson J H, Trottier J P. In：Tien J K, ed. Proc. 4th Int. Superalloy Symposium, Seven Springs, 21-25 Sept. 1980, Ohio：ASM, 254-345.

［3］Waters R E, Charles J A, Lea C. Met Technol, 1981；8：194-200.

［4］Radavich J F, English R. Proc. of Third Annual Purdue University Student-Industry High Temperature Materials Seminar, Dec. 8, 1975, West Lafayette, Indiana.

［5］胡本芙，金属材料研究，1981；7(2)：4.

［6］Ingesten N G, Warren R, Winberg L. High Temperature Alloys for Gas Turbines, 1982. In：Brunetand R, et al, eds. Proc. of a Conf. held in Liége Belgium, 4-6 October 1982, 1013-1027.

［7］Heat Transfer Modeling and Analytical Quenching of a Powder Metallurgy Turbine Disk During Heat Treatment USARTL-TR-78-6.

（原文发表在金属学报，1987，23(2)：B95-B100，Plate B5-B6. ）

两种氩气雾化粉末颗粒热处理后的组织变化

胡本芙 李慧英

（金相教研室）

摘 要 本文着重研究 FGH95 和 René95 两种粉末经热处理后组织的变化。实验结果指出：树枝晶组织较胞状晶组织难于均匀化。在 1140℃加热 8h 后粉末的铸态组织才能完全消除达到均匀化。FGH95 粉末中 γ′相溶解温度较 René95 粉末中的低。

Microstructures of Argon-atomized FGH95 and Imported René95 Superalloy Powders after Heat Treatment

Hu Benfu, Li Huiying

ABSTRACT：Microstructures of argon-atomized FGH95 and imported René95 superalloy powders after heat treatment were studied. It is shown that homogenization of dendritic microstructure is more difficult to complete than that of cellular microstructure. The dendritic microstructure can be homogenized during heat treatment at 1140℃ for 3h. The solution temperature of FGH95 powder is lower than that of René95.

前言

松散粉末颗粒的组织状态对合金性能有显著的影响[1,2]。一方面雾化粉末是在高速急冷状态下凝固的，处在亚稳定状态。热等静压致密化过程中，不稳定的冷凝组织直接影响致密化程度，例如：大尺寸粉末颗粒可以在未完全致密化前就发生相的析出。小尺寸粉末颗粒可以在致密化后期才能使相转变完成。另一方面，粉末颗粒的凝固组织也直接影响成分的均匀化过程。

观察和研究粉末颗粒经 870℃到 1200℃之间不同温度保温条件下组织发生变化，对热等静压致密化工艺制度的选择提供实验结果是十分必要的。

1 实验步骤

下表为两种粉末的化学成分（质量分数/%）。

合金	C	Co	Cr	W	Mo	Nb	Al	Ti	B	Zr	Ni
FGH95	0.078	8.62	13.08	3.35	3.40	3.48	3.46	2.60	0.011	0.04	余
René95	0.065	7.54	12.87	3.41	3.51	3.46	3.39	2.56	0.011	0.06	余

为保证粉粒度一致，两种粉都经过筛分，按粒度分级，对相同粒度的粉进行显微组织和外观表面组织对比。消除了由于颗粒大小不同而造成的组织差异。

粉末热处理采用真空处理，把粉末装在石英管内，边抽真空边加热除气，根据文献［3］水蒸气排放温度为 140～150℃，最大排气温度 400℃、CO_2、CO 最大排放温度 600℃，CH_4、Ar 气体在150℃开始排放。我们采用排放温度为400℃，用延长时间尽量使排气充分达到 2.399×10^{-2} Pa 真空度，然后，将粉末封焊于石英管中，在管式炉中进行热处理。

热处理制度采用文献［3］给出的稳定化热处理工艺。除原始雾化粉外，分别在 870℃、950℃、1080℃、1150℃保温 5h，尽量使相转变充分进行（1200℃保温2h），然后水淬。处理后粉末光泽白亮，没有任何发生氧化的痕迹。

2　实验结果

2.1　FGH95 合金粉末外形

以球形为主体，鹅卵形、葫芦形以及一些不规则包复球约占小部分、表面隆起和卫星状黏结较多，如图 1 所示，原始粉末颗粒外表面经深腐蚀后，明显地显示两种组织形态，树枝晶具有明显二次晶轴如图 2(a)所示。由一气孔为中心，延伸呈放射状枝晶形式。如图 2(b)所示。

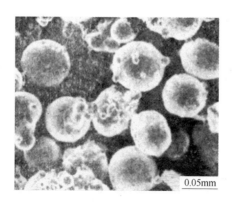

0.05mm

图1　FGH95 粉末颗粒形貌

胞状晶没有明显的二次晶轴。随着粉末颗粒尺寸减小，胞状晶尺寸减小，具有胞状晶组织的粉末颗粒数目增多。

经过稳定化热处理外表面组织发生变化，加热温度不同外表面树枝晶和胞状晶形态有些改变。870℃加热保温 5h，粉末颗粒外表面组织形态变化不明显，而在 950℃保温 5h后，颗粒外表面仍保持原树枝晶的形貌，见图3(a)、(b)，可观察到二次晶枝间有白点析

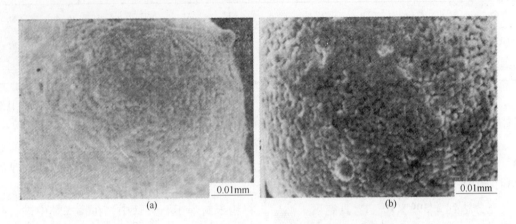

图 2　未经处理的 FGH95 粉末颗粒外表面组织 SEM
（a）树枝晶；（b）胞状晶

出物。若提高加热温度至 1080℃保温 5h 后，外表面树枝晶还没有完全消失，但胞状晶组织基本均匀化。在晶轴上、枝晶间以及胞状晶间均有第二相析出，图 3(c)、(d) 经 X 射线分析鉴定为 γ' 相，MC、$M_{23}C_6$ 相。经 1150℃，5h 保温后，仍可见树枝晶的痕迹，γ' 以及碳化物相仍分布在枝晶间，而在胞状晶组织中分布较均匀。第二相在树枝晶间析出、聚

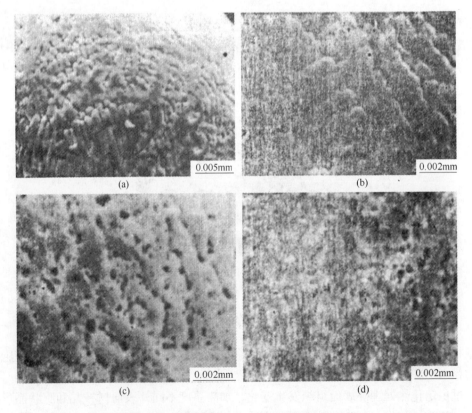

图 3　经不同温度保温 5h 后粉末颗粒表面形貌
（a）870℃，5h 树枝晶；（b）950℃，5h 树枝晶；（c）1080℃，5h 树枝晶；（d）1080℃，5h 胞状晶

集、长大的过程均较胞状晶进行得快。发现 γ′相变小，所以此温度可能是 γ′相开始大量溶解的温度。

1200℃加热、保温 2h，从石英管中取出，发现颗粒外表面边缘已熔化、黏结。经深腐蚀后看到白亮小点布满正熔化的晶体面上，经分析鉴定主要是 MC 碳化物。

由以上实验结果看出：氩气雾化粉末颗粒外表面在加热过程中，树枝晶组织在 1150℃，5h 还没有完全消失，而胞状晶在 1080℃ 基本均匀化。第二相在树枝晶间析出早于胞状晶间的析出，1080℃第二相析出无论在枝晶间或胞晶间都很明显。可见，合金外表面成分均匀化在 1080℃ 左右就开始明显起来。

2.2　FGH95 粉末颗粒内部组织状态经热处理后的变化

由图 4(a)、(b) 可以看出：粉末颗粒内部凝固组织由树枝晶和胞状晶组成。与外表面相比，树枝晶比较发达，枝晶间有少量块状碳化物，γ′相没有观察到，说明 γ 相基本上是过饱和固溶体。经 870℃加热后保温 5h 后的组织形态，凝固组织已有明显变化，在晶轴上和枝晶间都有弥散，细小的 γ′相析出，枝晶间 γ′相尺寸大于晶轴上的 γ′相。但树枝晶的轮廓仍清晰可见。

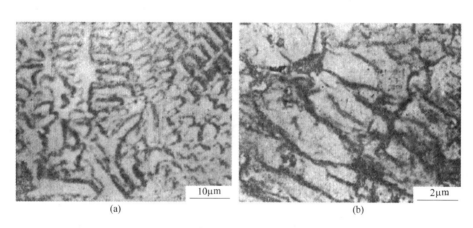

(a)   (b)

图 4　FGH95 原始粉末颗粒内部组织（ -140 +160 目粉）
（a）光学显微镜照片；（b）TEM 照片

由图 5 看出：树枝晶在 950℃ 还没有消除，与 870℃保温 5h 后 γ′相大小相比，γ′相尺寸略有长大而且分布均匀，枝晶间 γ′相尺寸也变大。

经 1080℃加热保温 5h 后，粉末颗粒的凝固组织基本消失，但仍可见树枝晶痕迹，基体中 γ′相聚集长大（见图 6）出现大、中、小 3 种尺寸的 γ′相。可见，1080℃ 是很重要的温度界限，低于此温度 γ′相尺寸变化不大。而 1080℃，γ′相开始聚集长大。

从图 7、图 8 可以看出，在 1120℃加热仍存在着一些铸态组织的痕迹。在 1140℃，加热铸态组织完全消除，达到均匀化。γ′相大部分溶解，只有在晶界上存在着未溶的大 γ′相。图 8 是经 1200℃，2h 加热的组织，γ′相完全溶解，晶粒边界趋于平直化。

由以上 FGH95 粉末颗粒经不同温度热处理后内部冷凝组织变化可以看出，树枝晶组织较胞状组织难于均匀化，尤其是较粗大的树枝晶在相当高的温度加热后仍可看到其痕迹。

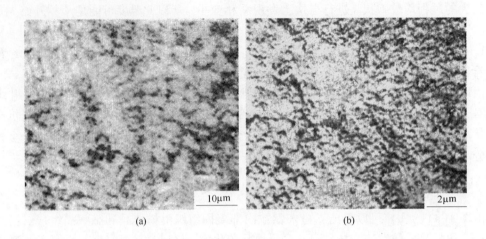

(a)   (b)

图5   FGH95 经 950℃，5h 加热后的组织 （−140＋160 目粉）

（a）光学显微镜照片；（b）TEM 照片

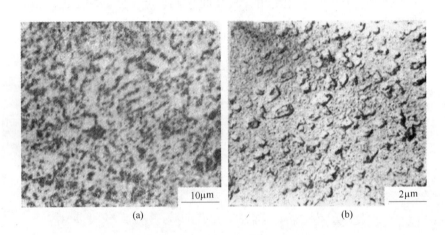

(a)   (b)

图6   FGH95 经 1080℃，5h 加热后的组织 （−140＋160 目粉）

（a）光学显微镜照片；（b）TEM 照片

 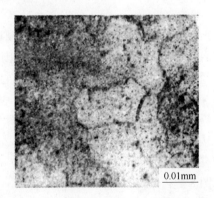

图7   FGH95 经 1140℃，3h 加热后的
组织 （−140＋160 目粉）   图8   FGH95 经 1200℃，2h 加热后的
组织 （−140＋160 目粉）

粉末颗粒内部均匀化速度大于外表面的均匀化速度，外表面树枝晶在 1150℃ 5h 后还留有痕迹，而内部冷凝组织其树枝晶在 1140℃ 完全消失。其原因可能是由于外表面树枝晶和胞状晶的组成比例与粉末内部不同，因而合金元素偏析程度也不同。

在考虑粉末合金固化时，似乎应该以较大颗粒外表面树枝晶、胞状晶消失和成分均匀化为依据选择致密化工艺参数。

FGH95 粉末中 γ′相大量溶解约在 1150℃ 左右，热等静压温度往往是选在低于 γ′相溶解温度，因而，FGH95 粉末热等静压温度似乎应该比国外报道该合金热等静压温度稍高些，即 1120~1140℃，应采用上限更适宜些。

2.3　René95 粉末颗粒内部冷凝组织在加热过程中的变化

经 870℃ 和 950℃ 加热后，均有大量 γ′相析出，其尺寸与 FGH95 相差不大。而经 1080℃，5h 加热后 René95 粉末中 γ′相较 FGH95 的小，表明其聚集长大的过程稍慢。到 1150℃ René95 粉末中仍有相当数量的，γ′相存在于晶粒内和晶界。由于 γ′相的钉扎使晶粒界平直化受到阻碍，而 FGH95 合金 1150℃ 加热后 γ′相基本上完全溶解，晶粒边界平直见图9(a)、(b)。这一结果说明两种粉末中 γ′相稳定性有明显不同。为了更确切的测定 γ′相溶解温度，用差热分析仪测定 FGH95 和 René95 粉末的微差热分析曲线。这种技术能准确地确定高温合金中相变发生的温度。曲线中的转折点是用金相观察和 X 射线配合确定的。FGH95 粉末中 γ′相的溶解温度为 1136℃，而 René95 粉末中 γ′相的溶解温度为 1160℃。这两个温度均取自冷却曲线。两种粉末的 γ′相溶解温度不同表示 γ′相的元素组成有所差异。两种粉末中 MC 碳化物溶解温度差不多 FGH95，为 1131℃，René95 为 1313℃，两种粉末的熔化范围也相近，FGH95 固相线温度为 1260℃，液相线为 1351℃，而 René95 相应地为 1250℃ 和 1344℃。

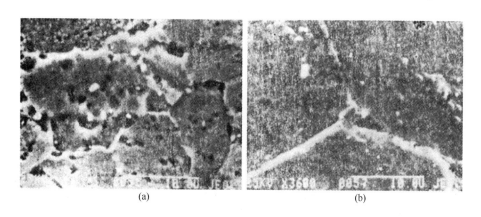

(a)　　　　　　　　　　　(b)

图9　经 1150℃，5h 加热后的显微组织 SEM

(a) René95；(b) FGH95

3　结论

通过对 FGH95 和 René95 粉末颗粒凝固组织在加热过程中变化的观察可以得出以下结果：

（1）FGH95 粉末颗粒外表面加热过程中树枝晶组织在 1150℃，5h 后还没有完全消失，而胞状晶组织在 1080℃5h 基本均匀化。

（2）FGH95 粉末颗粒内部在 1120℃加热 3h 以后仍存在着粗大的树枝晶痕迹，在 1140℃，3h 加热后，铸造组织才能完全消除，达到均匀化。

（3）FGH95 粉末颗粒内 γ' 的溶解温度较 Reńe95 低。

参 考 文 献

［1］Smugeresky, J. E.：Met. Trans.，13A，9(1983)．

［2］Tiers, J. K.，Boesch, W. J.，et al：Metal Powder Report Conference，1980．

［3］Claudia, J. Burton：第三届国际高温合金会议文集，1976，上海科技情报所译，1980．

（原文发表在北京钢铁学院学报（专辑 2），1987：12-18.）

氩气雾化的 FGH95 和 René95 合金粉末的黏结形式

胡本芙

（金相教研室）

摘　要　用光学显微镜和扫描电子显微镜研究了粉末形状、表面形态和包复层、黏结处的显微组织。从观察结果可以得出：随粉末尺寸的减小卫星黏结和包复层均减少，粉末形状接近宽形，在黏结处存在两种显微组织：一种有明显界面；另一种没有明显界面。

The Adhering Formations of Argon-atomized FGH95 and Imported René95 Superalloy Powders

Hu Benfu

ABSTRACT：Particle shape, surface morphology and microstructure of skin layers and adhering satellites were studied by using optical and scanning electron microscopy. It was observed that as the powder size decreases, the frequency of occurrence of both satellites and skin layers diminish and the shape of powder approaches that of a sphere. There are two kinds of microstructure on adhering locations, i. e. one is with marked boundary and the other is without boundary.

前言

不同的制取粉末方法，获得不同粉末颗粒的形貌，不同的粉末形貌对压制和成型的影响国外已进行了一些研究[1,2]。例如：B. H. Kear 用 SEM 对氩气雾化的 IN100 合金粉末颗粒进行观察，并讨论了过热度对凝固组织黏附形式的影响，但是，合金粉末除了外观形貌不同以外，更重要的是凝固组织的影响，特别是任何制粉方法所获得的粉末中都不可避免的有一定比例的黏结粉存在，黏结粉的凝固组织状态怎样，具有什么特征？在热处理过程中的变化与球状粉有什么不同？无疑研究这些问题对加强粉末质量的管理和控制合金性能的改善都是有益的。

本文就是通过对进口粉末 René95 和国产粉末 FGH95 黏结形式的分析，探讨生产工艺及其对合金性能的影响。

1 实验方法

1.1 合金成分

合金成分（质量分数/%）如下。

合 金	C	Cr	Co	Mo	W	Nb	Al	Ti	B	Zr	Ni
René95	0.065	12.87	7.54	3.51	3.41	3.46	3.39	2.56	0.01	0.050	余
FGH95	0.087	13.08	8.62	3.40	3.35	3.48	3.46	2.60	0.011	0.06	余

1.2 实验方法

用光学显微镜及 SEM 方法对不同粒度的两种原始粉末进行观察对比，对黏结处的组织进行成分分析。

为了研究在 HIP 温度下黏结颗粒的相析出特点，分别对两种粉末进行 1000℃/5h，1080℃/5h，1120℃/3h，1150℃/7h 的真空淬火处理，并用光学显微镜和 TEM 二级碳复型分别进行组织观察，应用电子探针测定黏结颗粒界面处成分差异。

所用粉末颗粒度在 −140 ~ +360 目之间，分为 4 个粒度级分别进行观察对比。

2 实验结果及分析

2.1 两种粉末黏结颗粒的比例及粒度曲线

对 René95 和 FGH95 粉末颗粒进行 SEM 观察其结果表明：两种粉末颗粒基本上是球形的，但比较而言，René95 粉末颗粒的球形更加完整、规则，所占比例也比 FGH95 大。如图 1 所示，在 René95 粉末颗粒中观察到的完整的球形在 FGH95 中不易观察到，颗粒表面光滑、致密。

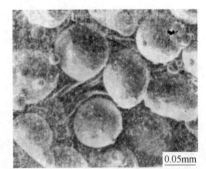

图 1 René95 粉末中球形颗粒形貌
（−200 +300M）

根据对 René95 粉末颗粒统计性概貌，总的倾向是 FGH95 粉末中黏结较多，而且黏附物的形状也不如 René95 粉末黏附物规则，用金相方法对分级的两种粉末测定其黏结所占比例，其结果如图 2 曲线所示。

由图 2 曲线可以看出：FGH95 粉末中黏结颗粒的比例大于 René95 粉末，而且，两种粉末其黏结颗粒的比例均随粉末颗粒直径减少而降低，即在细粉末中黏结颗粒较少。

若把两种粉末使用的粒度组成进行分析，可得出图 3 曲线形式：René95 粉出现两个峰值而 FGH95 只有一个峰值。René95 直径在 20 ~ 35μm 占 40% 左右，即 René95 粉中细粉占的比例较大，由图 2 可知，粗粉中黏结颗粒占的比例大，这样，在等量的两种粉末中 FGH95 粉末中黏结颗粒数将大大高于 René95 合金。粉末中黏结严重必然影响粉末的流动性和松装密度，影响产品的最终性能。

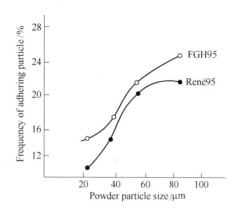

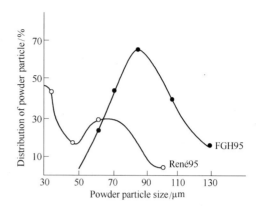

图 2　Rene95 和 FGH95 粉末中黏结颗粒的比例　　图 3　Rene95 和 FGH95 粉末的粒度曲线

2.2　两种粉末中的表面黏结形式

黏结比例固然起作用，然而研究哪种黏结形式对合金性质的影响更有作用，现把在大量观察的基础上、存在的几种具有普遍性的黏结形式分类如下。

2.2.1　Rene95 粉末中主要表面黏结形式

（1）卫星式黏结：这种形式的黏结在粉末中的黏结占有最大的比例、其黏结特点是大颗粒已经完全凝固（或半凝固状态）而小颗粒尚未完全凝固，与大颗粒相碰撞后，急冷凝固并发生黏结，因而大颗粒均具有完整的球形。

（2）包复式黏结（见图4、图5）：包复式黏结也是占比例较大的另一种黏结形式，其特点是可看到一层薄而均匀的金属包复在大的球形颗粒上，有时还可以把已形成的卫星式小颗粒一并包入，显然，这种包复形式是由于熔融状态金属液片飞溅到已经完全凝固的颗粒上，由于冲撞力和熔融金属的流动性使液态金属均匀包裹住球形颗粒，也有些包复层是不规则的，甚至会在同一颗粒上发生多层包复，此种包复层可称为结疤式黏结（见图5）。结疤式黏结物，在与大颗粒碰撞时，一般已经是半凝固的黏糊状态，冷却迅速，黏糊

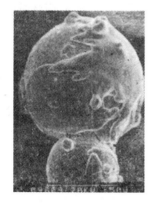

图4　Rene95 粉末包复式黏结
（−140 +200M）

图5　Rene95 粉末中结疤式黏结
（−140 +200M）

状的黏附物来不及流动即已凝固，因而其表面极不平整，包复的黏附物可以是很小一部分，有的则将整个颗粒包复。

（3）突起状黏结（见图6）：突起状黏结是一种不常发现的黏结形式，但它由于形状奇异，对压实和流动性有较大影响，其特点是在完整的球形颗粒上黏有角状突起物，该类型黏结形状往往是一块较大的黏糊状金属与完全凝固的球形颗粒撞击而成。

（4）葫芦状黏结：葫芦状黏结其特点是两个大小相差不多的欲凝固的颗粒黏结在一起，在黏结处有明显的黏结细颈（见图7），而黏结处的表面组织与颗粒表面是有差异的。在颗粒外表面是枝晶组织，而颈部则是较粗大的近似等轴的晶粒，显然，这种黏结形成过程：两个半凝固的流动性尚好的糊状液滴，碰撞在一起而后同时冷却，但在颈处具有较小的冷却速度，因而形成等轴组织。

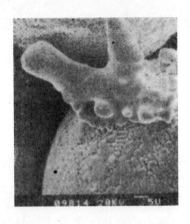

图6　René95 粉末中突起伏黏结
（－140＋200M）

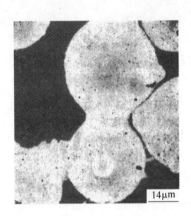

图7　René95 粉末中葫芦状黏结及
黏结颈的组织

上述葫芦形黏结在粉体中占有相当的比例，它对性能影响是不可忽视的。

2.2.2　FGH95 粉末中黏结形式

FGH95 粉末中同样也存在着上述 René95 粉末中各种黏结形式，如图8所示。

值得指出的是 FGH95 粉末表面黏附物是十分不规则的，即使是卫星式黏结也是十分杂乱的，甚至在小卫星颗粒上还粘有更小的颗粒，至于包复式黏结中的结疤状黏附则更加粗糙。具有表面多重包层，这比 René95 显得严重。

彗星式颗粒黏结在 FGH95 中也是比较典型的一种。其特征是头部有一球状颗粒，与体积较大的未凝固熔滴发生黏结，在随后过程中拉成条状尾巴，整个颗粒形状成彗星形，如图9所示。

在 FGH95 中还发现为数不少的残缺不全的颗粒（见图10），这种形貌可能是由颗粒之间相互碰撞而造成的碎裂所致，残缺的圆口呈月牙形，显然不是脆性碎裂，而是熔滴还呈半凝固状态发生碰撞。

2.3　黏结颗粒的内部冷凝组织状态观察

不同的外观黏结形式必然会造成不同的内部组织结构，所以，研究黏结体的内部组织状态并与 HIP 后组织相联系，对改造合金性能必然带来益处。

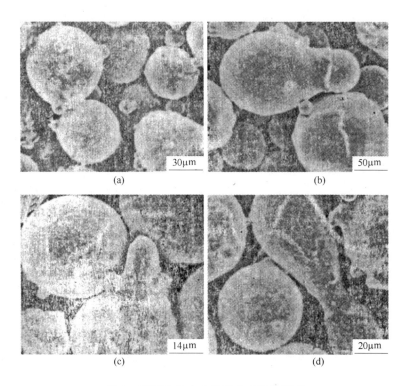

图 8　FGH95 粉末中几种典型黏结形式

（a）卫星式黏结（−140＋200M）；（b）包复式黏结（−360M）；（c）突起式

黏结（−200＋320M）；（d）葫芦式黏结（−300＋300M）

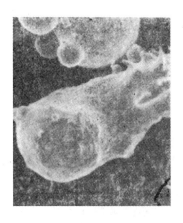

图 9　FGH95 粉末中彗星式黏结

（−200＋300M）

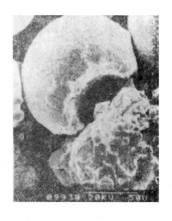

图 10　FGH95 粉末中残缺颗粒

（−140＋200M）

　　卫星式、包复式和葫芦式黏结是在两种粉末中占比例最大的 3 种黏结形式，通过金相显微组织观察内部结构可以分成两种类型：即两个黏结颗粒之间有明显的黏结界面和无明显黏结界面两种。

　　卫星式和葫芦式两种黏结形式中包括无黏结界面和有黏结界面，而包复式中有一种有黏结界面。

图 11 是典型卫星式有黏结界面类型，可以看出两个球之间有明显的界面，由图 11 看出右方颗粒先凝固，而另一颗粒则是在未完全凝固时发生碰撞黏结，所以在黏结处，由于先凝固颗粒的急冷作用，使其在界面处具有细小柱状晶或细等轴晶，离边界较远处过冷度小而形成树枝晶。

图 12 是典型葫芦式黏结颗粒，可以看出：在两颗粒黏结处有从同一点发出的放射状树枝晶，同时向两个颗粒内生长，但毕竟较小颗粒冷得快，所以表现出比大颗粒中更细小的组织，在小颗粒上还有一更小的卫星式黏结，而它是有界面的黏结，仔细观察还发现在较粗大颗粒的树枝晶间有明显的析出物分布。

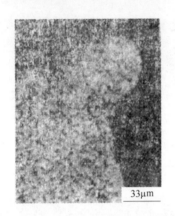 

图 11　FGH95 粉末黏结颗粒有明显界面　　　　图 12　René95 粉末黏结颗粒无明显界面

由以上可知，当两个颗粒碰撞前其中之一颗粒已经凝固时，则形成有界面黏结，两个颗粒在碰撞前都处在熔融状态或半凝固状态，则形成无界面黏结，这两种黏结颗粒界面处的组织是不同的。

包复式黏结大部分是属于有界面黏结，这种黏结的组织特征如图 13 所示。

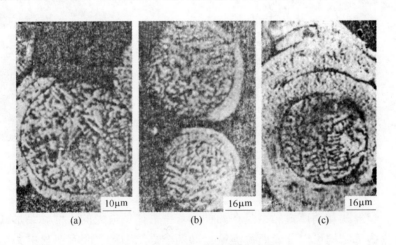

(a)　　　　　　　　　(b)　　　　　　　　　(c)

图 13　包复式黏结颗粒内部组织

被包复颗粒内部是较完整而均匀的树枝晶组织，颗粒外的均匀包层则往往是细小的柱状晶和细等轴晶，由图 13(a)、(b) 可以推知，包层内的大颗粒是在包复发生之前就完全凝固，树枝晶完整，在界面处看不出包层对其组织影响，相反，熔融的金属溅落在颗粒上由于流动性好，迅速铺展成一薄而均匀的包层，而先凝固的颗粒对于包层可以说是冷基底，使包层凝固时过冷度增大，组织成为细小按导热方向形成的柱状晶或等轴晶。发生多层包复，图13(c)也是柱状晶或细等轴晶，不过越靠近外边的包层组织越细小。多层包复可能相当不规则，层与层之间均有明显界面甚至孔洞，肯定会对产品性能带来危害，如图14给出不规则包层组织是很不均匀的。靠近先凝固颗粒包层是细晶组织，而后由于黏附物厚度很大，在包层的另一端长成粗大完整树枝晶，组织很不均匀，那么在 HIP 时发生再结晶组织亦不会均匀，进而导致性能不均匀，显然这种有界面的包复层应该尽量避免。

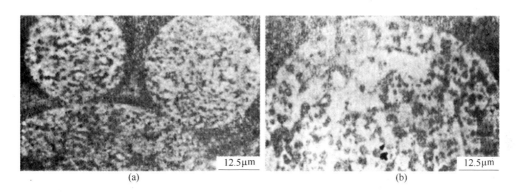

图 14　FGH95 粉末受多层不规则黏结组织形态

2.4　经热处理的两种粉末黏结颗粒内部组织特征

在黏结颗粒中存在着颗粒间界和无颗粒间界两种形式，必然在热处理或 HIP 过程中会造成析出状况的不同，为此，对两种粉末分别采用在碳化物最多析出温度区间进行热处理[3]。

由图 15 可以看出：两种粉末在 1120℃ 和 1150℃ 处理均有颗粒状碳化物沿界面析出，只是 FGH95 粉中碳化物析出颗粒大些，包复式界面间碳化物析出更不均匀，经碳化物成分分析发现，碳化物中主要是 Nb、Ti 元素，即 MC 型碳化物。

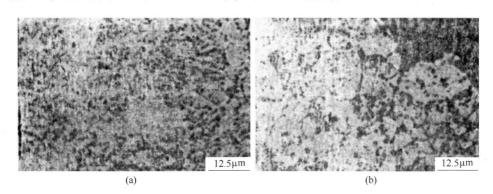

图 15　两种粉末带有界面经热处理后碳化物析出
(a) 卫星式的 FGH95 合金 1120℃/1h；(b) 包复式的 FGH95 合金 1150℃/7h

无界面的黏结颗粒热处理后析出相与内部组织基本上无差异，如图 16 所示。

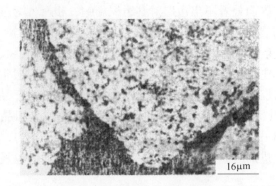

16μm

图 16　FGH95 颗粒间无界面黏结热处理后组织（1120℃/1h）

碰撞前都处在熔融状态或半凝固状态形成无界面黏结，对热处理和 HIP 工艺不会产生明显影响。在无边界面黏结处 Ti、Nb 偏析并不存在，而且也证明无析出相。

2.5　结果讨论

综观各种黏结形式，其主要形成方式可以归纳 3 种情况：

（1）两个未凝固的球形颗粒或不规则形状的金属液滴碰撞黏结，其边界无明显间界面。

（2）一个已凝固的球形颗粒与另一块处于半凝固的黏糊状金属相碰撞，有明显间界面。

（3）一个已凝固的球形颗粒与完全熔融的液态金属相碰撞，可以有间界面亦可以不形成间界面。

可见，黏结前颗粒或黏附物的凝固程度和其运动状态是决定黏结形式的主要因素，因而雾化过程中工艺参数控制很重要，如熔体的过热度、黏滞性、液流直径和雾化气体压力、冷却速度、破碎作用大小以及气体在雾化罐中的流动状态等综合作用，决定了颗粒形状和黏结过程。

雾化设备的喷嘴漏口的直径、喷射顶角、喷射长度合理条件下，工艺参数中主要参数过热度、雾化气体压力对改进制粉工艺必须给予注意：

（1）熔融金属的过热度：当雾化时金属液体的过热度不够大时，从喷嘴中流出的金属流黏滞性较大。雾化气体难以把它破碎成细小的金属液滴，造成粗大颗粒比例增加，而且金属液体黏滞性大，会悬挂在喷嘴边缘，形成糊状颤流，这些颤流被冲刷脱落后与其他颗粒相碰撞，则形成不规则结疤式黏结，FGH95 粉中存在较多，若从两种粉末黏结形式和黏结比例来看 FGH95 雾化过程中金属液的过热度可能稍低，产生许多结疤式黏结，而 René95 粉末中，恰好是球形颗粒多，而且可能由于过热度大的金属液体流有好的流动性，与已凝固的颗粒相碰撞时，可以有相对长的凝固时间。黏附物可以铺展开来，形成薄而均匀的包复层，也可以使形成无黏结界面的颗粒机会增加，组织比较均匀，无疑对性能的再现性是有好处的。FGH95 应当提高金属液的过热度是减小黏结的重要方面。

（2）雾化气体压力：提高雾化气体压力，可以使粉末颗粒尺寸减小，同时又可减小黏结颗粒的比例。

从合金热力学能量观点来看，喷流雾化是流体的动能转化成金属颗粒表面能的过程，因此，提高气体压力，可以强化对金属液流的破碎作用，使其破碎成更小的液滴，这样球化过程或凝固过程所需时间都比大液滴短，在凝固前相互碰撞的机会大大减少，即使有些熔融的液态金属与已凝固的小颗粒相碰撞，由于小颗粒冷却作用有限，可以使碰撞的体积大的熔体有较长时间保持流动性，以利于形成危害不大的均匀薄的包复层和无明显边界的黏结形式。一般高温合金组元较多，提高雾化气体压力、加大对金属液滴的冷却作用不会使颗粒球化不完全而形成不规则颗粒。所以，通过两种粉末黏结形式的对比，可以看出René95 粉末的雾化气体压力要比 FGH95 稍高些。

（3）黏结颗粒间界面析出相：黏结颗粒有界面时，在 1000 ~ 1150℃ 热处理，无论René95 或 FGH95 都有沿黏结界面分布的碳化物析出。此种碳化物为 Nb、Ti 的化合物。并不是原来黏结时两颗粒表面存在的碳化物，而是黏结界面处能量高于颗粒内部提供碳化物析出的优先形核地点，加上黏结面处可能被雾化时吸附氧，使 Nb、Ti 向间界扩散、偏聚。在适当的热处理温度时有利形成碳化物，因此，在改进雾化工艺参数时，注意氧含量、减小有间界面的黏结形式也是非常重要的。

3　结论

（1）在氩气雾化的 René95 和 FGH95 粉末中，粗颗粒中黏结颗粒比例显著大于细颗粒。FGH95 细粉中（30 ~ 106μm）黏结比例大于 René95 粉末。

（2）黏结颗粒的黏结处有两类不同的显微组织：

1）颗粒间无明显黏结界面处组织是树枝晶和粗大等轴晶，经过热处理后，其相析出和分布与颗粒内部基本上相同。

2）颗粒间有明显黏结界面处组织为细小的柱状晶和细小等轴晶，经热处理后黏结界面是析出相的优先形核地点，导致和内部组织有明显差异。

（3）比较 René95 和 FGH95 粉末黏结形式和内部组织结构可知：适当提高 FGH95 粉末雾化时熔体过热度和气体喷射压力有助于细化颗粒和减小有间界面的黏结颗粒。

致谢

FGH95 和 René95 粉末分别由钢铁研究总院和三机部 621 所提供，在此表示感谢。

参 考 文 献

[1] Field K D, Cox A R, Fraset H L. Superalloys, 1980.
[2] Kear B H. Met, Traas, Vol. 10A, 1979.
[3] 胡本芙. 金属材料研究, 7(1981), 44.

（原文发表在北京钢铁学院学报（专辑2），1987：19-28.）

原颗粒边界问题和热处理裂纹形成原因的研究

胡本芙　李慧英　章守华

（金相教研室）

摘　要　业已证实，粉末高温合金中原颗粒边界（PPB）问题严重影响合金性能。本文研究了 FGH95 合金 PPB 对淬火裂纹的影响，通过对淬火开裂后样品断口形貌、析出相类型、表面俄歇谱化学成分分析找出淬火时裂纹形成的原因和控制因素。

实验结果和分析表明，造成淬火裂纹形成的两种机制，开裂严重的是由于 PPB 碳化物及在其外表面形成富氧层破坏合金的连续性，促使沿原颗粒边界断裂。开裂不严重的是由于 γ 相界析出大块 γ′相其周围贫 Al、Ti 区形成易氧化层，促使沿 γ 相界断裂。

基于两种机制的提出，可以较好地说明影响淬火裂纹形成的主要原因是氧的污染和不适宜的淬火冷却速度。

The Formation of Cracks in a Nickel-base P/M Superalloy During Heat Treatment

Hu Benfu, Li Huiying, Zhang Shouhua

ABSTRACT：The effect of structural defects on the formation of quench cracks in a Nickel-base P/M superalloy was studied. The serious quench crack is due to the presence of rich-oxygen layer on the Particle surface and the formation of PPB carbides destroying the continuity of the alloy and promoting fracture along the previous particle boundaries. The slight quench crack is due to the precipitation in a coarse form at the grain boundaries. The coarse γ′ precipitates are surrounded by zones depleted A1，Ti forming oxide layers which promote the fracture path along the grain boundaries. The major reason of the formation of quench cracks is the contamination of oxygen in the early processing or unsuitable quench cooling rate during heat treatment.

前言

粉末高温合金自 70 年代初成功地使用在航空发动机上以来，它的优良性能和经济效益引起材料工作者极大重视。可是在应用热等静压成型（HIP）生产工艺中出现所谓原颗粒边界 PPB 问题，而且在随后的热处理过程中更加严重。它不仅破坏了粉末颗粒之间结合，甚至在零件热处理淬火时会引起开裂。在奥氏体合金中淬火发生裂纹是个异常现象。

一般认为淬火裂纹与粉末高温合金特有的原颗粒边界状态密切相关[1,2]。但是，至今还未见到详细的报道。

本文通过对淬火时发生裂纹的样品断口形貌、析出相本质、表面化学成分等方面的分析，寻求淬火裂纹的形成原因和控制因素，为改善合金的塑性和热处理工艺制度的制定提供有益的实验资料。

1　实验步骤与方法

（1）实验材料：为了显露 PPB 碳化物的形成和作用，选择含碳量较高的镍基粉末高温合金 FGH95，因为 PPB 问题的严重程度，合金中含碳量起着决定性的作用。合金化学成分见表1。

表1　合金化学成分

元　素	C	Cr	Co	Mo	W	Nb	Al	Ti	B	Zr	Ni
质量分数/%	0.087	13.84	9.00	3.58	3.59	3.69	3.56	2.73	0.01	0.05	余量

（2）样品成型：采用热等静压成型。热等静压制度：

试样号	温度	理论压力	实际压力
①号锭（111号）	（1120±10）℃	105MPa	93MPa
②号锭（222号）	（1680±10）℃	105MPa	93MPa

（3）热处理制度：1140℃1h/盐浴（400℃）/空冷 +870℃/1h/空冷 +650℃/24h/空冷

（4）样品制备及实验方法：

1）金相试样侵蚀剂采用 $CuCl_2$（0.5g）+10mL HCl +10mL 乙醇。侵蚀后，用光学显微镜和扫描电镜观察组织，用 EDAX 进行微区化学成分分析。

2）采用电解双喷制取金属薄膜试样，用 TEM 观察组织，并做电子衍射分析。

3）利用俄歇能谱仪对断口表面进行分析。制成 5mm×5mm×2mm 试样，用 NaOH 及 w（HCl）为 10% 去油，超声波振荡去污垢，再用丙酮清洗，采用逐层剥离方法测定剖面元素分布，并用光电子能谱（ESCA）确定元素存在状态。

2　实验结果及讨论

2.1　合金显微组织特征

图1给出 111 号合金背反射电子像。从经 1120℃ +HIP + 标准热处理的 111 号试样显微组织可知，合金基本实现致密化，但局部地方粉末原颗粒边界未能完全消除，由图1看出，晶界存在大块 γ′相，且 γ′相周围存在贫 γ′区，贫化区范围宽窄由 γ′相的尺寸所决定，晶界上 γ′相与碳化物覆盖晶界面积通过定量金相测定约30%。

经 1080℃HIP + 标准热处理的 222 号合金，由于 HIP 温度过低，在颗粒边界形成连续碳化物网膜，明显地勾画出原颗粒边界的轮廓。用 SEM 背反射电子像（图2）可以清楚看出原颗粒边界碳化物粗大，连续分布，而且不均匀覆盖颗粒界面积约60%～70%。

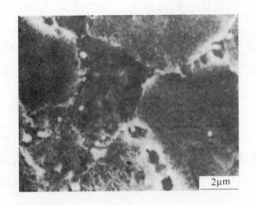 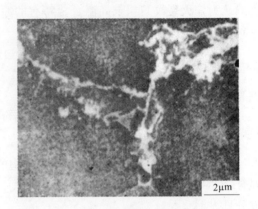

图 1　111 号合金背反射电子像（SEM）　　　　图 2　222 号合金背反射电子像（SEM）

对 222 号合金颗粒边界析出物用金属薄膜 TEM 分析得知，颗粒边界连续碳化物主要为 MC 型碳化物（图 3），还有 M_6C 碳化物（图 4）。

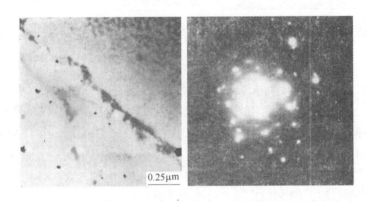

图 3　111 号合金原粉末颗粒边界析出物（金属薄膜 TEM）

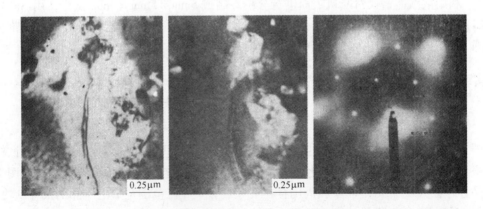

图 4　222 号合金原粉末颗粒边界析出物（金属薄膜 TEM）

由合金显微组织分析可知：111 号和 222 号试样中都存在不同程度 PPB 问题，但两者 PPB 析出物本质是不同的，111 号试样在边界上主要为大块 γ' 相，而 222 号主要为碳化物相。由于析出物不同导致裂纹扩展形式和断口形貌的不同。

2.2　裂纹扩展的路径及开裂断口的形貌

经 1120℃和 1080℃ HIP 的两种试样标准热处现后均发现不同程度的淬火裂纹，而后者更为严重。研究了裂纹发展和显微组织特征的关系。选择裂纹源头，观察裂纹通道，扩展特征，配合断口形貌进行比较。结果表明：这些裂纹主要起源于材料表面，向内扩展。在图 5(a) 中可以看出 111 号合金的裂纹主要沿着 γ 相晶界发生，偶尔也能看到沿颗粒边界扩展。裂纹大都从表面萌生，向里发展，裂纹较细。这些现象与 111 号合金断口上具有一定韧性撕裂带是相对应的，见图 6(a)。由断口形貌证实，淬火开裂的 111 号合金看不出明显沿颗粒边界断裂，断口面上存在明显的韧性带，表明合金具有一定塑性。冲击断口面上这一特点更为突出。只是在局部地方出现颗粒边界，颗粒表面也有一定塑性变形。

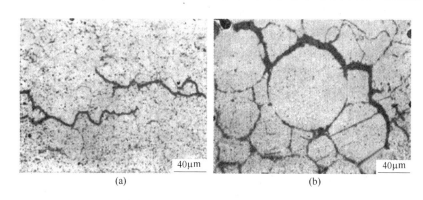

图 5　111 号合金和 222 号合金裂纹扩展途径

(a) 111 号合金裂纹扩展途径；(b) 222 号合金裂纹扩展途径

222 号合金淬火开裂程度普遍严重，裂纹粗大，扩展路径均沿着原粉末颗粒边界，见图 5(b)，只有个别沿 γ 相晶界横穿粉末颗粒。裂纹处氧化严重。可见 222 号试样中原颗粒边界是裂纹优先形成和优先扩展的区域。这也与 222 号试样断口形貌相对应，见图 6(b)。与 111 号合金相区别，222 号合金几乎全部沿原颗粒边界开裂，粉末颗粒的球

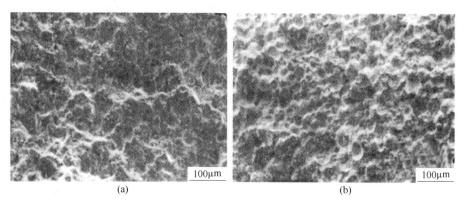

图 6　淬火开裂断口形貌

(a) 111 号合金；(b) 222 号合金

形轮廓清晰可见，颗粒表面整齐无塑性变形痕迹，几乎观察不到韧性撕裂带。除此以外，由于 222 号合金因 HIP 温度偏低，原颗粒边界结合差，不致密，颗粒之间还存在着空洞和裂口。

利用 TEM 二级碳复型观察裂纹附近的微观组织的结果表明：111 号试样裂纹沿着晶界粗大 γ′ 相边缘扩展，222 号试样沿着原颗粒边界连续网膜状碳化物边缘扩展，如图 7 所示。

图 7　111 号合金（上）和 222 号（下）微观裂纹的形态

111 号和 222 号试样裂纹附近显微组织有 3 点不同：

（1）开裂程度不同，111 号比 222 号开裂程度轻。

（2）裂纹扩展路径不同，111 号中裂纹扩展局部沿颗粒边界，大量沿晶界；222 号主要是沿颗粒边界扩展。

（3）裂纹择优扩展路径上析出物的本质与形态不同，111 号主要是沿大块 γ′ 相边界；222 号主要是沿碳化物网膜边界扩展。

2.3　断口处析出相的分析和鉴定

用 SEM 观察断口处相形貌，并配合微区成分分析得出，111 号试样断口处（图 8）有约 $2\mu m$ 的不规则析出物，一般处在颗粒边界凸处，能谱分析表明（见表 2），析出物为 γ′ 相。其化学成分大致符合 $Ni_3(Al, Ti, Nb)$。

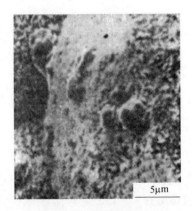

图 8　111 号合金断口处析出相形貌（SEM）

表 2　111 号试样断口处相能谱分析结果

元　素	Ni	Cr	Al	Ti	Co	Nb	W	Mo	Zr
质量分数/%	68.60	4.08	7.72	5.45	5.16	4.23	1.39	2.66	0.22

222 号试样断口处析出物呈不规则棱角形，多密集在原颗粒边界。SEM 能谱分析证实这种不规则棱角析出物为富 Nb，Ti 的 MC 型碳化物，如图 9 所示。

综合上面分析可知，111 号试样的原颗粒边界或晶粒界有大量大块 γ′ 相，成为裂纹的扩展通道，222 号试样的原颗粒边界分布着大量大块(Nb,Ti)C 碳化物，起着同样的作用。这一事实对分析淬火开裂有重要作用。

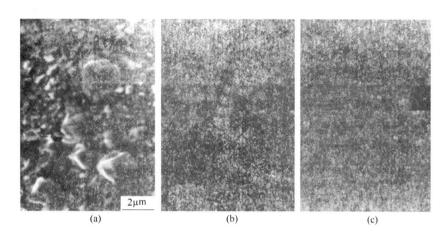

图9　222号合金断口处析出相形貌及化学成分（SEM）

（a）二次电子像；（b）Nb的面扫描；（c）Ti的面扫描

2.4　断口表面的俄歇谱成分分析

应用俄歇谱仪（ϕ-550 ESCA-Auger）对断口进行表面成分分析，在溅射电子束压为3kV，束流为15μA条件下Ta_2O_5的溅射速度为27.4nm/min，可作为确定溅射深度时的参考。

222号试样断口表面分析，是先用低倍的扫描窗口在二次电子像的荧光屏上选择断口上一原颗粒边界，在直径10μm面积上进行离子溅射，后用俄歇电子能谱分析以及光电子能谱分析测定元素化合态。

图10给出222号试样溅射时间-峰高比的关系曲线，约在溅射5min之前出现一个C信号高峰值，随后到20min时C的含量才趋于一定值，与C变化规律相对应有O、Nb、Ti、Cr、Al也出现峰值。Nb、Ti与C一起亦约在20min后接近某一定值。Cr、Al趋于某一含量时间稍晚一些，而且有一转折，转折处与O的第二峰值相对应，最后O、Cr、Al同时接近基体的平均含量。

值得指出的是，图10中O峰值有2个，在剥离吸附污染O层之后，O/Ni比值随着C/Ni，Ti/Ni，Nb/Ni的比值下降，经一定时间后，又开始出现第2个O峰值。第一个O峰值可认为是在热等静压过程中，PPB碳化物中元素Nb、Ti与氧有较大亲和力，在表面形成化学式为$M(C_{1-x}O_x)$的膜，包围着MC碳化物，其厚度用Ta_2O_3的溅射速度近似大约为0.1~0.15μm。而Nb/Ni，Ti/Ni峰直到20min才趋于平缓，由此推算MC碳化物尺寸约为0.5μm。

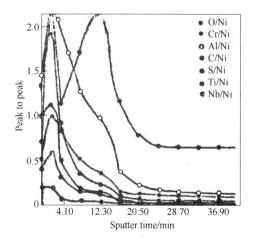

图10　222号试样断口俄歇能谱
溅射时间-峰高比曲线

采用光电子谱（ESCA）确定第 2 氧峰值氧的可能存在形态，在颗粒边界另取一点，把溅射 5min 之后 ESCA 谱与 Al_2O_3 标准谱和 CrO_3^-，$Cr_2O_4^-$ 酸根离子化学式能级比较见图 11，可以认为第二氧峰值是以 Al_2O_3 和 $NiCr_2O_4$ 的形态存在。它们是在热处理淬裂时高温氧化所致。R. E. Waters 在做有关试验时认为此时氧化膜厚度为 20~30nm[3]。

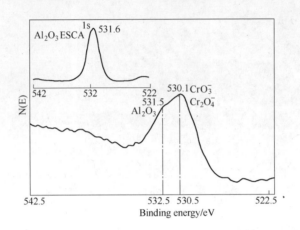

图 11　光电子谱（ESCM）比较

本实验表明第 2 氧峰值的厚度约为 0.4μm，比文献给出的淬裂时高温氧比层要厚，可能是因为两者热处理制度不同所导致的，本合金的热处理制度中除一般时效外增加了 870℃ 1h 高温时效。

从以上结果可知，222 号试样在淬火过程中开裂是由于颗粒边界形成大量的 PPB 碳化物，与氧作用产生碳、氧共存网膜，在淬火过程中，由于热应力作用，不能与基体协调变形，成为裂纹源和扩展通道，进而导致氧渗入到碳化物下面形成 Al_2O_3 或 $NiCr_2O_4$ 氧化膜。其具体模型示意于图 12 中，清除吸附污染氧后，接着就是 $M(C_{1-x}O_x)$ 层（相当氧的第一个峰值），其下面就是 Al_2O_3，$NiCr_2O_4$ 氧化膜（相当第 2 个氧峰）。由于这种 PPB 富氧膜覆盖于原颗粒表面，减弱与基体的结合，易产生裂纹和裂纹沿着颗粒边界扩展，其断口呈沿颗粒边界无塑性断裂特征。

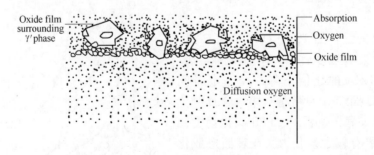

图 12　222 号试样断面结构示意图

111 号试样断口表面分析结果与 222 号试样相比有明显不同，从俄歇电子能谱-峰高比可以得到如下变化规律，如图 13 所示。

（1）碳峰开始很高，后急剧下降，约 20min 后趋于平缓，接近基体平均成分。在

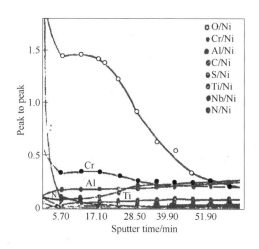

图 13　111 号试样断口俄歇能谱溅射时间-峰高比曲线

5min 以前 Ti、Nb 等元素并没有峰值出现，故可以认为 C 峰开始高是表面被 CO_2、CO 以及 CH_4 等污染所致。

（2）氧峰开始很高，后很快下降，约 5min 后达到一相当高的水平，并保持不变（直到 15min）随后又很快下降。这一变化规律说明表面氧高为吸附污染所致，接着出现氧峰平台，与氧峰相对应表面出现高的 Cr 峰与 Cr 峰的平台，而 Al、Ti 比基体平均成分略贫些。

（3）从 222 号和 111 号试样断口氧剖面比较可知 111 号试样的 O 峰平台较 222 号试样的第一个 O 峰为宽，这是由于 γ′相周围贫 Al、Ti 区域易氧化的缘故。

111 号试样断口表面结构模型示意于图 14。除表面被 CO_2、CO、CH_4 吸附严重污染以外 Cr 峰与 O 峰相对应存在，而 Al、Ti 峰相应降低，这可能是在颗粒边界或晶界上，由于形成大块 γ′相，使其周围基体贫 Al、Ti，这些贫 Al、Ti 区域是与颗粒边界或晶界相连接。正如 R. E. Waters[3] 指出大块 γ′相周围存在贫 Al、Ti 区，易发生内氧化腐蚀。粉末中残留的氧在热等静压过程中就易优先在这些区域发生氧化或在热处理过程中吸收氧，而使 γ′相周围区域生成氧化膜（$NiCr_2O_4$）。在淬火过程中，由于热应力致使外表面这些区域成为裂纹源，而内部在颗粒边界或晶界上 γ′相周围贫 Al、Ti 区已经被氧化的区域，将成为裂纹扩展择优路线，最后导致开裂。但由于晶界或颗粒边界被大 γ′相的覆盖面积约 30%，且 γ′相周围氧化膜与基体结合较好，故只显出部分沿颗粒断裂，而大部分沿晶粒界韧性

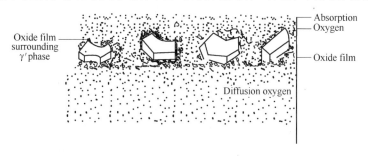

图 14　111 号试样断面结构示意图

撕裂。

由以上结果可以看出，111 号和 222 号两种不同热等静压制度的试样在淬火时都发生开裂，其主要原因都是与氧的作用相联系，但其断裂机构是不同的。

合金内部组织状态是影响淬火裂纹形成的主要原因，而严格控制氧的污染无疑是关键，但也不能忽视工艺因素的作用，特别是热等静压工艺参数和热处理制度有着重要影响。从 111 号试样来看合金组织形态与国外公布的同类合金组织状态近似[4]，只是晶界上，颗粒边界上 γ′ 相尺寸过大，这是由于热等静压温度偏低造成的。222 号试样中大量原颗粒边界 PPB 碳化物，说明 1080℃左右正是 MC 碳化物易形成温度，在该温度下进行热等静压导致大量 PPB 碳化物形成[5]。例如，Astroloy 合金粉末中即使碳、氧含量小于 250 × 10^{-6}，热等静压温度 1170℃时 PPB 变得也很严重[6]，这表明合金对热等静压温度的影响是十分敏感的，必须引起重视。

另外，热处理过程中用来淬火的熔盐温度不能偏低。根据文献资料［7］淬火介质的冷却速度一般以 3.6℃/s 为宜，亦即熔盐温度不能低于 580℃。应用 400℃熔盐淬火介质，其冷却速度经计算相当于 7 ~ 8℃/s，比文献［7］的冷却速度高一倍，显然，淬火造成的热应力很大，直接导致淬火裂纹的形成。

3 结论

（1）热处理时裂纹的形成与原粉末颗粒边界或晶界的组织状态密切相关。在颗粒边界存在大量 PPB 碳化物时，淬火开裂严重，裂纹沿原颗粒边界扩展；在晶界或局部颗粒边界存在大量大块 γ′ 相时，淬火开裂较前者轻，裂纹沿 γ 相晶界和部分颗粒边界扩展。

（2）在两种不同热等静压制度的试样中，裂纹形成的机理不同。一种是由于原颗粒边界 PPB 碳化物及在其外表面形成富氧层，促使颗粒边界开裂。另一种是由于 γ 相晶界析出大块 γ′ 相及其周围的贫铝，钛区形成易氧化层，促使沿 γ 相晶界断裂。控制原颗粒边界碳化物的析出和奥氏体晶界析出相的形态都是用热等静压工艺生产的粉末高温合金必须解决的问题。

（3）为克服热处理中形成裂纹必须适当调整合金的化学成分，特别是含碳量；防止在雾化、热等静压、热处理过程中氧的污染；选择合适的热等静压温度，严格避免 PPB 碳化物和颗粒边界或 γ 相晶界过大的 γ′ 相产生；热处理时，选择合理的固溶处理制度和冷却速度。

致谢

粉末高温合金试样由钢铁研究总院和 621 所联合专题组提供，在此表示感谢。

参 考 文 献

［1］Tien J. K., Boesch W. J., Iiowson T. E. Castledinc, W. B.: P/M Superalloys Aerospace Materials for the 1980's, Metal Powder Report Conference, Zurich, Switzerland, Nov. 1980.

［2］Aubin C, Davidson J. H., Trottier J. P.: Proc. 4th Internat. Superelloy Symposium, ed. by J. K. Tien, Seven Spriags, 21-25 Sept. 1980, ASM, Ohio, 345.

［3］ Waters R. E. , Charles J. A. , Lea C. : Metals Technology, 5(1981), 194.

［4］ Radavich J. F. , English, R. : Proceedings of Third Annual Purdue University Student-Industry High Temperature Materials Seminar, West Lafayette, Indiana, Dec. 8. 1975.

［5］ 胡本芙，金属材料研究, 7, (1981).

［6］ Ingested N. G. , Warren R. and Winberg L. : High Temperature alloys for Gas Turbines, Proceedings of a Conference held in Lie' qe Belgium, 4-6 October 1982, ed. by R. Brunetaud, et al. Dordrecht, Holland; Boston, U. S. A. ; London, England, 1982, 1013-1027.

［7］ Heat Transfer Modelling and Analytical Quenching of a Powder Metallurgy Turbine Disk During Heat Treatment USARTL-TR-78-6.

（原文发表在北京钢铁学院学报（专辑2），1987：87-96.）

FGH95 合金热等静压及热等静压加热处理状态的显微组织

胡本芙　李慧英

（金相教研室）

摘　要　用光学显微镜，透射电子显微镜及 X 射线衍射技术研究了粉末高温合金 FGH95 在热等静压及热等静压加热处理状态的显微组织。结果指出：在上述两种状态下试样中存在着 γ'、MC、$M_{23}C_6$ 相。在原粉末颗粒边界发现有富 Al 和 Zr 的氧化物。

Microstructures of P/M Superalloy FGH95 in the HIP'ed and HIP'ed Plus Heat Treated Condition

Hu Benfu, Li Huiying

ABSTRACT：Microstructures of P/M superalloy FGH95 in the HIP'ed and HIP'ed plus heat treated condition are investigated with optical microscopy, TEM, and X-ray diffraction. The results show that γ'、MC、$M_{23}C_6$ phases are present in samples after both HIP'ed and HIP'ed plus heat treated condition. Al-rich and Zr-rich oxides are found at the primary particle boundaries.

前言

采用优质预合金粉末，经热等静压直接成型制成近似尺寸的零件，是简化生产工艺，减少机加工，显著降低成本和提高材料利用率的先进生产工艺[1,2]。国外，对不同热等静压制度下高温合金组织的研究已有详细报道[3]，本文研究了国产的 FGH95 合金粉末经热等静压，热处理后的显微组织为制订工艺提供依据。

1　实验用试料

采用 −80 +320 目氩气雾化 FGH95 合金粉末，其成分（质量分数/%）为：C 0.06%，Cr 13.8%，Co 8.62%，Mo 3.48%，W 3.35%，Nb 3.48%，Al 3.46%，Ti 2.51%，B 0.011%，Zr 0.04%，余 Ni。

热等静压工艺制度：1120℃，105MPa，3h。

标准热处理制度：1120℃/1h/油冷 +870℃/1h/空冷 +650℃/24h/空冷。

2　实验结果及分析

2.1　热等静压后合金的显微组织

对热等静压坯料，进行电化学萃取，其残渣经 X 射线分析，主要有 γ′相及 MC 相，微量的 M_6C、$M_{23}C_6$、M_3B_2、Laves、μ 相，其结果见图 1。

热等静压后显微组织示于图 2，可以观察到：γ′相分布基本均匀，但 γ′相的尺寸很不均匀，有两种不同尺寸的 γ′相，大 γ′相约为 2～3μm，主要分布于晶界。基体的大部分发生再结晶，但局部地区还保存有原树枝晶的轮廓和颗粒边界。MC 型碳化物以不连续的颗粒状分布在晶内和晶界。经能谱分析主要为(Nb,Ti)C 型。发现在热等静压温度为 1120℃时，低于 γ′溶解温度（γ′溶解温度为 1156℃），那些细晶粒的粉末易变形，而后发生再结晶，细的再结晶晶粒被大的 γ′相所包围，但有些晶粒仍保持着原凝固的组织，这样的组织是由粗的枝晶间的 γ′所描绘出来的树枝晶的形态，可见原始粉末中具有较粗大的树枝晶组织不利于热等静压过程中形变和再结晶。

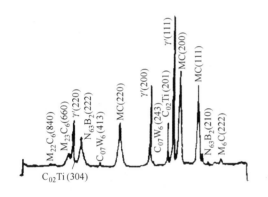

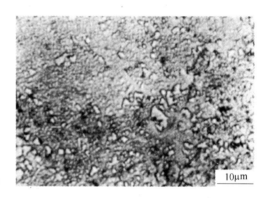

图 1　热等静压后合金中存在的相　　　　　图 2　热等静压后合金的显微组织

经用 TEM 对薄晶体试样和萃取碳化物的一级碳膜的研究发现，热等静压坯料中原颗粒边界上的析出物有两种：一种为含有 W、Cr 的 MC 型碳化物（Nb，Ti，W，Cr）C，呈连续薄膜状在颗粒边界析出；另一种为颗粒状富 Zr 的相，其形态见图 3 和图 4。能谱分析

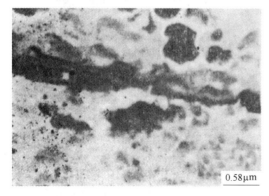

图 3　热等静压坯料中原颗粒边界上碳化物　　图 4　热等静压坯料中的原颗粒薄膜边界上富
　　薄膜（萃取碳化物取碳化物的一级碳膜）　　　　Zr 的相（方形黑色相）（金属薄晶体）

结果于表1。

表1 原颗粒边界上碳化物及富 Zr 相的成分（质量分数/%）

元 素	Nb	W	Ti	Cr	Co	Mo	Zr	Al	Ni
碳化物	52.41	33.69	8.39	5.507	—	—	—	—	—
富 Zr 相	1.77	3.57	1.077	15.47	8.28	5.87	22.04	2.29	39.54

2.2 标准热处理状态下的显微组织特征：

热处理后的显微组织观察表明主要相有：

（1）γ′相：有三种尺寸的 γ′相。在晶界，晶内存在的大 γ′相约 2～2.5μm，为固溶处理时未溶解的 γ′相，它们在冷却过程中，时效过程中继续长大；固溶处理后析出的，在二次时效后长大的中等尺寸的 γ′相约 0.6～0.8μm；二次时效时析出的细小弥散分布的 γ′相。图 5 给出晶内和晶界上大、中尺寸 γ′相的形貌。图 6 给出细小弥散的 γ′相形态，和晶内及晶界上细小 γ′相和衍射图像。

1.25μm

图5 晶内和晶界的大、中尺寸 γ′相的形貌

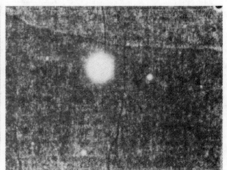

0.42μm

图6 细小弥散的 γ′相

（2）MC 碳化物：经热等静压以及热处理以后，MC 碳化物一般颗粒很小，呈球形分散分布在基体内、晶界上和原颗粒边界上。图 7 为在金相样品上进行萃取后的形貌与它们

的分布，透射电镜能谱分析的结果示于表 2。图 8 为晶内及晶界 MC 型碳化物的形貌及选区衍射图像。

图 7　萃取的 MC 碳化物形貌与分布

表 2　热处理以后 MC 碳化物的成分

元　素	Nb	Al	Zr	Mo	W	Ni	Co	Ti
质量分数/%	82.835	6.434	5.300	2.436	1.880	0.652	0.322	0.140

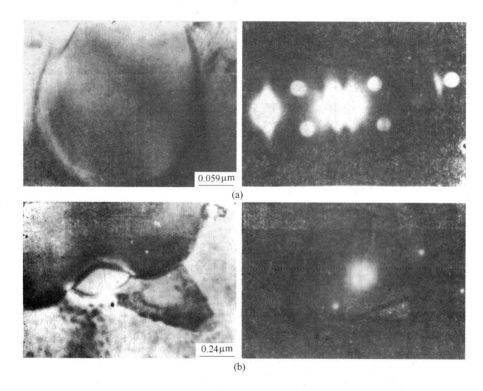

图 8　晶内及晶界 MC 型碳化物（金属薄膜电镜照片）
（a）圆形的 MC 及衍射图像；（b）晶界上的 MC

从以上结果，可以看出经热等静压以及热处理以后 MC 型碳化物主要转变成以 NbC 为主的近圆形颗粒状，分散分布在基体和晶界上，在局部的晶界和颗粒边界上也有新的析出，但也发现了一些没有转变的，保持着原雾化粉末颗粒中的 MC 形态，如图 7 中的蜘蛛网状和花瓣状，这些碳化物原含 Nb 量就很高。在热等静压和热处理过程中比较稳定，没有溶解。

（3）$M_{23}C_6$ 碳化物，热处理后发现：一般在晶界呈不连续颗粒状排列，在晶内呈颗粒状。图 9 为一组 $M_{23}C_6$ 碳化物的形貌，选区衍射图像。由图可看出 $M_{23}C_6$ 碳化物尺寸是很小的。能谱分析结果，为$(Cr, Ni, Co, Mo)_{23}C_6$，在金相样品上进行萃取后透射电镜能谱分析结果（见表 3）与能谱分析结果一致。

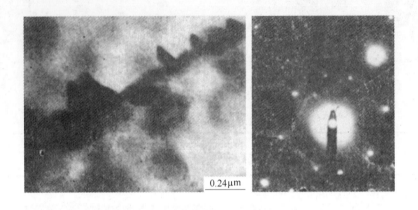

0.24μm

图 9　$M_{23}C_6$ 碳化物（金属薄膜电镜照片）

表 3　经萃取的 $M_{23}C_6$ 碳化物的能谱分析

元　素	Cr	Mo	Ni	Co	Nb
质量分数/%	48.253	12.745	22.558	14.747	1.697

（4）M_6C 碳化物：热处理后，合金坯料中还发现有 M_6C 碳化物，主要存在于晶界。图 10 给出合金中 M_6C 碳化物形貌及选区衍射图形，从成分分析谱线表明其主要元素组成为$(Mo, W, Cr)_6C$。

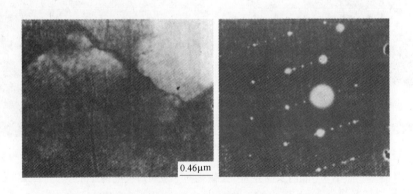

0.46μm

图 10　在晶界上析出 M_6C 碳化物（金属薄膜电镜照片）

（5）富 Zr 相和富 Al 相：经热处理后的坯料中原颗粒边界处仍然发现有富 Zr 和富 Al 相。其形貌示于图 11，其成分示于表 4、表 5。

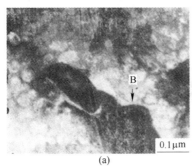 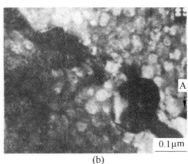

(a)　　　　　　　　　　　　　　(b)

图 11　原颗粒边界富 Al 相(A)、富 Zr 相(B)(金属薄膜电镜)

表 4　A 点成分

元　素	Al	Ni	Ti	Cr	W	Nb	Mo	Co
质量分数/%	80.536	8.583	1.714	1.810	1.316	2.713	2.021	0.677

表 5　B 点成分

元　素	Zr	Al	Ni	Nb	Ti	Cr	Co	W
质量分数/%	30.062	21.556	20.072	6.468	6.297	6.889	3.557	1.940

从成分及电镜照片分析在原颗粒边界可能存在着细小的 Al 的氧化物质点和以 Al、Zr 为主的复合氧化物质点,而且这些质点在热等静压后,及在热处理后均被观察到,说明它们很稳定,B 点成分中还含有一定数量的 Nb 和 Ti,这种氧化物质点可能作为 MC 碳化物析出的核心,形成氧化物-碳化物存在于原颗粒边界上。对此结果文献 [4] 中已有类似的报道。

以上实验结果表明:合金中的 MC 型碳化物主要是凝固时析出的,在热等静压中变成如同锻造合金中的 MC 碳化物,它的形貌多接近圆形颗粒。在热等静压和热处理过程中沿原颗粒边界和晶界可能有新的析出。$M_{23}C_6$ 和 M_6C 碳化物主要是在热处理过程中析出的,$M_{23}C_6$ 的尺寸很小,在晶界上析出且按一定取向,这与一般高温合金 $M_{23}C_6$ 的形态是不同的。热等静压以后,从 X 射线结果分析发现有 M_3B_2 硼化物相,可是从电镜分析来看很难发现,目前对其析出部位,形貌,成分还不能给出确切数据。这可能是尺寸太小,数量不多所致。

3　结论

粉末高温合金 FGH95 经直接热等静压成型,并热处理后合金中主要存在 γ' 相,MC 型碳化物,$M_{23}C_6$ 碳化物、M_6C 碳化物。在原颗粒边界存在富 Al,富 Zr 的相,可能是氧化物-碳化物复合质点。

参 考 文 献

[1] Bartos J. L., Mathur P. S.: Superalloys, Metallurgy anal Manufacture, Proceedings 3rd International Symposium on Superalloys 9(1976), 495.

[2] Williams D. L.: Powder Metallurgy, Vol. 20, No. 2(1977).

[3] Domingue J. A., Radvich J. F.: Phase Relationships in René95 Superalloys (1980), 335.

[4] Menzies R. G., Bricknell R. H.: Phil, 5A(1980), 493.

(原文发表在北京钢铁学院学报 (专辑 2),1987:97-103.)

镍基高温合金 FGH95 粉末颗粒及热等静压固结后的显微组织

胡本芙 李慧英 吴承建 章守华

（北京科技大学）

1 前言

粉末高温合金涡轮盘经历了 20 年的开发和研究，已经运用在 Pratt—Whitney 公司及 GE 公司，所生产的飞机发动机上[1,2]。粉末高温合金的优点，如材质均匀、性能优良、制造成本低廉等已为人们所认识。但是粉末高温合金的设计、制造、加工和使用中的内在规律远未被深入了解。尤其是 1980 年发生飞机事故以后，其必要性更加被人注意。我国自 1980 年来开始研究粉末高温合金，在实践中认识到若要掌握其生产和使用规律，必须从研究合金的基元——粉末开始。本文将阐述化学成分与 René95 相似的国产氩气雾化的镍基高温合金 FGH95 粉末颗粒的显微组织，以及其在随后固结成型、加工处理过程中的变化。

2 研究材料及方法

FGH95 合金的化学成分与国外 René95 相似。为了研究原颗粒界（PPB）问题[9]，也采用了含碳稍高的合金。合金的化学成分见表 1。

表 1 FGH95 合金及 René95 合金的化学成分（质量分数/%）

合 金	C	Cr	Co	Nb	Mo	W	Al	Ti	B	Zr	Ni
FGH95(1)	0.06	13.08	8.62	3.48	3.48	3.35	3.46	2.51	0.011	0.04	余
FGH95(2)	0.087	13.84	9.00	3.58	3.59	3.69	3.56	2.73	0.01	0.05	余
René95	0.065	12.87	7.54	3.46	3.51	3.41	3.39	2.56	0.011	0.06	余

FGH95 合金是经过真空感应炉熔炼、铸锭；再经重熔后氩气雾化成粉末。研究的粉末颗粒尺寸在 $-60 \sim +320$ 目之间（$180 \sim 40 \mu m$）分级研究。

热等静压制度为：$1120 ℃ \pm 10 ℃$，105MPa，3h。为了研究 PPB 问题，特意采用高碳合金，$1080 ℃ \pm 10 ℃$，105MPa，3h。

用光学显微镜、SEM、TEM 及 X 射线衍射观察了颗粒粉末及固结合金的显微组织。

用化学分析、俄歇能谱、EDAX 探针等分析了萃取沉淀、断口表面及薄晶体相组织的化学成分。

3　研究结果

3.1　粉末凝固的热学参数及凝固组织

粉末颗粒的表面形貌及内部组织见图 1 和图 2。可以看到随着粉末颗粒尺寸的减小，凝固组织由树枝晶改变为胞状晶。随着粉末颗粒尺寸的减小，树枝晶的一次晶轴变细，二次晶臂距减小，二次晶轴及三次晶轴越来越不发达。

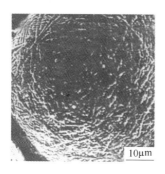

图 1　FGH95 粉末的表面形貌

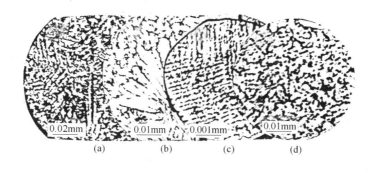

图 2　FGH95 粉末颗粒内部组织

（a）－140＋160 目树枝晶；（b）－180＋200 目树枝晶；（c）－300＋320 目
胞状树枝晶；（d）－300＋320 目胞状晶

用图像仪测定二次晶臂距与粉末颗粒尺寸的关系见图 3，并根据文献［3］对激冷低碳 René95 合金中得出的关系式 $\lambda = 50.04 \dot{T}^{-0.38}$ 计算出 FGH95 粉末凝固过程中的冷速在 $1 \times 10^{3} \sim 1 \times 10^{4} \mathrm{K/s}$，见图 4，可见粉末颗粒越小，冷却速度越快，二次晶臂距 λ 就越小。再根据热传导原理计算出不同尺寸的粉末颗粒的凝固时间 t_{f}；凝固过程中固液界面前液相中温度梯度 G；固相的长大速度 R，以及凝固参数 G/R［4］。计算结果见表 2。一般认为，根据凝固的成分过冷原理［5,6］，G/R 值将决定凝固过程中晶体成长的方式：即随 G/R 值的增大，结晶方式从树枝晶过渡到胞状晶，再过渡到平面晶，在我们研究的范围内，G/R 值在 1.6×10^{-2} 左右时，主要是树枝晶；当颗粒尺寸为 $40\mu\mathrm{m}$，G/R 值为 2.58×10^{-2} 时，主要是胞状晶。

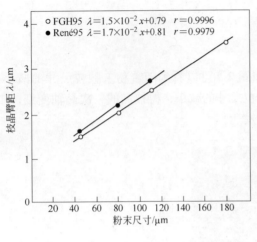

图 3 二次晶臂与颗粒尺寸

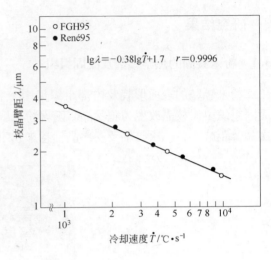

图 4 二次晶臂与冷却速度

表 2 FGH95 合金粉末凝固热学参数的计算

粒度（目）	颗粒直径 $d/\mu m$	二次臂距 $\lambda/\mu m$	冷却速度 $\dot{T}/K \cdot s^{-1}$	传热系数 h $/kJ \cdot (m^2 \cdot K \cdot s)^{-1}$	常数 B	凝固时间 t_f/s	长大速度 $R/\mu m \cdot s^{-1}$	温度梯度 $G/K \cdot \mu m^{-1}$	G/R $/K \cdot s \cdot \mu m^{-2}$
-60	180	3.6	1×10^3	0.159	2.7	3.6×10^{-1}	2.5×10^2	4	1.6×10^{-2}
-140 + 160	110	2.5	2.6×10^3	0.255	7.3	1.4×10^{-1}	3.9×10^2	6	1.54×10^{-2}
-180 + 200	80	2	4.7×10^3	0.330	13.0	7.6×10^{-2}	5.26×10^2	8.9	1.69×10^{-2}
-300 + 320	44	1.5	1×10^4	0.389	27.87	3.6×10^{-2}	6.28×10^2	16.2	2.58×10^{-2}

注：$\bar{\lambda} = 50.04 \dot{T}^{-0.38}$[3]，$h = \dfrac{dC_p\rho \cdot \dot{T}}{6(T_M - T_0)}$[4]，$B = -\dfrac{6h(T_M - T_0)}{d\rho H}$[4]，$t_f = \dfrac{1}{B}$[4]，$R = \dfrac{1}{2t_f}$，$G = \dfrac{\dot{T}}{R}$。其中 ρ 合金密度 = $8.25 \times 10^3 kg/m^3$，C_p 合金比热 $0.83kJ/(kg \cdot K)$，H 凝固热 $303.88kJ/kg$，T_M 粉末熔点 $1343℃$，T_0 介质温度 $25℃$。

3.2 颗粒粉末中的相组成

对松散粉末颗粒萃取物进行 X 射线物相分析，得知粉末中包含有 MC 型碳化物，Laves 相及 M_3B_2 硼化物。粉末的薄晶体观察得知，粉末的基体是 γ 相，其中分布有不同尺寸的 γ'—Ni_3Al 相颗粒。碳化物，Laves 相及硼化物都汇集于树枝晶臂间，胞晶臂间也有碳化物。碳化物为主要组成相，它们的形貌一定程度上随着粉末颗粒尺寸大小而变化，在 70～180μm 的颗粒中主要是规则几何形状、花瓣状、树枝状，而在更细的颗粒中出现有蜘蛛网状。从碳化物化学成分 EDAX 的分析中可见有如下的变化：

随着碳化物几何形貌从规则的几何形状过渡到蜘蛛网状，Ti + Nb 质量分数从 82.9% 降低到 36.0%；Cr + W + Mo 质量分数从 9.8% 增加到 22.9%；Co + Ni 质量分数从 7.4% 增加到 40.7%。

碳化物的结构虽仍是面心立方，但其点阵常数从约 4.3Å（1Å = 0.1nm）改变为 4.5～4.6Å，可见随着 R 值的增高，液体中元素的扩散，不能保证界面上平衡的需要，导致非碳化物元素 Co 及 Ni 不能及时扩散离去和强碳化物元素 Ti 及 Nb 不能及时扩散补充。碳化物形貌的几何完整度减弱，形状趋于复杂。

透射电镜及电子衍射对薄晶体的观察分析表明：硼化物 M_3B_2 往往与 MC 型碳化物伴生，在规则碳化物边缘也发现有 Laves 相的衍射斑点，这些微量相都是在树枝晶臂间出现，可以说明在 MC 碳化物形成和集聚的过程中，化学元素发生选择性偏析和液析。Ti、Nb 等元素富集于碳化物中，而 Cr、Mo、W、Co、Ni、B 等元素不同程度地被排斥到碳化物周围的液体中，因而容易形成硼化物，如 $(Mo, Cr, Ni)_3B_2$ 及 Laves 相，如 $(Co, Ni)_2(W, Mo)$ 等。

3.3　颗粒粉末的表面分析

粉末颗粒表面的组织结构及化学成分直接影响粉末固结后的合金的组织及性能。PPB（Previous Powder Particle Boundary）问题就是其中突出之一[7~9]。因而对粉末颗粒表面分析与结构的控制是绝对必要的。

前面已经阐明，SEM 观察到颗粒表面组织呈树枝晶或胞状晶，而且枝晶间或胞壁间可以看到有细小颗粒状的析出相。用选区电子衍射及 EDAX 分析得知表面萃取相为面心立方结构，点阵常数为 4.32Å，含 Ti 量很高的 MC 型碳化物。

30μm 的粉末表面的俄歇能谱分析见图 5。120μm 的粉末分析结果与此相似。可以看出，粉末表面 C、O 及 Ti 量很高，富集层较厚。这与粉末表面萃取分析结果相符合，即存在着碳化物。粉末表面氧量高的原因可能是含氧气体的吸附，或表面有氧化膜，也可能像文献上所提到的那样，形成溶有氧的碳化物 $Ti(C_{1-x}O_x)$。

另外，用原子吸收光谱法分析另一合金粉末的表面萃取相，结果是以 Nb、Ti 为主（含 Nb 64.5at%，Ti 20.1at%）的 $MC(M_4C_3)$ 碳化物。

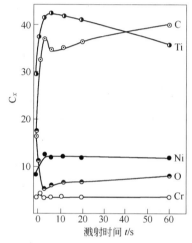

图 5　30μm FGH95 粉末颗粒
表面俄歇能谱成分分析

3.4　粉末经热等静压固结后合金的原颗粒界（PPB）问题

粉末在热等静压固结成形过程中出现原颗粒界（PPB）析出物，将严重地影响合金的塑性，已经成为大家关注的问题[9]。我们对析出物的本质及其形成原因做了研究[7,8]。采用高碳 FGH95 合金经较低的热等静压温度（1080℃）后，合金在原颗粒边界上形成大量连续成网的碳化物，其覆盖面积高达 60%~70%，电子衍射确定碳化物的结构是 MC 型，见图 6。电子探针表明碳化物中富集有 Nb、Ti、Zr、W、Mo 等元素。热等静压时形成的 PPB 碳化物在随后的热处理时不仅不能消除，反而更加严重。此时 PPB 碳化物边缘 Nb、Ti、Zr、Mo 等元素的含量均比碳化物中心低，而 W 含量则较高。电子衍射表明碳化物边缘有 M_6C 和 $M_{23}C_6$ 相形成。热等静压后再经常规热处理后的组织见图 7。这样严重的 PPB 碳化物的存在，合金在热处理淬火时将发生沿原颗粒边界开裂，必须竭力避免。

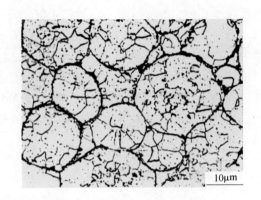

图6　热等静压后合金中的 PPB 碳化物（TEM）　　图7　热等静压 + 1120℃/1h/油 + 870℃/1h/空 + 650℃/24h/空

4　讨论

粉末高温合金的主要优点之一是其内部组织的高均匀性。但我们的实验发现 FGH95 合金粉末，凝固冷速在 $1 \times 10^3 \sim 1 \times 10^4 K/s$，其微观组织的均匀性仍未臻完善。如果通过雾化工艺，碎化液流，获得细小液滴，利于急冷技术，把凝固冷速提高到 $1 \times 10^4 K/s$ 以上，提高 G/R 值，使粉末颗粒的组织中树枝晶部分减少，胞状晶部分增多，这样就有可能抑止 Laves 相、硼化物相及一次 γ' 相的析出。改善粉末内部微观组织的均匀性，进一步提高合金的性能。

但对碳化物相来说，以 René95 合金的经验，即使把凝固冷速提高到 $1 \times 10^5 K/s$ 以上，也未能阻止 MC 碳化物从液体合金中析出。在约 $40\mu m$ 的 FGH95 合金中的 MC 型碳化物的化学组成中，Nb、Ti 等强碳化物形成元素未能达到平衡成分，含有过量的中强碳化物元素 Cr、W、Mo 和非碳化物元素 Ni 及 Co；同样粉末基体 γ 相中 Nb、Ti 等元素处在过饱和的状态。这种介稳状态的碳化物在热等静压过程中的行为，将是应该研究的。

应该注意的，即使在 $30\mu m$ 的粉末颗粒表面有 C、O、Ti 的富集，以及存在 MC 颗粒，进一步说明 MC 碳化物的不可抑止。它们在热等静压过程中将成为 PPB 碳化物的形成核心。氧在颗粒表面的富集将进一步促进颗粒内部元素向边界扩散，而基体 γ 固溶体中 Nb、Ti 等元素又处在过饱和的不稳定状态。这样看来，细小急冷的粉末较之粗大缓冷的粉末，在热等静压形成 PPB 碳化物的倾向性何者为大，倒是值得探讨研究的问题。

如果在热等静压以前，结合真空表面去气处理，对松散，急冷细粉进行一次预先稳定化处理，使基体 γ 相中的过饱和 Nb、Ti 等元素就地析出，可能会有利减轻在热等静压时 PPB 碳化物的形成，同时又能利用急冷技术提高粉末颗粒内部组织的均匀性。预处理的想法曾经有人提出过[10]。

看来，要避免固结合金中出现 PPB 碳化物最根本的措施还是适当地降低合金中含碳量和严格地防止粉末颗粒表面氧的污染。

致谢

本研究中使用的 FGH95 合金粉末由冶金工业部钢铁研究总院提供，René95 合金粉末由航空部 621 所提供。以及在研究过程中两单位的同志给予热情的帮助，谨致衷心感谢。

参 考 文 献

［1］R. E. Dreshfield. Intern. Powder Metall. Conf. 1980.

［2］Metal Powder Report，35(11)，507，1980.

［3］王乃一．硕士论文，北京钢铁学院，1983.

［4］P. A. Joly，R. Mehrabian. Journal of Materials Science，9，1974，1446.

［5］M. C. Fleming. Solidification Process，1974.

［6］R. Mehrabian，Metals Review，Vol. 27，No. 4 1982，185-208.

［7］李慧英，胡本芙，章守华．金属学报，第 23 卷，第 2 期，1987，B91.

［8］胡本芙，李慧英，章守华．金属学报，第 23 卷，第 2 期，1987，B95.

［9］N. G. Ingesten，R. Warren and L. Winberg. High Temperature Alloy for Gas Turbine，Proc of a conf. held in Liege Belginm，4-6 Oct. 1982.

［10］M. Dehlén，H. Fischmeister. Superalloys. Proc. of 4th Intern. Symposium on Superalloys，ASM，1980，449.

（原文发表在第六届全国高温合金年会论文集，1987：297-302.）

镍基高温合金粉末颗粒的凝固组织研究

胡本芙　李慧英　吴承建　章守华

（北京科技大学）

摘　要　本文按粒度分级研究了 FGH95 镍基高温合金粉末颗粒的显微组织和析出相。随着粉末颗粒尺寸减小，冷却速度增加，颗粒的凝固组织从树枝晶为主的方式逐渐转变为胞状晶为主方式。主要析出相为 MC 型碳化物，其形态随颗粒尺寸不同而呈多样性。还发现少量硼化物，Laves 相和一次 γ′ 相，它们往往与 MC 碳化物伴生存在。粉末颗粒中相析出特征与其成分、凝固条件、显微组织密切相关。

关键词　粉末冶金　高温合金　凝固　显微组织

Microstructure and Phase Composition of Solidified Ni-base Superalloy Powder

Hu Benfu, Li Huiying, Wu Chengjian, Zhang Shouhua

（University of Science and Technology Beijing）

ABSTRACT：The microstructure and phase composition of FGH95 Ni-base superalloy powder of different mesh size solidified from chemical deposition of prealloyed Ni have been investigated. The microstructure transition was found from dendrite in major into cellular precipitate as the reduction of powder size and the increase of cooling rate. The principal phase was identified as different morphologies of MC type carbides, which may be related to their composition and the condition of solidification. Minor phases, such as Laves, primary γ′ and boride are also present, and they exist as associated with carbides.

KEYWORDS：powder metallurgy, superalloy, microstructure, solidification

预合金粉末颗粒作为合金的基元，其组织状态直接影响合金工艺性能和使用性能[1,2]。本文对国产氩气雾化的 FGH95 粉末颗粒的显微组织和析出相进行深入研究，为改进和调整粉末的雾化工艺和热等静压制度提供实验依据。

1　试验材料及方法

FGH95 合金化学成分与 René95 合金基本相同，并用 René95 合金粉末作了平行对比试验。合金主要化学成分（质量分数/%）如下：

元　素	C	Cr	Co	Nb	Mo	W	Al	Ti	B	Zr	Ni
FGH95	0.06	13.08	8.62	3.48	3.48	3.35	3.46	2.51	0.011	0.04	余
René95	0.065	12.87	7.54	3.46	3.51	3.41	3.39	2.56	0.011	0.06	余

粉末颗粒采用化学沉积 Ni 法使其固定在铜片上，而后磨光，双喷电化学腐蚀减薄，制成 TEM 使用的样品。

采用 X 射线衍射，Auger 能谱，EDAX 探针等方法分析化学萃取沉淀物、颗粒表面成分和相的成分。

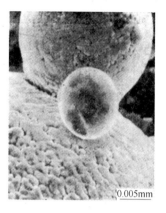

图 1　粉末颗粒的表面形貌
Fig. 1　SEM, powder surface

2　试验结果和讨论

2.1　粉末颗粒的凝固组织

粉末颗粒的表面形貌及内部组织如图 1 所示。随着颗粒尺寸的减小，凝固组织由树枝晶改变为胞状晶，极细小颗粒表面较为光滑，呈现不易腐蚀的形貌。内部显微组织表明，随着粉末颗粒尺寸的减小，树枝晶一次晶轴变细，二次晶臂间距减小，二次晶轴及三次晶轴越来越不发达，如图 2 所示。

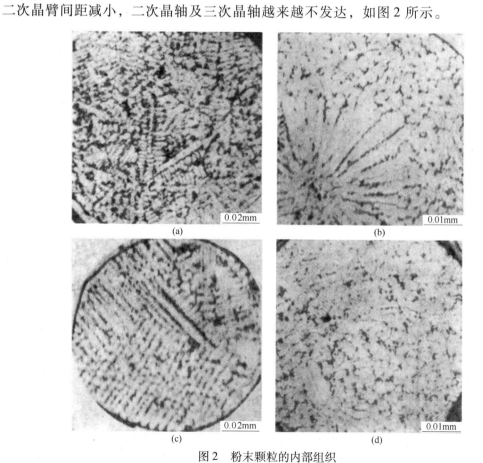

图 2　粉末颗粒的内部组织
Fig. 2　Micrograph of powder
（a）－140＋160 mesh, dendrite；（b）－180＋200 mesh, dendrite；（c）－300＋320 mesh, dendrite－cellular；（d）－300＋320 mesh, cellular

用图像仪测定 René95（国外进口粉）和 FGH95 两种粉末颗粒二次枝晶臂距（λ）与粉末颗粒尺寸的关系（图 3）并计算出 FGH95 粉末凝固过程中的冷速在 $1 \times 10^3 \sim 1 \times 10^4 K/s$（图 4），结果表明，两种粉末颗粒越小，冷却速度越快，二次枝晶臂距就越小，从树枝晶组织过渡到胞状晶组织。

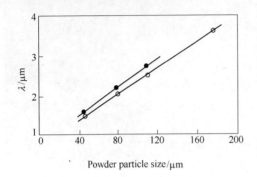

图 3　二次晶臂与颗粒尺寸

Fig. 3　Dendritic arm spacing（λ）vs powder particle size

— ○ —FGH95, $\lambda = 1.5 \times 10^{-2}x + 0.79$, $r = 0.9996$;

— ● —René95, $\lambda = 1.7 \times 10^{-2}x + 0.81$, $r = 0.9979$

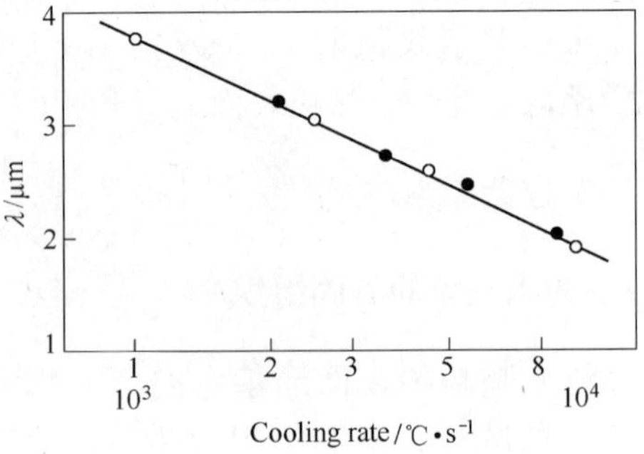

图 4　二次晶臂与冷却速度

Fig. 4　Dendritic arm spacing（λ）vs cooling rate

— ○ —FGH95；— ● —René95

$\lg\lambda = -0.38\lg\dot{T} + 1.7$, $r = 0.9996$

当冷速提高至 $1 \times 10^4 K/s$ 以上，固液界面前沿液相中的温度梯度（G）和固相长大速度（R）的比值（G/R）提高，促使粉末颗粒组织中树枝晶部分减少，胞状晶增多，以改善粉末内部微观组织的均匀性。本实验用颗粒尺寸约 40μm 粉末。G/R 值为 2.58×10^{-2}（℃·s/μm²）时主要组织为胞状晶。

2.2　粉末颗粒中的相组成

不同的凝固组织形态，影响着粉末颗粒内成分偏析和相的形态和类型。Smugeresky[3] 研究发现，树枝晶状态组织中各相析出动力学比胞状晶组织状态有明显差异。我们从松散粉末颗粒化学萃取物的 X 射线物相分析得知，粉末颗粒中包含有 MC 型碳化物，Laves 相及 M_3B_2 硼化物，汇集于树枝晶臂间和胞状晶臂间。TEM 观察发现，大部分 γ′ 相被抑制，这说明基本组织 γ′ 相是处在过饱和状态。MC 碳化物的形貌，如图 5 所示。在 70 ~ 180mesh 颗粒中主要是规则几何状，花瓣状，树枝状；而更细的颗粒粉末（ - 320mesh）出现有蜘蛛网状。碳化物尺寸在三维方向的完整度也随着几何形状的变化而改变，前者的完整度最高，后者渐次变差。在大颗粒粉末中心还观察到几何规则碳化物的堆聚现象。

碳化物化学成分 EDAX 分析列入表 1 中。在复杂铸造高温合金中碳化物形态，一般都认为决定于 G/R 值和合金元素种类有关[4,5]。从本实验结果来看，若把急冷凝固粉末视为一个小铸锭，用 G/R 值判断碳化物形态不一定起决定性作用。如：70 ~ 180mesh 粉末颗粒计算出 G/R 值变化不大，而 MC 形态却明显不同。从表 1 萃取碳化物成分可知，由于粉末冷速快，合金元素来不及扩散，不能保证固液界面上平衡的需要，非碳化物元素 Co 及 Ni 不能及时扩散离去，强碳化物元素 Ti 及 Nb 不能及时扩散补充，导致 MC 中元素的含量和种类不同。同时，MC 点阵常数从约 0.43nm 改变为 0.45 ~ 0.46nm 也可以证明合金元

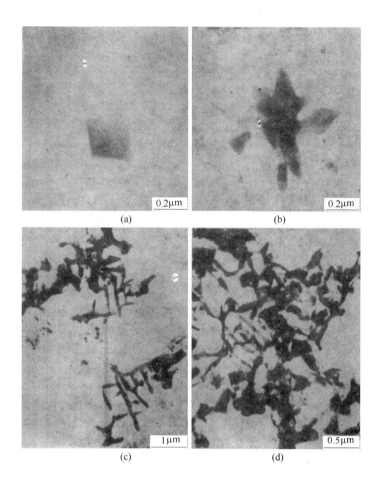

图 5　FGH95 粉末颗粒中 MC 碳化物形态

Fig. 5　Morphology of carbides in FGH95 alloy

（a）regulation；（b）petal；（c）dendritic；（d）cobweb

素含量的变化。

表 1　粉末颗粒中萃取碳化物的 EDAX 分析

Table 1　Chemical composition of extraction carbides by EDAX

Carbide		Ti	Nb	Ti + Nb	Cr	W	Mo	Cr + W + Mo	Co	Ni	Co + Ni
Regular	质量分数/%	24.47	59.83	82.9	3.94	—	5.73	9.8		6.04	7.4
	原子分数/%	36.7	46.2		5.5	—	4.3			7.4	
Petal	质量分数/%	12.96	73.94	84.9	4.91	3.59	—		1.81	2.78	6.2
	原子分数/%	21.5	63.2		7.5	1.6	9.1		2.5	3.7	
Dendrite	质量分数/%	11.22	51.43	58.5	8.71	8.18	—	15.7	4.89	15.57	25.9
	原子分数/%	17.2	41.1		12.4	3.3	—		6.2	19.7	
Cobweb	质量分数/%	8.66	33.21	36.0	11.48	—	11.61	22.9	20.52	15.42	40.9
	原子分数/%	12.1	23.9		14.8	—	8.1		23.3	17.6	

图 6 给出粉末颗粒薄晶体 TEM 观察到的硼化物形貌及对应的电子衍射谱和暗场像。硼化物（MoCrNi)$_3$B$_2$ 相是在 −320mesh 粉末颗粒中发现的，处在枝晶间。它往往与 MC 碳化物伴生。在规则碳化物边缘也发现有 Laves 相的衍射斑点，也处在枝晶臂间。这些事实说明在 MC 碳化物形成和集聚过程中，Ti、Nb 等元素富集于 MC 中，而 Cr、Mo、W、Co、Ni、B 等元素不同程度地被排斥到碳化物周围的液体中，这种化学元素选择性偏析和液析，容易形成硼化物及 Laves 相(Co,Ni)$_2$(W,Mo) 等。在显微组织观察中还发现有直接从液相析出的极少量 γ′-Ni$_3$Al 相，处在细粉局部偏析的树枝晶间。

2.3　颗粒粉末的表面分析

粉末颗粒表面的组织结构及化学成分直接影响粉末致密化后的合金组织性能[6~8]。

采用 STM 观察到颗粒表面组织呈放射性树枝晶或胞状晶，在枝晶间或胞臂间可看到细小颗粒状的析出相，化学表面萃取相分析结果为面心立方结构，点阵常数为 0.432nm 含 Ti 很高的 MC 碳化物。30μm 细小颗粒表面 Auger 能谱分析见图 7。颗粒表面 O、C、S 及 Ti 量很高。富集层较厚 120μm 粉末分析结果与此相似。这一结果与粉末表面萃取物分析结果相符合。粉末表面氧量高的原因可能是气体氧吸附，或表面存在溶有氧的碳化物 Ti(C$_{1-x}$O$_x$)，用原子吸收光谱法分析表面萃取相证明是以 Nb 为主（Nb 原子分数：64.5%；Ti 原子分数：20.1%）的含氧 MC 碳化物。

图 6　粉末颗粒中的 M$_3$B$_2$ 相

Fig. 6　M$_3$B$_2$ in powder

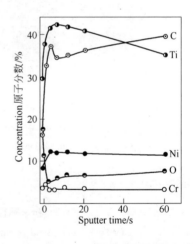

图 7　30μm 颗粒表面化学成分

Fig. 7　Composition of powder surface

粉末颗粒经不同热处理后发现，颗粒内部冷凝组织均匀化速度大于外表面的均匀化速度。如：外表面树枝晶在 1150℃，5h 后还留有痕迹，而内部树枝晶在 1140℃ 完全消失。显然是在冷凝过程中两者合金元素含量不同所致。

粉末颗粒表面仍然存在 MC 碳化物，这进一步说明即使在 30μm 大小颗粒粉末中，MC 也是不可抑制。在热等静压过程中它们是 PPB 碳化物形成的核心。如果在热等静压之前，结合真空表面去气处理，对预松散粉末进行一次预先稳定化处理，使基体 γ 相中过饱和 Nb、Ti 等元素就地析出，形成稳定的、均匀分布的、化学成分接近平衡的 MC 碳化物，可能会有力地减轻 PPB 碳化物形成；其次，在选择致密化工艺参数时，应以较大颗粒外表面的树枝晶，胞状晶消失和成分均匀作为依据更为恰当。

3　结论

（1）MC 型碳化物是雾化松散粉末颗粒中主要析出相。其形态是多样的，并与颗粒中微观组织不均匀性、碳化物成分和凝固条件密切相关。

（2）粉末颗粒表面富集 O、C、Ti 和极薄的硫化物层，粉末表面组织和成分的不均匀性比内部显得大。

（3）急冷粉末颗粒中存在少量硼化物和 Laves 相及一次 γ' 相，它们往往与碳化物伴生存在。

致谢

本研究中的 FGH95 和 René95 合金粉末分别由冶金工业部钢铁研究总院和北京航空材料研究所提供，在研究过程中两单位的有关同志给予热情帮助，谨致衷心感谢。

参 考 文 献

[1] Tien J K, Boesch W J, Howson T E, Castledine W B. P/M Superalloy Technology and Applications, 1980 International Powder Metallurgy Conference, 22-27 June 1980, Washington, preprint.

[2] 胡本芙，李慧英，章守华. 金属学报，1987，23：B95.

[3] Smugeresky J F. Metall Trans, 1982；13A：1535.

[4] 黄乾尧. 钢铁，1981；16：41.

[5] Fernandez R, Lecomte T C, Kattamis T Z. Metall Trans, 1978；9A：1381.

[6] 李慧英，胡本芙，章守华. 金属学报，1987；23：B91.

[7] Ingesten N G, Warren R, Winberg L. In：Brunetaud R, Coutsouradis D, Gibbons T B, Lindblom Y, Meadowcroft D B, Stickler R eds.. High Temperature Alloys for Gas Turbines, 1982, Proc of a Conf, Held in Liége, Belgium, 4-6 October, 1982, Dordrecht, Holl and：D Reidel, 1982：1013.

[8] Dahlén M, Fischmeister H. In：Tien J K, Wlodek S T, Morrow H III, Gell M, Maurer G eds., Superalloys 1980, Proc 4th Int Symposium on Superalloys, 21-25 September 1980, Champion, Pennsylvania, Metals Park, Ohio：ASM, 1980：449.

（原文发表在金属学报，1990，26（5）：A334-A339.）

粉末高温合金 FGH95 低周疲劳断裂显微组织研究

胡本芙[①] 李慧英[①] 杜晓梅[②] 俞克兰[②]

（①北京科技大学，北京 100083；②航空航天部621所，北京 100095）

摘 要 研究了经热等静压＋模锻粉末高温合金 FGH95 的低周疲劳显微组织。在两种温度（538℃和650℃）下不同应变范围测定疲劳曲线。随着总应变振幅降低，断裂寿命增加。由于合金晶粒度极细小，故在低应变范围内有较高寿命。试验温度提高，断裂周次明显降低。

微观显微组织分析表明：表面和近表面处的孔洞、夹杂物是裂纹的优先萌生源。多源萌生裂纹是高应变疲劳寿命低的主要原因。过量的变形使位错塞积造成应力集中亦可导致裂纹萌生。合金中大 γ' 相，在高应变条件下易增加裂纹扩展速度。

关键词 粉末高温合金 低周疲劳 显微组织

Study on Fracture Microstructure of FGH95 P/M High Temperature Alloy Under Low-cycle Fatigue

Hu Benfu[①], Li Huiying[①], Du Xiaomei[②], Yu Kelan[②]

（①University of Science and Technology Beijing, Beijing, 100083; ②Research Institute No. 621 of the Ministry of Aeronautic and Astronautic Industry, Beijing, 100095）

ABSTRACT: The microstructure of HIPed + die forged FGH95 powder high temperature alloy after low-cycle fatigue has been studied. The curves of fatigue were determined at two temperatures (538℃ and 650℃) and within different strain ranges. Fracture life increases as the total strain amplitude decreases. The alloy has relatively high life time because of its uperfine grain. Fracture cycles decrease obviously with an increasing test temperature. The analysis of microstructure has shown that pores and impurities on or near surface cause the prior crack initiation. Multi-originated cracks are the main reason of high strain and low fatigue life. Excessive deformation causes dislocation packing resulting in stress concentration which leads to crack initiation. The big γ' phase in alloy is liable to quicken the speed of crack propagation.

粉末高温合金与锻造、铸造高温合金相比，在工艺性能和力学性能方面有许多优点，在高推重比先进航空发动机上具有广泛前途。

采用粉末高温合金制造涡轮盘具有良好的室温与中温强度和塑性，较好的高温低周疲劳性能。然而，制造工艺过程中的气体污染和外来夹杂敏感地影响盘件的低周疲劳性能。

涡轮盘的设计寿命受低周疲劳的限制。

所以一般设计是根据试验获得的 S/N 曲线，找出失效周次与施加应力关系，进而作出保守性安全系数而进行计算的。不过，绝大部分涡轮盘在达到设计低周疲劳极限后仍有一定潜在使用寿命。为了更大限度地挖掘材料性能，研究显微组织对低周疲劳性能的影响是应用粉末高温合金盘件的关键问题，也是疲劳研究进程中引人注目的学科领域[1~4]。

本文研究了热等静压 + 模锻 FGH95 合金在 538℃、650℃ 不同应变范围内的低周疲劳性能，着重分析疲劳破坏的宏观和微观组织特征，从而找出影响低周疲劳性能的控制因素。

1 实验材料及方法

1.1 实验材料

实验用合金成分如表 1 所示。

表 1　FGH95 高温合金化学成分

Table 1　Composition of FGH95 high temperature alloy（质量分数/%）

C	Cr	Co	Mo	W	Nb	Al	Ti	B	Zr	O_2	N_2	Ni
0.054	12.39	8.00	3.6	3.63	3.54	3.42	2.43	0.01	0.05	0.0096	0.0035	余

1.2 制造工艺

选用 –150 目氩气雾化的 FGH95 高温合金粉末，经热等静压（HIP）成形（1120℃、105MPa、3h），而后锻成饼坯，再在 1120℃ 加热保温 3h，模锻成盘坯。然后对盘坯进行如下的热处理：1120℃，1h/油冷 + 870℃，1h/空冷 + 650℃，24h/空冷。

用盘坯 1/4 部分取样，加工成标准低周疲劳试样。

1.3 低周疲劳试验

疲劳试验选用恒应变控制，频率为 30 次/min，试验温度分别为 538℃、650℃，采用三角波形，轴向应力。

538℃ 时总应变范围（$\Delta\varepsilon_T$/%）从 0.6198 至 1.2960。

650℃ 时总应变范围（$\Delta\varepsilon_T$/%）从 0.6255 至 1.6184。

1.4 金相、SEM 和 TEM 观察

选取典型断口试样观察。在靠近裂纹萌生和扩展区沿平行和垂直于断面方向分别切取薄片，然后用双喷电解制成薄膜，用透射电镜（TEM）观察。

2 结果与分析

2.1 原始显微组织

用于低周疲劳试验的合金原始显微组织具有奥氏体高温合金组织特征，如图 1 所示。其晶粒尺寸不够均匀，在 4~16μm 范围内变化。但均属于极细晶粒级别。表 2 列出

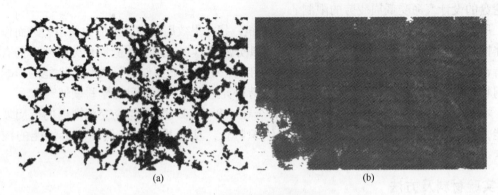

(a)　　　　　　　　　　　　　　　(b)

图 1　合金原始显微组织
Fig. 1　Initial micro-structure of alloy
(a) 金相×1000；(b) TEM

晶粒大小的统计结果。

表 2　合金原始晶粒尺寸

Table 2　Initial grain size of alloy

晶粒尺寸/μm	1~4	5~8	9~12	13~16	17~20
体积分数/%	35.86	41.24	15.07	6.77	0.81

晶粒内存在大量 γ′ 相，晶界处有尺寸大的 γ′ 相及碳化物 MC 相。γ′ 相具有大、中、小三种尺寸。由于小尺寸 γ′ 相统计误差较大，这里只把大、中 γ′ 相尺寸分布结果统计示于表 3。

表 3　合金中大、中 γ′ 相尺寸范围

Table 3　Size range of big and medium γ′ phase in alloy

γ′ 相尺寸/μm	0.2~0.8	1.0~1.6	1.3~2.4	2.6~3.2	3.4 以上
体积分数/%	31.6	41.6	20.0	4.5	2.3

特别应当指出，大 γ′ 相不仅位于晶界，在晶内也有少量存在，个别尺寸可达 4~5μm。在大 γ′ 相周围明显存在贫 Al、Ti 区[5]见图 1(b)。

2.2　疲劳曲线

图 2 为两个温度下合金应变振幅和循环断裂周次之间的实测关系曲线。由图 2 可知，随着总应变振幅的降低断裂寿命增加。在较低的应变范围内、即 538℃ 总应变范围为 0.61%~0.91%，塑性应变范围为 0.0012%~0.028%；650℃ 总应变范围为 0.61%~0.75%，塑性应变范围为 0.011%，有较长的疲劳寿命，即 $N_f > 5000$ 周次。最高 $N_f > 10000$ 周次。细晶粒合金在较低应变时有较高的疲劳寿命，本合金

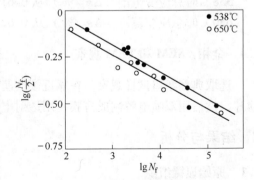

图 2　合金应变振幅与疲劳断裂周次的关系
Fig. 2　Strain amplitude of alloy vs cycle of
fatigue fracture

晶粒度极细小，所以在低应变范围内有较高的寿命。

试验温度对寿命有明显影响，在相同应变振幅下，650℃的断裂周次比538℃低，反映在 Coffin-Manson 曲线上，650℃低于538℃，不过曲线斜率相同。

2.3　断口观察及分析

2.3.1　疲劳裂纹的萌生

试样断口分析指出：一种是少量疲劳源（也称点状源），导致主裂纹主要由一个疲劳源起始，然后向内部扩展，最后产生瞬时断裂。应变低而寿命长的试样大多数属于此种类型；另一种是多量疲劳源（也称线状源），在整个断口近表面处存在多个源，并呈环状同时向内部扩展，在心部产生瞬断区。显然，这种多量疲劳裂纹源同时开动、扩展是导致疲劳寿命短的主要原因。疲劳源数目多少与应变振幅有关，高应变一般具有多个疲劳源，而低应变为单一的源。现把各种疲劳源类型统计结果示于图3和表4。

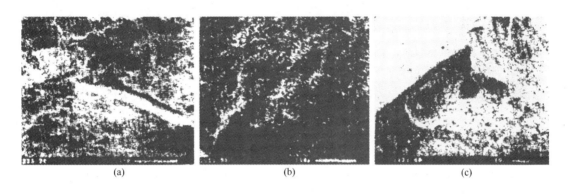

(a)　　　　　　　　　　　(b)　　　　　　　　　　　(c)

图3　各种疲劳裂纹源（538℃）

Fig. 3　Various fatigue crack initiations

（a）堆状 Al_2O_3 颗粒；（b）MgO 夹杂物；（c）孔洞

表4　疲劳裂纹源类型与应变振幅、循环周次之间的关系

Table 4　Kinds of fatigue crack initiation vs strain amplitude and cycles

试样号	试验温度 /℃	总应变 $\Delta\varepsilon_T$ /%	疲劳源数	疲劳源类型	源尺寸 /μm	离表面距离 /μm	循环周次
2~3	538	0.6067	1	堆状 Al_2O_3 夹杂	25	400	22682
8~1	538	0.6199	1	表面滑移带	—	表面	68961
2~2	538	1.2002	多	MgO、Al_2O_3 夹杂	20	60	1032
4~1	538	1.6061	多	机加工痕迹，多孔洞	30	近表面	148
9~2	650	0.7640	1	孔洞	10	近表面	6938
9~1	650	1.3086	多	堆状 CaO 夹杂	30	近表面	256
6~2	650	1.6184	多	堆状 CaO 夹杂	40	近表面	76

2.3.2　疲劳裂纹扩展

高温合金的疲劳断裂第Ⅰ阶段为穿晶断裂[6]，但也存在着由穿晶到沿晶的变化，在本

实验的合金中观察到的是穿晶与沿晶的混合断口。图4给出的试样纵剖面断口部位的金相组织，呈现出混合断裂的特征，裂纹垂直于应力轴扩展，说明第Ⅰ阶段扩展距离很短，很快进入第Ⅱ阶段，其原因可能是因为合金具有极细的晶粒，故第Ⅰ阶段不明显，另外应力场强度比较大，以致裂纹核心立刻以第Ⅱ阶段方式扩展。

538℃低应变范围内穿晶断口所占比例较大，而高应变范围内沿晶断口所占比例较大，如图5和图6所示。图5中疲劳裂纹区内有许多平直小平面，是疲劳裂纹沿滑移带扩展产生的穿晶的晶体学小平面，这是第Ⅰ阶段典型区域。而图6则具有沿晶特征，伴随平直小平面的不断出现也包含有疲劳纹的第Ⅱ阶段区域产生。由于第Ⅱ阶段通常按范性形变机制扩展，在断口上常常留下疲劳纹，较高倍数SEM观察中发现合金的疲劳纹如图7所示。

图4 试样纵剖面断口部位金相组织×1000

Fig. 4　Metallographic structure of longitudinal section of specimen

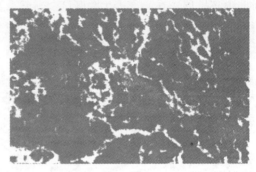

图5　疲劳断口形貌（538℃）

$\Delta\varepsilon_T/\% = 0.620$，$N_f = 68961$

Fig. 5　Morphology of fatigue fracture

图6　疲劳断口形貌（538℃）

$\Delta\varepsilon_T/\% = 1.606$，$N_f = 146$

Fig. 6　Morphology of fatigue fracture

图7　疲劳纹的形貌（538℃）（$N_f > 6424$）

Fig. 7　Morphology of fatigue striations

从图7可见，FGH95合金疲劳纹具有特殊的形态，断口上由许多大小、高低不同的小断面所组成。总体上疲劳纹呈不连续状，但每块小断面上的疲劳纹是连续的、平行的。相邻断面上的疲劳纹是不连续的、不平行的，并且可以看出疲劳纹发生在较大的晶粒内部，而较小晶粒内部没有发现疲劳纹。它显示了裂纹扩展的穿晶、沿晶混合方式。即细晶粒是沿晶断裂，而较大晶粒是穿晶断裂，表现有一定塑性。这样混合方式断裂，意味着裂纹扩展速率较慢，在高应变区可能有较长的疲劳寿命。

2.4 低周疲劳形变亚结构特征

在疲劳断裂区附近有大量位错堆积，这些位错是均匀的而且不产生任何形变带。图 8 (a)、(b) 分别给出 538℃低、高应变条件下 TEM 显微组织形貌，538℃低应变时位错密度较低，在晶粒内或大 γ′ 相内均发现少量滑移带见图 8(a)，在高应变时见图 8(b)，晶内位错密度增加。

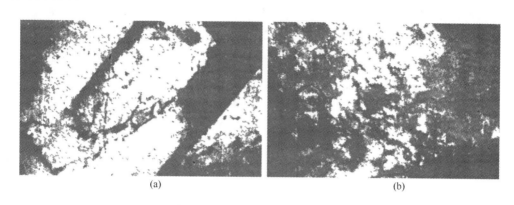

(a)   (b)

图 8　538℃低、高应变条件下合金的 TEM 组织

Fig. 8　TEM Structure of alloy under the condition of low and high strain at 538℃

(a) $\Delta\varepsilon_T/\% = 0.694$, $N_f > 6424$；(b) $\Delta\varepsilon_T/\% = 1.606$, $N_f = 2160$

图 9(a)、(b) 分别给出 650℃低、高应变条件下合金的 TEM 组织形貌。当温度升高以后，在低应变范围内疲劳变形发生在某些不均匀分布的滑移带内，而且出现多系滑移导致均匀变形，滑移带可穿过晶界相界面而不改变滑移方向，这说明极细晶粒间位相差不大，可以使形变从一晶粒传递到另一晶粒，呈现出良好的协调性，合金具有很好的塑性。

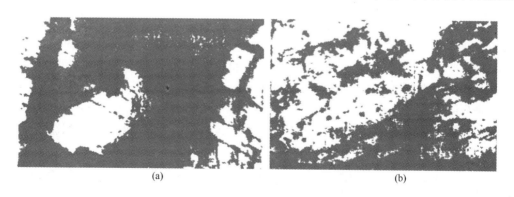

(a)   (b)

图 9　650℃低、高应变条件下合金的 TEM 组织

Fig. 9　TEM Structure of alloy under the condition of low and high strain at 650℃

(a) $\Delta\varepsilon_T/\% = 0.764$, $N_f = 6938$；(b) $\Delta\varepsilon_T/\% = 1.309$, $N_f = 256$

值得特别注意的是合金中大、中尺寸的 γ′ 相被切割，无论是在 538℃还是在 650℃在大 γ′ 相内均发现相当数量的位错和滑移带，该滑移带间距比小晶粒内滑移带间距小很多，

约 0.5μm 左右，表明大 γ′相有一定塑性（图 10）。由于大 γ′相内位错密度高，易发生位错缠结，与滑移带相互作用导致产生亚晶界。在疲劳断裂过程中，大 γ′相可能导致裂纹沿亚晶界扩展，由于大 γ′相与基体不共格，存在大量界面位错，这些高密度位错堆积可以作为裂纹尖端塑性区的应力集中因素，在较低应力时可以萌生塑性变形，增加裂纹扩展速率，在断口上沿粗大 γ′相开裂，增加裂纹扩展速率。在第 Ⅰ 阶段疲劳断裂区内没发现明显韧窝就是最好证明。

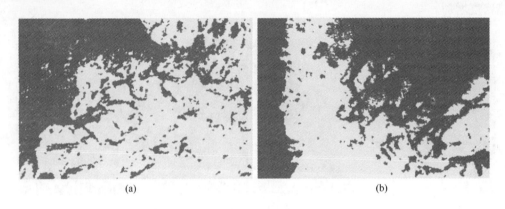

(a)   (b)

图 10　大 γ′相中滑移带和亚晶
Fig. 10　Slip bands and sub-grain in big γ′ phase
(a) 538℃　$\Delta\varepsilon_{\mathrm{T}}/\%$ = 0.694；(b) 650℃　$\Delta\varepsilon_{\mathrm{T}}/\%$ = 1.309

当温度与应变增高时，位错密度大幅度增加，高密度位错开始互相纽结成胞状结构（图 9b），胞内位错密度低，而胞壁是高位错密度缠结。由于高应变导致位错易塞积在滑移带边缘和晶界处，应力集中很大，高于晶内平均应力，很易在一些弱区域（边界、颗粒界）产生裂纹而断裂，而这种开裂在本合金中往往是以一种小平面方式出现。

3　结论

（1）随着应变振幅增加，疲劳寿命降低，538℃ 时 $\Delta\varepsilon_{\mathrm{T}}/\%$ 在 0.61% ～0.91% 之间，650℃ 时 $\Delta\varepsilon_{\mathrm{T}}/\%$ 在 0.61% ～0.75% 之间，疲劳断裂周次能满足标准要求。

（2）试样表面和近表面处的孔洞、夹杂物是疲劳裂纹的萌生源。其特征往往是多源萌生，它是高应变疲劳寿命短的原因之一。

（3）高应变和低应变疲劳条件下形变类型和方式不同，高应变时位错塞积造成应力集中，导致沿晶界、相界产生裂纹。

（4）合金中大 γ′相具有良好塑性，但与基体不具有共格性，在高应变条件下易增加裂纹扩展速度。

致谢

本研究中使用的 FGH95 合金粉末由冶金部钢铁研究总院提供，联合课题组分工解剖盘件提供试样，李力、杨士仲同志给予了帮助，谨表感谢。

参 考 文 献

［1］Shahid Bashir，Metallurgical Transactions，10A(10)：1481，1979.

［2］J. Gayda，R. V. Miner，International Journal of Fatigue，5(3)：6，1983.

［3］R. V. Miner，J. Gayda，Metallurgical Transactions，13A(10)：1755，1982.

［4］Shahid Bashir，Superalloys，Proceedings of the 5th International Symposium on Superalloys Sponsored by the High Temperature Alloys Committee of the Metallurgical Society of AIME Held October 7-11 1984 Seven Springs Mountain Champion，Pennsylvania，USA，295，1984.

［5］胡本芙，李慧英，章守华. 金属学报，23(2)：B95，1987.

［6］S. Kocanda. Fatigue Failure of Metals 301 Sijthoff & Noordhoff International Publishers 1978.

（原文发表在粉末冶金技术，1991，9(1)：8-14.）

粉末高温合金中亚稳碳化物稳定化处理

胡本芙[①]　李慧英[①]　章守华[①]　毛　健[②]　周瑞发[②]

（①北京科技大学；②北京航空材料研究所）

摘　要　在热等静压之前对 René95 合金粉末采用高温预热处理。试验结果表明，预热处理既可使粉末颗粒微观组织更加均匀化，又可使亚稳碳化物 MC′发生分解和转变，重新析出二次 MC_{II} 和生成 $M_{23}C_6$ 碳化物。明显改变碳化物的稳定性和分布状态，有效地抑制 PPB 的形成。

关键词　高温合金　碳化物　粉末冶金　热处理

Stabilization of Non-Equilibrium Carbides in Powder Superalloy René95

Hu Benfu[①], Li Huiying[①], Zhang Shouhua[①], Mao Jian[②], Zhou Ruifa[②]

（①University of Science and Technology Beijing；②Institute of Aeronautical Materials，Beijing）

ABSTRACT：The high temperature pre-heat treatment was used for René95 powder-particles before HIP consolidation. It is shown that during pre-heat treatment, the microstructure of the powder-particles may be more homogenized and the non-equilibrium carbides can be transformed into stable carbides MC. The appropriate control of this transformation may suppress the formation of detrimental PPB carbides.

KEYWORDS：superalloy, carbide, powder metallurgy, heat treatment

本文研究了粉末高温合金（René95）颗粒内出现的非平衡态亚稳 MC′型碳化物在预热处理、热等静压成形和热处理中的变化，这对消除 PPB 和提高粉末高温合金性能的稳定性和适用性具有实际意义。

1　实验方法

René95 高温合金粉末是美国 Crucible 公司生产的，其化学成分（质量分数/%）经分析为：C 0.065，Cr 12.87，Al 3.59，Ti 2.56，Nb 3.46，W 3.40，Mo 3.15，Co 7.54，Zr 0.060，B 0.011，余 Ni。

粉末经 300℃真空动态除气（真空度为：$1.333 \times (10^{-3} \sim 10^{-4})$ Pa）后装入不锈钢包套内封焊。高温预热处理温度选用 950 ~ 1150℃，保温时间 4 ~ 5h。HIP 成形工艺：1120℃，97MPa，3h。最后热处理制度：1120℃，1h，油淬；870℃，1h，空冷；650℃，

24h，空冷。

采用金相，TEM，SEM 和电化学萃取等方法对试样进行研究。

2 实验结果及讨论

2.1 预热处理粉末的组织

由图 1 可以看出原始粉末颗粒内碳化物沿枝晶间和胞状晶间分布，它们是在急冷凝固过程中从液相直接析出的 MC′型碳化物，其化学组成和形貌取决于冷却速度[1]。由萃取碳化物相分析得知，这些碳化物富 Nb、Ti，含有 Mo、W、Cr 和少量 Co 和 Ni，结构为面心立方，点阵常数为 0.43～0.45nm，随粉末颗粒尺寸减小，碳化物中 Nb、Ti 含量下降，W、Mo、Cr、Co 略有增高，即 MC 碳化物中包含的元素是可变的。它是一个亚稳过渡碳化物相，故称为 MC′型碳化物[2]。经 950℃预热处理后，粉末颗粒中仍可见树枝晶和胞状晶组织，碳化物的形态和分布变化不明显，经 1000℃ 和 1050℃ 预热处理后，树枝晶和胞状晶消失，显微组织趋向均匀化，碳化物呈点状分布，见图 2 中白亮点。

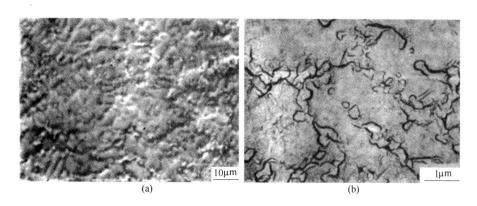

(a) (b)

图 1 原始粉末显微组织

Fig. 1 Microstructure of original powder-particle

(a) dendrite and distribution of carbides; (b) morphology of carbide

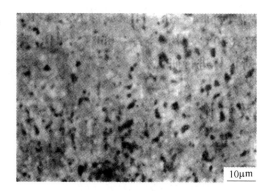

图 2 粉末内碳化物分布

Fig. 2 Distribution of carbides in powder pre-heat treated at 1050℃ for 4h

2.2　预热处理粉末 HIP 固结后的组织

由图 3(a)可看出，未经预热处理粉末固结后，在局部颗粒边界出现连续网状析出物，明显存在轻度 PPB（previous powder-particle boundaries）和树枝状晶，经 950℃预热处理后显微组织虽有所改善，但局部地方还残存轻微的 PPB，但随预热处理温度的升高，颗粒内碳化物呈点状分布，组织均匀，PPB 全部消除。

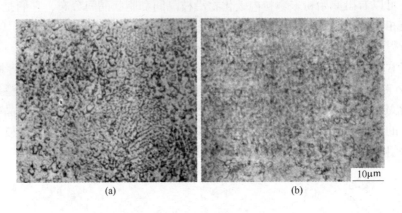

(a)　　　　　　　　　　(b)

图 3　HIP 固结后的显微组织

Fig. 3　Microstructure after HIP consolidation

（a）without pre-heat treatment；（b）1050℃ 4h pre-heat treated

通过 TEM 对预热处理试样进行观察，发现 MC′由复杂形状变为简单规则形状或近似圆形，分布在晶界和晶内，成分上已变成富 Nb、Ti 的 MC 型碳化物；其次，部分形状复杂的 MC′发生分解，溶于固溶体后重新析出二次细小的 MC，沿着晶界，或者在 MC′附近就地生成富 Nb、Ti 稳定的，呈球状形貌（视图 4 及成分测定结果），特别值得指出的是在 950~1000℃预热处理后 MC′向 $M_{23}C_6$ 碳化物转化和 MC 碳化物附近出现块状的 $M_{23}C_6$，如图4(b)所示。EDAX 分析图4(b)中上方中等尺寸 MC 中心富 Nb、Ti，边缘富 Cr，由衍射

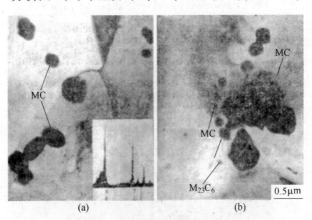

(a)　　　　　　　　　　(b)

图 4　HIP 固结后碳化物形态

Fig. 4　Morphology of carbides after HIP consolidation

（a）1050℃ 4h pre-heat treated powder；（b）1000℃ 4h pre-heat treated powder

斑点证明边缘处为 $M_{23}C_6$。

在未经预处理粉末 HIP 蜘固化后的组织中经常发现一些未发生转变的 MC，它仍保持着原雾化粉末颗粒中枝晶状和蜘蛛网状碳化物的形貌[3]。

显然，$1000 \sim 1050℃$ 预热处理一方面可使 $MC' \to MC$，另一方面从 γ 相中析出二次 MC_{II}，二者均可改变碳化物的稳定性和分布状态，都有利于消除 PPB 碳化物的形成。

2.3　预热处理并 HIP 后热处理的组织

HIP 后再进行固溶和时效处理，可使 MC 稳定化和析出 MC_{II} 的过程进一步完善，沿晶界有 MC_{II} 和 $M_{23}C_6$ 补充析出。

通过电化学萃取碳化物定量分析（表 1）可以看出 950℃ 预热处理后 MC 量下降，而此温度正是 $M_{23}C_6$ 最大析出温度区间，温度升高至 1000℃，MC 有所增加，温度再升高 MC 的数量变化不大，而 $M_{23}C_6$ 在 $950 \sim 1050℃$ 稍有增加，主要是靠 MC' 溶解提供碳源，Nb、Ti、W、Mo 等元素进入固溶体，降低 Cr 在基体中的溶解度，致使 $M_{23}C_6$ 在 MC 近旁和晶界上析出。

表 1　碳化物残渣分析
Table 1　Quantitative analysis of carbides residual, under different pre-heat treatment temperatures

（质量分数/%）

Carbide	Without treated	950℃	1000℃	1050℃	1100℃	1150℃
MC	0.69	0.50	0.59	0.57	0.57	0.55
$M_{23}C_6$	0.014	0.027	0.047	0.039	0.032	0.030

有关 PPB 形成原因的观点很多[4,5]，多数人认为粉末颗粒表面含有吸附的氧，在 HIP 过程中 C、Ti、Nb 等元素从颗粒内部向颗粒表面扩散，形成 $M(C_{1-x}O_x)$，而预热处理可以使合金凝固时形成的 MC' 变得稳定和二次析出 MC，减少碳等元素向颗粒表面扩散，抑制 PPB 的产生。所以，高温预热处理消除 PPB 的主要原因是 MC 碳化物稳定化和二次析出，而少量 $M_{23}C_6$ 的析出并不是主要原因。同时预热处理温度高也有利于合金元素均匀化，这是一般低温预热处理（$850 \sim 980℃$）不能满足的。从实验我们也可看出，低温预热处理是以在晶内生成 $M_{23}C_6$ 为主抑制 PPB 碳化物也是可行的，此方法曾有人建议过[6]。

3　结论

高温预热处理既可使松散粉末微观组织均匀化又可促进亚稳 MC' 向稳定 MC 碳化物转变和析出二次 MC。这过程既可改变碳化物的稳定性又可改变其分布状态，有效地抑制 PPB 的形成。

粉末高温合金试样由航空材料研究所联合专题组提供，我院 84 届毕业生宋亚伟参加部分实验工作，汪武祥、俞克兰同志给予热情指导，在此表示感谢。

参 考 文 献

[1] 胡本芙，李慧英，吴承建，章守华. 金属学报，1990；26(5)：A334.
[2] Dominque J A, Boesch W J, Radavich J F. In：Tien J K, Wlodek S T, Morrow H Ⅲ, Gell M, Maurer G

E eds. , Superalloys 1980, Ohio: ASM, 1980: 335-344.

[3] 胡本芙, 李慧英, 章守华. 北京钢铁学院学报, 1987; 9(专辑2): 97-103.

[4] Aubin C, Davidson J H, Trottier J P. In: Tien J K, Wlodek S T, Morrow H Ⅲ, Gell M, Maurer G E eds. , Superalloys 1980, Ohio: ASM, 1980: 345-354.

[5] Dahlen M, Ingesten N G, Fischmeister H. Mod Dev Powder Metall, 1981; 14: 3-14.

[6] Dahlen M, Fischmeister H. In: Tien J K, Wlodek S T, Morrow H Ⅲ, Gell M, Maurer G E eds. , Superalloys 1980, Ohio: ASM, 1980: 449-454.

（原文发表在金属学报, 1991, 27(3): B191-B195. ）

FGH95 合金再结晶界面与晶内析出 γ′ 相的作用

胡本芙　金开生　李慧英　章守华

（北京科技大学材料科学与工程系，北京　100083）

摘　要　研究了高体积百分数 γ′ 相强化的粉末镍基高温合金在形变过程中发生再结晶行为。实验表明：在 γ′ 相溶解温度以上再结晶以应变诱发界面迁移方式进行。在 γ′ 相溶解温度以下，γ 相再结晶以亚晶粒粗化形核方式进行。在 γ 相再结晶的内界面上可能发生 γ′ 相的分解和随后的再析出。计算了 γ 相再结晶内界面迁移激活能为 635kJ/mol。

关键词　粉末镍基高温合金　再结晶　激活能　内界面

The Interaction of Recrystallizing Interfaces with Precipitates in a P/M Nickel-Base Superalloy

Hu Benfu, Jin Kaisheng, Li Huiying, Zhang Shouhua

（Department of Material Science and Engineering, University of Science and Technology Beijing, Beijing, 100083）

ABSTRACT：Recrystallization behaviors of a P/M nickel-base superalloy with high volume percent of γ′ phase have been studied. It is shown that above the dissolution temperature of γ′ phase a mechanism for the nucleation is the grain boundary migration induced by strain, below this temperature, mechanism is the coarsening of the subgrain. Complete decomposition of the γ′ phase can occur with subsequent reprecipitation at the recrystallizing interfaces. The migration activation energy of recrystallizing interfaces of γ phase was 635kJ/mol.

KEYWORDS：P/M nickel-base superalloy, recrystallization, activation energy, interface

高体积百分数 γ′ 相强化的粉末镍基高温合金在形变过程中发生再结晶行为是比较复杂的。其影响因素主要有热加工参数、原始组织、γ′ 相的数量分布和尺寸等。这些影响因素往往都是与 γ 相的再结晶界面的迁移和行为有关[1]。因此，研究再结晶界面迁移与强化相 γ′ 的相互影响，对开展这类合金等温锻造和挤压成型工艺研究，在理论和实践上都有重要意义。

本文旨在通过 FGH95 合金静态再结晶过程来探求高强度难形变合金再结晶过程中形核、γ 界面迁移以及强化相 γ′ 的变化。

1　实验方法及处理工艺

1.1　热等静压成型

试样采用 FGH95（-60 目）热等静压成型合金。合金成分（质量分数/%）：C 0.058%、Co 8.01%、Cr 13.50%、W 3.74%、Mo 3.61%、Nb 3.54%、Al 3.70%、Ti 2.59%；Ni 余量；晶粒度为 12 级左右。

1.2　挤压成型工艺

经 105MPa、1120℃ 等静压 3h，压坯尺寸为 80mm × 90mm。

热等静压坯料，经 1120℃、2h 加热后，挤压比为 $R = 6.5 : 1$，挤压成圆棒。

1.3　静态再结晶处理

挤压试样采用直接加热方法，温度从 850 ~ 1170℃，加热时间从 10 ~ 90min，间隔变化如表 1 所示测量硬度变化并观察显微组织。

表 1　静态再结晶工艺制度

Table 1　Technology of static recrytallization

加热温度/℃		保温时间/min		
1170	10	20	30	
1150	10	20	40	
1100	10	30	60	90
950	10			
900	10			
850	10			

2　实验结果

2.1　原始组织

图 1 给出热等静压后慢冷时显微组织，γ 相晶界往往出现大 γ′ 相，而晶内出现蝶形中等 γ′，在它们之间均匀分布着圆形小 γ′ 相。因为热等静压温度稍低于 γ′ 溶解温度，大 γ′ 相继续长大而在冷却过程中析出细小 γ′ 相。

图 2 给出经挤压后合金组织。显然经过变形后中 γ′ 蝶形形貌变得圆滑。晶内小 γ′ 相已见明显粗化，挤压后立方 γ′ 发生变形，大中尺寸 γ′ 相在其分布曲线上的峰值向 γ′ 相增大方向移动，大、中尺寸 γ′ 相大小差别减

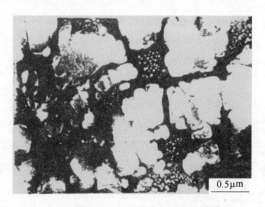

0.5μm

图 1　热等静压态 γ′ 相（1120℃ HIP）

Fig.1　Morphology of γ′ phase

小，说明挤压工艺可改变 γ′ 相的分布和大小，如图 3 所示。

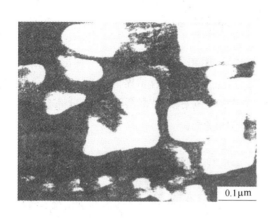

图 2　热等静压 + 挤压态 γ′ 相（1120℃ HIP +
1120℃ Ext）

Fig. 2　Morphology of γ′ phase

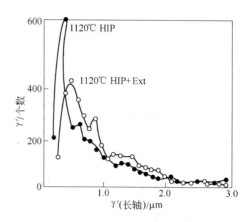

图 3　大、中 γ′ 相的尺寸分布曲线

Fig. 3　Curves of size distribution of large and
middle γ′ phase

2.2　静态再结晶过程中组织变化

2.2.1　再结晶晶核的产生位置

在低于 1150℃ 以下各温度进行静态再结晶处理后发现仅 10min 就可观察到再结晶形核的发生。通常在形变产生位错高密度区内和 γ′/γ 界面上位错堆积处形核见图 4。它明显地看出新晶粒通过亚晶形核并长大，亚晶界由位错组成。亚晶长大的驱动力显然是来自形变区储存的应变能。

在 γ′ 溶解温度以上（1170℃），观察到 γ 相再结晶界面以弓突方式移动，达到一定尺寸后就成为稳定界面，如图 5 箭头所示。因为在 1150℃ 以上，γ′ 相基本溶解，这种界面弓突移动才能实现。这种界面移动不但受应变控制，同时在很大程度上受晶内第二相大小数量的控制。

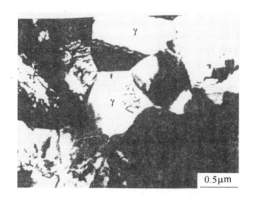

图 4　在 γ′/γ 界面形成 γ 晶粒

Fig. 4　Formation of grain γ on γ′/γ interface

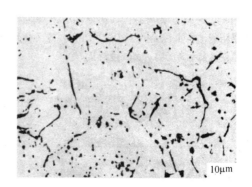

图 5　以晶界弓突出方式形成再结晶晶粒

Fig. 5　Formation of grain in pattern of
bow-shaped of grain boundary

2.2.2　γ相再结晶内界面与γ′相相互作用

在γ′相溶解温度以下，观察到γ相再结晶界面移动与原有γ′相的相互作用，表现在两个方面。一是界面通过γ′相时，伴随γ′相再固溶，如图6所示。γ相再结晶界面按箭头方向迁移，其前沿γ′相尺寸变小而逐渐固溶。

图7给出另外一种情况。这是一个正在迁移的γ相再结晶晶粒界面，其前方有一γ′相，再结晶晶界没有绕过它，所以认为此γ′相质点在迁移的再结晶界面上发生分解。在迁移界面之后小γ′相又很快析出长大。并不是所有γ′相在γ相再结晶界面迁移时都会发生固溶（分解），而只是与γ′相、γ相之间的取向有密切关系。

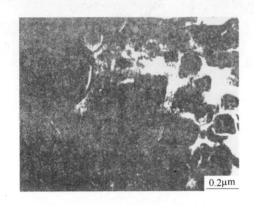

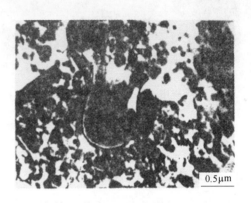

图6　γ′相固溶	图7　γ′相溶解和析出
Fig. 6　γ′ phase solvation	Fig. 7　γ′ phase solvation and reprecipition

2.3　激活能计算

再结晶是个热激活过程。本实验在高于γ′相溶解温度进行静态再结晶处理，此时γ′相基本上溶解（1150℃和1170℃处理）。通过γ相晶粒尺寸变化的测量，得出平均直径（D）和保温时间（t）之间关系曲线，即D^2-t曲线[2]，由此求得斜率K，进而作出$\ln K$-$1/T$曲线。测量斜率可求得晶粒生长的激活能（如图8所示）为200kJ/mol，可认为此时晶粒生长激活能相当于γ相再结晶激活能[3]。

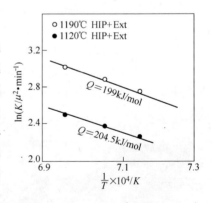

图8　$\ln K$-T^{-1}曲线

Fig. 8　Curve of $\ln K$-T^{-1}

对于大量存在γ′相状态γ相的再结晶激活能计算，采用硬度法测量HV-t关系图见图9。硬度值降至HV = 450时的时间作再结晶完成时间（t），求得斜率便可得到再结晶激活能Q=635kJ/mol（见图10）。这一结果与Port和Ralph测得（nimonic115）再结晶激活能为650kJ/mol是相近的[4]。

3　讨论

3.1　再结晶晶核的形式

从本实验结果来看，大γ′和γ相界面位错密集和高形变带位错堆积应变诱发亚晶粒化

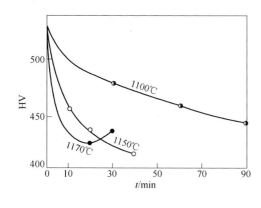

图 9　硬度变化曲线

Fig. 9　Curve of hardness

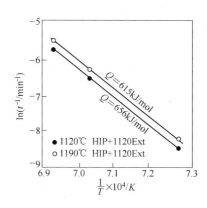

图 10　ln(1/t)-(1/T)曲线

Fig. 10　Curve of ln(1/t)-(1/T)

形核而形成再结晶晶粒。这两种情况都存在，因此，亚晶粒化是唯一可能产生再结晶形核机制。

　　Wiclmer 认为[5]：γ/γ′界面在形变时，γ′与基体发生相对转动，高密度位错在 γ/γ′界面堆积成网。由于 γ′比基体的弹性模量低，它较基体储存更多的弹性能。在形变停止和退火时释放出来的这种弹性能可以作为 γ′/γ 界面位错网络的迁移动力，最后发展成为新再结晶晶粒。本实验结果也说明块状大 γ′和 γ′/γ 周围位错网络靠储存能驱动形成再结晶晶核，发展成新晶粒。

3.2　再结晶界面移动与原 γ′相的相互影响

　　FGH95 合金再结晶过程中界面移动伴随 γ′相的固溶和再析出，而且和再析出同步进行。

　　Shamblem[6]认为：γ′相在相界面前沿发生固溶是因为形变使原来 γ-γ′共格界面发生破坏，在完整的 fcc 点阵中出现不完整点阵排列，导致 γ′-γ 界面前沿能量升高，降低 γ′的溶解温度。但实验中未观察到移动界面前沿存在 γ′贫化区，因而不能确认 γ′发生溶解，况且再结晶加热温度远低于 γ′溶解温度。这种共格界间的破坏所提供的自由能不足以使 γ′固溶线下降如此之多。

　　Shamblem 和 Driffith[7,8]等人提出：界面前沿 γ′是通过沿界面 Al、Ti 快速扩散而使 γ′分解而固溶的。在 Ni 基合金中位错运动也是一个激活过程，其激活能相当于 Ni 的自扩散能，其值为 292kJ/mol[9]。再结晶面移动要受 γ′固溶和析出长大的控制，即需要通过 γ′形成元素的短程扩散控制。

　　其次，Al 在迁移界面的扩散速率比在静止界面扩散速率要高出 2~3 个数量级[10]，即 Al、Ti 在 Ni 中扩散激活能为 292kJ/mol，γ′形成元素可以在移动界面很快进行扩散而发生固溶。如果把 Ni 的自扩散能（292kJ/mol）和 Al 在 Ni 中扩散激活能（292kJ/mol）相加，正与计算的再结晶激活能相符合，因此，再结晶界面移动造成 γ′相固溶是 γ′形成元素快速扩散分解导致的。

　　在求得无 γ′条件下 γ 相界面移动激活能为 200kJ/mol，也恰好与纯 Ni 的扩散激活能相近，所以在存在 γ′ 相时，γ 相再结晶激活能包含基体 γ 相和形成元素两个扩散过程。

上述讨论结果也能很好说明在 γ 相移动界面后，由于 γ′ 形成元素处于过饱和状态，γ′ 仍可通过固溶体再析出和长大。

4 结论

（1）在 γ′ 溶解温度以上 γ 相的再结晶以应变诱发界面迁移方式进行。在 γ′ 溶解温度以下，再结晶以亚晶粗化形核方式进行。

（2）合金的再结晶速率受再结晶界面前沿 γ′ 相分解速率控制，原始组织中不同尺寸分布的 γ′ 相，影响再结晶速率，控制不当会出现混晶组织。

致谢

本实验用料是由钢铁研究总院帮助完成的，挤压得到有色金属研究总院协助，在此表示谢意。

参 考 文 献

[1] Menon M N. Metall Trans A, 1976, 74: 731.
[2] 乌阪泰宽. 鉄と鋼, 1988, 74: 115.
[3] 潼川博，等. 粉体及び粉末冶金, 1986, 30: 193.
[4] Porter A, Ralph B. J Mat Sci, 1981, 16: 707.
[5] Robert Wiclmer. Advanced High-temperature Alloys, 1990: 105.
[6] Shamblen C E. Metall Trans, 1975, 6A: 2073.
[7] Shamblen C E and Chang D R. Metall Trans B, 1985, 16: 755.
[8] Driffith S D. Acta Met, 1974, 14: 755.
[9] Crompton N E. J of Met Sci, 1986, 12: 3445.
[10] 乌阪泰宽. 鉄と鋼. 1986, 72: 815.

（原文发表在北京科技大学学报，1993，15(1): 14-19.）

镍基粉末高温合金 FGH95 的组织和性能

章守华　胡本芙　李慧英　吴承健　金开生

（北京科技大学材料科学与工程系，北京　100083）

摘　要　论文讨论了 FGH95 氩气雾化粉末颗粒的凝固组织、合金相组成、表面化学成分；粉末经过热等静压后的显微组织与相组成、原颗粒边界碳化物的本质和形成机制；热等静压坯再经热挤压后合金组织的改善，以及用改进的最终热处理使合金获得良好的显微组织，以提高合金的高温的拉伸、持久断裂、低周疲劳性能。

关键词　镍基粉末高温合金　粉末颗粒　热等静压　原颗粒边界碳化物　热挤压　持久断裂　低周疲劳

The Microstructures and Properties of A Nickel Base Superalloy FGH95

Zhang Shouhua, Hu Benfu, Li Huiying, Wu Chengjian, Jin Kaisheng

（Department of Material Science and Engineering, University of Science and Technology Beijing, Beijing, 100083）

ABSTRACT：In this paper, the following topics are discussed：the solidification structure and phase constituents in argon atomized powder particles and the chemical analyses on particle surfaces；the microstructures and phase constituents of the alloy after hot isostatic pressing（HIP），the nature of the previous powder particle boundary（PPB）carbides and the mechanism of their formation；the improvement of microstructure in the HIPed blank with hot extrusion and the overall enhancement of high temperature tensile, stress rupture and low cycle fatigue properties with a modified final heat treatment.

KEYWORDS：P/M nickel base superalloy, powder particles, hot isostatic pressing, previous powder particle boundary carbides, hot extrusion, stress rupture, low cycle fatigue

粉末高温合金涡轮盘是公认的新一代盘件，它的采用将有效地增高飞机发动机的推重比，延长寿命，节约原材料。世界先进工业国家已广泛使用在高性能的飞机发动机上[1~4]。

本文总结北京钢铁学院粉末高温合金课题组 1981 年以来的部分研究成果，针对粉末高温合金制造工艺中的一些影响合金质量的问题进行研究，寻找其产生原因和对合金组织与性能的影响，以防止其产生和减少其危害。

1 FGH95 合金雾化粉末颗粒的凝固组织

FGH95 合金的设计化学成分（质量分数/%）如下：C 0.04 ~ 0.09；Cr 12.00 ~ 14.00；Co 7.00 ~ 9.00；W 3.30 ~ 3.70；Mo 3.30 ~ 3.70；Al 3.30 ~ 3.70；Ti 2.30 ~ 2.70；Nb 3.30 ~ 3.70；B 0.006 ~ 0.015；Zr 0.03 ~ 0.07；Ni 余量。合金经真空感应冶炼，在氩气雾化装置上喷雾制粉，粉末粒度范围为 −60 ~ +320 目。

1.1 粉末颗粒的凝固组织[3]

FGH95 粉末颗粒的凝固组织是由 γ 固溶体的树枝晶与胞状晶所组成，见图 1。随着颗粒尺寸的减少，树枝晶的一次晶轴变细，二次晶臂间距减小，二次晶轴及三次晶轴越来越不发达，树枝晶逐渐改变为胞状晶。

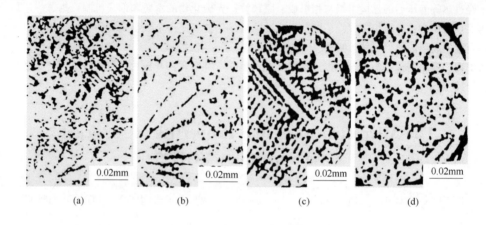

图 1 FGH95 粉末颗粒的凝固组织[3]

Fig. 1 Solidification structures of FGH95 powder particles

(a) −140 +160 目 树枝晶；(b) −180 +200 目 放射状树枝晶；
(c) −300 +320 目 胞状树枝晶；(d) −300 +320 目 胞状晶

经计算，粉末颗粒在 −60 ~ +320 目范围内，其凝固时的冷速在 $1 \times 10^3 ~ 1 \times 10^4$℃/s 之间，凝固时间为 $10^{-1} ~ 10^{-2}$s 之间。如果计算求得粉末凝固过程中固液界面前沿液相中温度梯度 G 和固相凝固速度 R 的比值 G/R，G/R 值控制着粉末的凝固组织。G/R 为 $(1.54 ~ 1.68) \times 10^{-2}$℃·s/$\mu m^2$ 时（相当于粒度 −60 ~ +240 目，即颗粒直径 246 ~ 64），液滴以树枝晶方式凝固；比值为 2.58×10^{-2}℃·s/μm^2 时（相当于粒度 −300 ~ +320 目，颗粒直径为 44μm），液滴以胞状晶方式凝固。胞状晶组织中的成分偏析自然要比树枝晶中少得多。

1.2 颗粒粉末中的相组成

FGH95 合金粉末颗粒的组织中除了作为基体的 γ 相固溶体以外，还有在凝固过程中与随后的冷却过程中形成的 MC′碳化物、Laves 相、M_3B_2 硼化物相以及 γ′-Ni_3Al 相。前三者汇集于树枝晶臂间和胞状晶壁间，而 γ′-Ni_3Al 相主要分布在 γ 相基体内。

MC′碳化物的形态是多样性的，随着粉末颗粒尺寸的减小，它从规则几何状，改变为花瓣状、枝晶状及在颗粒为 -300 ~ +320 目的粉末中呈蜘蛛网状。MC′的化学组成以 Nb、Ti 元素为主，也含有少量的 Cr、Ni、Mo、W、Co 等元素。随着颗粒尺寸的减小，Ti、Nb 的含量降低，而 Cr、Ni、Mo、W、Co 的含量增高。

Laves 相存在于树枝晶间，往往出现在规则碳化物颗粒的边缘，推测其化学式为 $(Co,Ni)_2(W,Mo)$。

M_3B_2 硼化物相也存在于树枝晶间，往往与 MC′碳化物伴生，推测其化学式成分为 $(Mo、Cr、Ni)_3B_2$。它的形成大概是硼元素在树枝晶间富集的结果。

在粉末颗粒中已经发现有从液相中直接形成的一次 γ′相颗粒，往往分布在树枝晶间。从固溶体中析出的大量 γ′相颗粒尺寸较小，分布在 γ 相的基体内。

由上得知，即使以 $1 \times 10^4 ℃/s$ 的速度冷却，未能防止一次 MC 碳化物产生，有时甚至出现一次 γ′相。在 FGH95 粉末凝固组织中除了 γ 相为基体以外，MC 碳化物及 γ′相为主要组成相，Laves 相及硼化物相呈选择性结晶引起液析而产生的，它们是微量相。

1.3　粉末颗粒的表面分析[5,6]

粉末颗粒表面经热等静压固结后将成为颗粒界面。粉末颗粒表面的组织与化学成分对合金的组织与性能有直接的影响。

用 Auger 能谱对 FGH95 合金粉末颗粒表面分析的结果见图 2 及图 3。

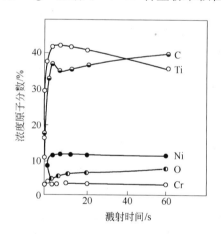
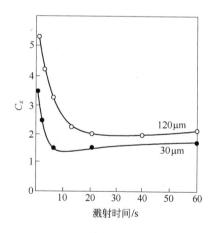

图 2　30μm FGH95 粉末颗粒表面层化学成分[6]

Fig.2　Chemical composition of FGH95 powder surface layer

图 3　粉末表面硫的浓度随深度的变化

Fig.3　Sulfur concentration in powder surface layer

分析表明：粉末颗粒表面层富集有 O、C、Ti、S 等元素。Auger 能谱分析对 W、Mo、Nb、Zr 等元素的灵敏度不大。采用原子吸收光谱法分析从粉末颗粒表面萃取的析出物，含有 Nb 为 64.5at%，Ti 为 20.1at%，W 为 14.1at%，Cr 为 1.2at%，证明析出物为 MC′型碳化物。氧以吸附状态或氧化物状态存于颗粒表面。氧、硫的出现是污染所致。碳化物颗粒分布在粉末颗粒表面的树枝晶或胞状晶壁之间，表面碳化物颗粒将来在热等静压过程中有可能发展成为原颗粒边界（Previous Powder-Particle Boundary）问题，即所谓 PPB 问题。

2 FGH95 合金粉末的显微组织

2.1 粉末热等静压固结后的显微组织[7]

FGH95 合金粉末热等静压固结工艺为：1120℃，105MPa，3h。经热等静压以后合金的显微组织见图 4。合金已完全致密化，并未出现严重 PPB 问题。γ 相基体基本上已经再结晶，均匀化，只有局部地区还保存有原树枝晶轮廓和颗粒边界。γ′相满布于 γ 相基体上，并有两种不同的尺寸。大的约 2～3μm，主要分布在晶界，它是在热等静压温度 1120℃ 未溶的（γ′的固溶温度为 1150℃）而在等温时长大的 γ′相颗粒；其余为从热等静压温度冷却时形成的 γ′相。MC 碳化物以不连续颗粒状分布在晶内和晶界。能谱分析表明主要为 (Nb、Ti) C 型碳化物。在局部存在的原颗粒边界上还可以找到 (Nb、Ti、W、Cr) C 型碳化物，呈连续薄膜状析出。原颗粒边界上还发现有颗粒状的富 Zr 相，其含 Zr 量高达 22%。同时还含有大量 Ni、Cr、Co、Mo 等元素，可能是氧化物-碳化物复合质点，估计与粉末颗粒表面受氧污染有关。

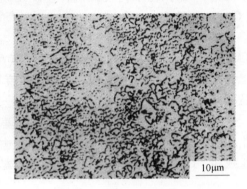

图 4　FGH95 合金热等静压后的显微组织
Fig. 4　Microstructure of HIPed FGH95 alloy

电化学萃取残渣的 X 射线分析证明微量相 Laves 相，M_3B_2 依然保留着，还有新出现的微量 M_6C、$M_{23}C_6$ 碳化物。

2.2 热等静压合金坯经热处理后的显微组织

FGH95 合金热等静压坯热处理制度为：1120℃，1h，油冷 +870℃，1h，空冷 +650℃，24h，空冷。

经过标准热处理后，FGH95 合金的显微组织得到了合理的调整。在显微组织中出现 3 种不同尺寸的 γ′相颗粒。大的颗粒尺寸约 2～2.5μm，主要分布在晶粒界上，它们是在固溶处理时未溶而后继续长大的 γ′相；中等颗粒尺寸约 0.6～0.8μm，主要分布于晶界与晶内，它们在固溶处理中形成，并在时效过程中长大的 γ′相；细小的 γ′相弥散分布在 γ 相基体上，是时效过程中析出的，γ′相的形貌、分布见图 5。

经过热等静压与热处理过程，碳化物相发生了充分的反应。凝固组织中各种形貌的 MC 已基本消失，形成细颗粒状分散分布在 γ 相基体内、晶界上及原颗粒边界上的 MC。MC 中的 Nb 元素得到进一步富集，高达 82.8%，成为 NbC。而 W、Mo、Cr 等元素扩散溶入 γ 相，再在 γ 相晶界上形成尺寸很小、

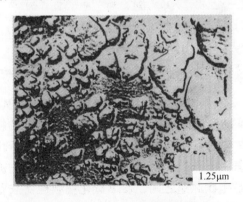

图 5　FGH95 合金热处理后的显微组织
Fig. 5　Microstructrue of heat-treated FGH95 alloy

呈连续颗粒状排列的 $M_{23}C_6$ 及 M_6C。能谱分析结果相应为（Cr、Ni、Co、Mo）$_{23}C_6$ 及 （Mo、W、Cr）$_6C$。显然，它们是从 γ 固溶体中分解出来的。MC 碳化物中的 Ti 元素似乎已转移到 Ni_3（Al、Ti）中。

另外在原颗粒边界上仍然发现有富 Zr 相与富 Al 相，是 Zr 和 Al 的氧化物。它们是如此稳定，没有因热等静压和热处理而发生改变。

3　粉末高温合金中的原颗粒边界（PPB）问题

3.1　FGH95 合金中 PPB 碳化物[8]

含碳较高的 FGH95 合金粉末，如果其受到较严重的氧污染，热等静压温度又偏低时，在热等静压固结的合金中就会出现原颗粒边界（PPB）碳化物。含有 PPB 碳化物的合金组织见图 6。

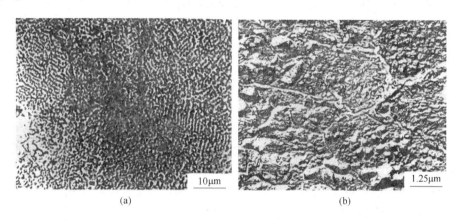

(a)　　　　　　　　　　　(b)

图 6　热等静压固结后含有 PPB 碳化物的 FGH95 合金的显微组织

（a）光学显微镜照片；（b）TEM 照片

Fig. 6　PPB carbides in the microstructure in HIPed FGH95 alloy

这合金的含碳量为 0.08%，在 1080℃ ±10℃、103MPa、3h 热等静压时，沿原粉末的颗粒界面有大量的碳化物析出，形成连续的碳化物网膜，颗粒边界碳化物仍为 MC 型。电子探针分析表明，边界碳化物含有 Nb、Ti、Zr、W、Mo 等元素，可以认为是以 Nb、Ti 元素为主的复杂成分的 MC 型碳化物。

在随后的热处理后，（1120℃/1h/油 + 870℃/1h/空 + 650℃/24h/空），PPB 碳化物不仅不能消除，而且变得更加严重，见图 7。碳化物也通过基体发生反应，析出新的碳化物，在 PPB 碳化物中出现了 $M_{23}C_6$ 和 M_6C。

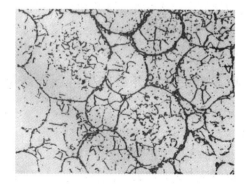

图 7　FGH95 合金热等静压 + 热处理后的 PPB 碳化物

Fig. 7　PPB carbides in the microstructure in HIPed and heat treated FGH95 alloy

热等静压再经热处理后具有严重 PPB 碳化物的合金中，γ 相的晶粒发生有趣的变化。从图 7 可以看到，靠近原粉末颗粒界的 γ 相晶粒大于颗粒中心的 γ 相晶粒。反过来说，碳化物在原粉末颗粒中分布不均匀性，可能与粉末液滴的凝固过程有关。从松散粉末颗粒中萃取碳化物时发现，靠近粉末颗粒表面的碳化物颗粒尺寸小于颗粒中心的碳化物颗粒，而且中心的碳化物易成堆集，在热等静压和随后的热处理过程中这种小碳化物首先溶解，元素扩散到颗粒边界，促进 PPB 碳化物的形成。与此同时靠近原颗粒的 γ 相晶粒由于失去碳化物颗粒的阻碍作用而获得长大的机会，从而产生 γ 相晶粒尺寸的不均匀性。

3.2　PPB 碳化物的形成机制

在存在明显 PPB 问题的试样中发现 PPB 碳化物的中心均含有较高的 Zr 及 Al[8]。有时在原颗粒界也发现有独立的富 Zr 相[6]。同时前面也提到在松散粉末颗粒表面富集氧元素，可以估计到在原颗粒表面上存在着氧化物或碳氧化物的质点。另外从粉末颗粒表面可以萃取得小片状的 MC 型碳化物。这些位于颗粒表面的氧化物、碳氧化合物和碳化物质点在热等静压时都可以成为 PPB 碳化物的核心，使离颗粒表面一定距离内的元素向核心富集，形成碳化物。

由上可知，消除 PPB 碳化物问题的主要途径是：

（1）降低合金中的含碳量；

（2）防止在雾化、粉末储运过程中的氧污染；

（3）将松散粉末颗粒在热等静压以前进行高温（1050℃）预处理，使表面碳化物粗化并稳定化[9]；

（4）将松散粉末在 500℃进行真空热动态除气处理，以去除吸附的氧[10]；

（5）对热等静压的合金材料进行大变形量的热加工以破碎已形成的 PPB 碳化物。

3.3　热处理裂纹的形成[11]

FGH95 合金在热处理时有时产生开裂。金相观察表明：不仅因为严重的 PPB 碳化物的形成破坏或减弱了粉末颗粒间的结合，而且因为热处理应力的作用使 PPB 碳化物与基体不能协调变形导致热处理淬火开裂，裂纹沿 PPB 碳化物扩展。在开裂断口上观察，粉末颗粒的球形轮廓清晰可见，颗粒表面整齐、无塑性变形痕迹，几乎看不到韧性撕裂岭。Auger 能谱分析看出，在离断口表面的大约 $0.1 \sim 0.15 \mu m$ 处出现了 C、O、Al、Ti、Nb、Cr 峰，也说明 PPB 碳化物是导致淬火开裂的根本原因。

4　FGH95 合金粉末经热等静压固结和热挤压变形后的组织与性能

本研究探索了一种新工艺方案[12,13]。该方案将氩气雾化的 – 60 ~ + 320 目 FGH95 合金粉末，采用下列工艺：

热等静压工艺：1120℃，105MPa，3h；

热挤压工艺：1120℃，挤压比 6.5∶1；

热处理工艺：

HT1：1130℃/1h/油 + 870℃/1h/空 + 650℃/24h/空；

HT2：1140℃/1h/538℃盐浴淬火 + 870℃/1h/空 + 670℃/24h/空。

通过大变形量挤压以改善可能出现的 PPB 碳化物及夹杂物的分布及形态，从而减少其危害；通过改进的热处理工艺以细化晶粒，改变 γ′ 相的形态，从而提高合金的力学性能。

4.1 热等静压 + 挤压后的显微组织

热等静压的 FGH95 合金中有 3 类夹杂物：块状的 SiO_2、Mg 的硅酸盐夹杂物、以细小的 Al_2O_3 颗粒为主成团聚状的夹杂物。热挤压对块状 SiO_2 夹杂物并无明显的破碎作用，而将成团聚的 Al_2O_3 颗粒分散开来，从而减小了夹杂物团的尺寸分布，见图8。

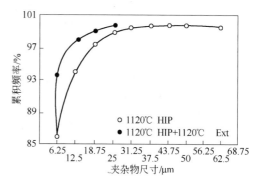

图8 夹杂物团尺寸分布

Fig. 8 Size distribution curve of the agglomerated inclusion patches

热等静压的合金中如果存在有 PPB 碳化物，其主要成分为 Nb、Ti 的 MC 型碳化物。热挤压时原颗粒边界发生剧烈的变形，碳化物由原来的沿颗粒边界分布改变为沿挤压方向分布。如果原颗粒边界存在氧化薄膜，也将被挤压变形所破碎。热处理后碳化物的分布将再次发生改变，碳化物呈颗粒状主要分布在 γ 相的晶粒界，也有一部分分布在晶粒内。

合金经过热压变形后 γ 相树枝晶结构完全消失，γ 相晶粒基本得到再结晶，平均晶粒尺寸为 2.82μm（ASTM No.14），经 HT1 及 HT2 热处理后 γ 相晶粒尺寸相应为 5.17μm（ASTM No.12）及 10 ~ 15μm（ASTM No.10 ~ 9）。

热处理制度作了一定的改变：将固溶温度从 1120℃ 提高到 1140℃；将固溶后油冷改为在 538℃ 的盐浴中冷却；对时效处理也略作改变。热处理制度的改变使 γ′ 相总量基本不变的情况下改变了 γ′ 相颗粒尺寸分布：显著地减小了大尺寸（大于1μm）及小尺寸（小于0.1μm）的 γ′ 相颗粒的数量，而显著增多了中等尺寸（0.1 ~ 1.0μm）的 γ′ 相颗粒数量。热处理后 γ′ 相颗粒数量，热处理 γ′ 相的定量统计结果见表1。经 HT2 热处理后的合金组织见图9。

表1 γ′ 相定量统计结果

Table 1 Quantitative analysis of γ′ particles

处理制度	大、中 γ′*				小 γ′*		γ′配比面积百分数之比 大γ′∶中γ′∶小γ′	γ′配比面积百分数之比 （大γ′+中γ′）/γ′	γ′总量面积 /%
	大、中 γ′ 面积/%	大 γ′ /%	中 γ′ /%	平均尺寸 /μm	面积 /%	平均直径 /nm			
HIP	33.67	24.99	75.01	0.723					
HIP + Ext	21.25	32.81	67.19	0.903					
HIP + Ext + HT1	7.539	69.14	30.86	1.414	46.73	42.9	1∶0.45∶8.97	1∶6.2	54.27
HIP + Ext + HT2	17.75	3.42	96.58	0.399	38.69	33.9	1∶28.24∶63.24	1∶2.2	56.44

注：* 表示尺寸在 1μm 以上者为大 γ′，尺寸在 0.1 ~ 1.0μm 者为中 γ′，尺寸在 0.1μm 以下者为小 γ′。

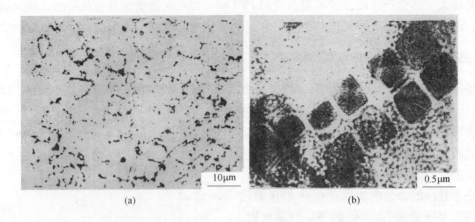

(a)　　　　　　　　　　　　　　　　(b)

图 9　FGH95 合金热等静压、热挤压、热处理采用盐浴冷却后的显微组织
Fig. 9　Microstructure of FGH95 alloy after HIP + Ext + HT with salt bath quenching

4.2　热等静压 + 挤压的 FGH95 合金的力学性能

FGH95 合金热处理后的力学性能见表 2。经过 HT2 热处理合金的力学性能全面超过了美国 GE 公司的技术规范中的 A 级标准。尤其是合金的塑性有了明显的提高，这可能是减少了在晶界分布的大 γ′ 相颗粒和在晶内均匀分布的小 γ′ 相颗粒，增加晶内分布的中等 γ′ 相颗粒的结果。特别值得注意的是持久寿命及低周疲劳寿命也都增加到标准规定的数倍。

表 2　HIP + Ext、− 60 目 FGH95 合金力学性能
Table 2　Mechanical properties of HIP + Ext、− 60 mesh FGH95 alloy

热处理工艺	20℃拉伸				650℃拉伸				持久强度 650℃ 1034MPa			538℃ LCF
	$\sigma_{0.2}$ /MPa	σ_b /MPa	δ_{10} /%	ψ /%	$\sigma_{0.2}$ /MPa	σ_b /MPa	δ_{10} /%	ψ /%	寿命 /h	δ_{10} /%	ψ /%	$\Delta\varepsilon_1 = 0.78\%$, 0.33Hz, 三角波 N_f
HIP + Ext + HT1	1485	1841	16.1	14.7	1353	1636	—					
	1469	1827	16.4	19.5	1341	1599	8.9	7.8				
HIP + Ext + HT2	1450	1817	15	19.8	1316	1654	10.9	17.0	203.4	3.13	5.55	35675
	1455	1817	—		1360	1616	10.0	11.0	214.4	3.70	4.27	61236（未断）
技术规范*	1240	1585	10	12	1150	1426	8	10	50	3.0		> 5000

注：* 表示美国 GE 公司的技术规范（A 级）。

目前，用来制造 FGH95 合金的粉末颗粒被限制在 − 150 目以下，本研究应用了 − 60 目的粉末，可使雾化粉末的利用率提高到 80%，也可以收到很好的经济效益。

致谢

本研究得到钢铁研究总院和北京航空材料研究所的合作和帮助，敬致感谢。

参 考 文 献

［1］ Development of Hot Isostatically Pressed René95 Turbine Parts USAAMRDL-TR-76-30，1977，AD-AO43688.

［2］北京航空学院材料研究所，FGH95 粉末高温合金论文集. 1990：8.

［3］李力，杨士仲，强劲熙. 钢铁研究总院学报. 1985，5(4)：411.

［4］李慧英，胡本芙，章守华. 北京钢铁学院学报（粉末高温合金专辑），1987：1～40.

［5］吴承健，李景慧，冯松筠，章守华. 北京钢铁学院学报（粉末高温合金专辑），1987：75.

［6］吴承健，李景慧，冯松筠，章守华. 北京钢铁学院学报（粉末高温合金专辑），1987：81.

［7］胡本芙，李慧英. 北京钢铁学院学报（粉末高温合金专辑），1987：97.

［8］李慧英，胡本芙，章守华. 金属学报，1987，23(2)：B90.

［9］毛健，杨万宏. 北京科技大学学报，1991，13(10)：120.

［10］汪武祥，呼和. FGH95 粉末高温合金论文集. 北京航空材料研究所，1990：78.

［11］胡本芙，李慧英，章守华. 金属学报，1987，23(2)：B95.

［12］金开生. 北京科技大学硕士论文，1990：12.

［13］李慧英，金开生，胡本芙，章守华. 北京科技大学学报，1991，13(10)：635.

（原文发表在北京科技大学学报，1993，15(1)：1-9.）

Carbide Phases in Ni-base P/M Superalloy

Hu Benfu, Zhang Shouhua

(Department of Materials Science and Engineering, USTB, Beijing, 100083, PRC)

ABSTRACT: The distribution, morphology, composition as well as the transition of metastable carbides MC′ in the initial atomized powders and in the various subsequent treatments in Ni-base P/M superalloy FGH95 have been studied. MC′ has many kinds of complex morphologies and contains a large number of non-carbide forming elements. Conversion of MC′ to stable MC during HIP consolidation promotes the formation of PPB carbides. Stabilization treatment applied to loose powders can improve the stability of MC′ and change its distribution. HIP consolidation and hot extrusion can effectively eliminate PPB carbides and be expected to improve the alloy property.

KEYWORDS: P/M superalloy, carbide, heat treatment

镍基粉末高温合金中碳化物相

胡本芙　　章守华

（北京科技大学材料系，北京　　100083）

摘　要　研究了镍基粉末高温合金 FGH95 中亚稳碳化物 MC′在原始雾化粉末颗粒和经热处理后的尺寸、分布、形态、化学组成及其转变。在热等静压过程中，MC′向稳定的 MC 转变可形成有害的 PPB，采用稳定化热处理可以明显改善 MC′碳化物分布和稳定性，使之在热等静压和热挤压工艺中有效消除 PPB，提高合金质量。

关键词　粉末高温合金 Rene95　碳化物　热处理

The structure and phase composition of loose powder particles of superalloy have great effect on the structure and properties of alloys obtained from direct Hot Isostatic Pressing (HIP), hot Extrusion (Ext), final Heat Treatment (HT) etc.. The microstructure of loose powders is inherited from the solidification process in atomizing. A large amount of research work has been published on the structure of single particles, the relationships between micro-chemistry of existing phases and solidification conditions, and between carbides on particle surface and Previous Powder-particle Boundaries (PPB)[1~6]. The morphologies, composition, distribution as well as transition in the various subsequent processing stages of MC′-type carbides have not been studied systematically. This paper investigated systematically the conversion of metastable MC′ carbide during the HIP,

Ext and heat treatment, and the relationship between MC' and PPB carbides.

1　Materials and Methods

The chemical composition of argon-atomized FGH95 pre-alloyed powders was as follow (%):

C	Cr	Co	Mo	W	Nb	Al	Ti	B	Zr	Ni
0.059	13.50	8.01	3.61	3.74	3.54	3.70	2.59	0.011	0.04	Bal.

Before HIP, the atomized powders were first dynamically degased in a vacuum (of $1.3 \times 10^{-3} \sim 1.0 \times 10^{-4}$ Pa) at 300℃, then were loaded into stainless steel enclosures which were then sealed by welding. HIP process was carried out at 1120℃ and 105MPa for 3h. A stabilization treatment was applied before HIP to loose pre-alloyed powders at 950 ~ 1150℃ for 4 ~ 5h. The consolidated alloy was extruded at 1120℃, and the extrusion ratio was 6.5 : 1. The final heat treatment was to hold the alloy at 1120℃ for 1h, oil quenching; and 870℃ for 1h, air cooling; and then 650℃ for 24h, air cooling. The amount, morphologies, distribution and chemical composition of carbides were studied with TEM and EDAX, using extraction carbon replica and electrochemically extracted carbides.

2　Experimental Results and Discussion

2.1　Carbides in Initial Loose Powder Particles

The extraction carbon replica showed that carbides mainly distribute between dendrites and along cellular walls, and there appear various carbides morphologies such as regular, petal-like, dendritic and cobweb-like shapes[5]. The difference in carbide distribution and morphology was also observed in powder particles with different size grades. In coarse powder particles (~ 180μm), carbides appear in a form of regular shape particles, and distribute non-continuously with sizes up to 0.5μm. In fine powder particles (~ 44μm), however, there are not only small non-continuous regular shape carbide particles, but also complex cobweb-like carbides. In the medium-size powder particles (70 ~ 180μm), carbides exhibit various complex morphologies and distribute continuously. The morphology of dendritical carbides in initial loose powder particles is shown in Fig. 1.

Selected region X-ray diffraction pattern proves that these carbides are MC'-type with an fcc structure whose lattice parameter is 0.43 ~ 0.46nm. Results of EDAX analysis of the dendritical carbides show that besides containing mainly strong carbide forming elements Nb and Ti, MC' carbides also contain some other carbide forming elements W, Cr and Mo as well as non-carbide forming elements Ni and Co. Higher content of Nb + Ti

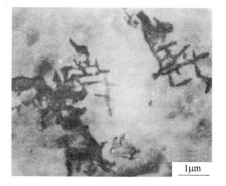

Fig. 1　Morphology of dendritical carbides
in initial loose powder particles and
its diffraction pattern

and lower content of W + Mo + Cr and Co + Ni are found in the regular shaped carbides more than irregular shaped ones. With decreasing in powder particle size, Nb + Ti content in carbides decreases from 82.9% to 36.0%, W + Mo + Cr content increases from 9.8% to 22.9% and Co + Ni content increases from 7.4% to 40.9%. Obviously, the contents of alloy elements contained in carbides in powder particles vary with the condition of solidification. Thus, it can be suggested that MC'-type carbide is a non-equilibrium metastable transitional carbide phase.

Solidification process of atomized liquid drops is much faster and liquid drops of wide size ranges of are formed during the atomization. Solidification rates in small particles are very high, and microstructures of particles are cellular, when the alloy matrix has a great supersaturating, simple shaped MC' will precipitate between cellular walls. Solidification rates in large particles are relatively lower and microstructures of large particles are mainly dendritic. Alloy supersaturating is low because the alloy elements have enough time to diffuse, and the MC' morphology is relatively regular and simple. During the solidification of medium-size particles, the cooling rate is between the former two cases, and the diffusion of alloy elements is usually uncompleted, so it is difficult to reach equilibrium composition ahead of the advancing solid/liquid interface. Non-carbide forming elements, such as Co and Ni, are impossible to diffuse away from the interface, and carbide forming elements such as Nb and Ti to diffuse to interface, therefore brings about the versatility of MC' carbide composition and MC' morphology.

2.2 Carbides in HIP State

After HIP most of metastable MC' carbides have converted from complex morphology to simple regular spherical shapes or flat shapes, distributing along grain boundaries and within grains. They are Nb and Ti rich MC-type carbides also with an fcc structure. Although most carbides have converted into spherical shape MC, the structure of initial loose powder particles and the morphology of MC' carbides still remain in some regions, and light degree PPB carbides can be seen (Fig. 2). The diffraction pattern and the composition of PPB carbides showed that MC-type carbides contain mainly Nb and Ti and some of them still contain high Cr and W, as shown in Table 1.

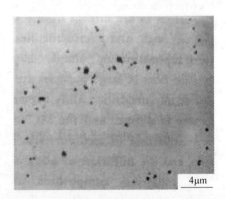

Fig. 2 PPB carbides after direct HIP

Table 1 Composition of PPB carbides in FGH95 after HIP/at%

Nb	Ti	Cr	W
67.46	31.16	1.38	—
80.30	4.34	10.19	5.17
7.22	90.10	2.68	—
49.34	17.44	33.22	—

The above experiments ascertain that metastable MC′ carbides have converted to stable MC carbide during HIP, but the conversion is uncomplete. It can be supposed that MC′ of complex morphology decompose only partly during HIP. First they dissolve into γ solid solution with the alloy elements redistributing through the matrix, and then precipitate secondary fine spherical MC particles or in-situ as MC riched Nb and Ti onto the undissolved nearby MC′ particles. The reactions can be expressed as follows:

$$MC' \longrightarrow MC + (W + Cr)$$

Where (W + Cr) get into the solid solution.

Another source of carbon originates from the decomposition of MC′. Due to the interdiffusion and combination of carbon and alloy elements which promote the formation of carbide, a light degree of PPB carbides is observed after direct HIP.

In the stabilization heat treatment of loose powders before HIP, MC′ particles decompose and their complex morphology convert into spherical MC particles distributing on grain boundaries and within grains which are also rich in Nb and Ti. Transition of MC′ to $M_{23}C_6$ also occurs during the stabilization heat treatment, as shown in Fig. 3. Analysis of extracted carbide residue has proved that after stabilization treatment the amount of MC carbides decreases slightly while that of $M_{23}C_6$ increases obviously. For instance, one sample showed that the MC content decreased from 0.69% to 0.50%, while $M_{23}C_6$ increased from 0.014% to 0.027% after 950℃ treatment. It is obvious that stabilization treatment make MC′ convert into stable MC, secondary MC and $M_{23}C_6$, and reduce the amount of carbon by diffusing carbon to the particle surface, and therefore effectively inhibit the formation of PPB carbides. No PPB carbides were observed in the sample processed with powders subjected to stabilization treatment.

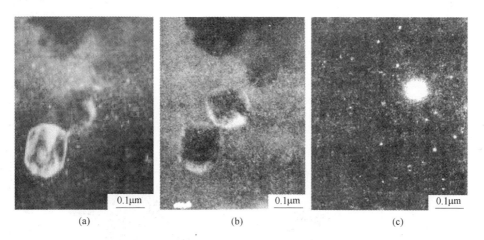

0.1μm	0.1μm	0.1μm
(a)	(b)	(c)

Fig. 3   Transition of MC′ to $M_{23}C_6$ in powder sample stabilization heat treated at 950℃

(a) dark field of MC; (b) dark field of $M_{23}C_6$; (c) diffraction patterns of MC and $M_{23}C_6$

2.3 Carbides in HIP + Ext state

Some PPB carbides in HIP state have deformed and crashed under stress, which causes the originally existing PPB carbides to distribute along the extrusion direction (Fig. 4). EDAX analysis showed that the carbides contain only Nb and Ti, no W and Cr. For instance, some carbides contain 74. 49 at% Nb and 25. 51 at% Ti, and the others 84. 97 at% Nb and 15. 03 at% Ti. This fact indicates that metastable carbides have become stable ones during extrusion.

2.4　Carbide Transformation in HIP + Ext + HT

The carbide distribution changes obviously in HIP + Ext + HT sample. It can be seen from Fig. 5 that MC carbides distribute randomly both within grains and on the grain boundaries, while many fine particles are seen on the grain boundaries. They are proved to be $M_{23}C_6$ carbides and from Fig. 6 there can be seen that $M_{23}C_6$ carbide particles on the grain boundary aged at 870℃. Furthermore, M_6C is found coexisting with MC, as shown in Fig. 7. M_6C is precipitated at the expense of MC, and their composition was followed: MC is 62. 15 Nb, 33. 27 Ti; and M_6C is 13. 61 W, 29. 35 Mo, 14. 23 Co, 22. 56 Cr and 20. 25 Ni.

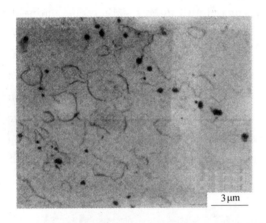

Fig. 4　Distribution of original PPB carbides along the extrusion direction

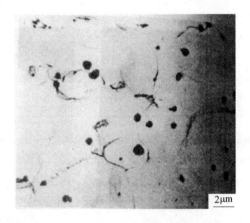

Fig. 5　Random distribution of MC carbides within grains and on the grain boundaries after HIP + Ext + HT

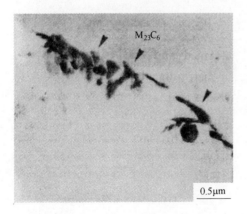

Fig. 6　Precipitation of $M_{23}C_6$ on the grain boundaries during 870℃ aging

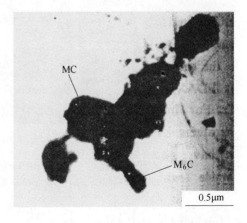

Fig. 7　M_6C found after HIP + Ext + HT

3   Conclusions

(1) The morphology and the composition of MC′ in initial loose FGH95 powder vary with the sizes of particles. MC′ with medium size powder particle has various morphologies and complex composition.

(2) MC′ is a metastable transitional phase. Transformation of carbides takes place during HIP consolidation, hot extrusion and heat treatment.

(3) Stabilization treatment applied to the loose powder particles can speed up the conversion of metastable MC′ to stable MC and change their distribution, and is beneficial to suppress the formation of PPB carbides during HIP.

(4) Hot isostatic pressing and hot extrusion and subsequent heat treatment promote the conversion of MC′ to MC and $M_{23}C_6$ completely, and effectively eliminates PPB carbides and is expected to improve alloy property.

References

[1] Aubin C, Davidson J H, Trottier J P. The influence of Powder Particle Surface Composition on the Properties of a Nickel-based Superalloy Produced by Hot Isostatic Pressing. In: Tien J K eds. Superalloys 1980 Proc 4th Internat Superalloy Symposium. Ohio: Seven Springs. 1980.

[2] Domingue J A, Boesch W J, Radavich J F. Phase Relationships in René 95. In: Tien J K eds. Superalloys 1980 Proc 4th Internat Superalloy Symposium. Ohio: Seven Springs. 1980: 335 ~ 344.

[3] Levi C G, mehrabian R. Heat Flow in Atomized Metal Droplets. Met Trans, 1980, 11B: 21 ~ 27.

[4] Li Huiying, Hu Benfu, Zhang Shouhua. Study of Previous Powder-particle Boundary Carbides. Acta Metallurgica Sinica B, 1987, 23(2): 90 ~ 99.

[5] Hu Benfu, Li Huiying, Wu Chengjian, et al. Microstructure and Phase Composition of Solidified Ni-Base Superalloy Powder. Acta Metallurgica Sinica, 1990, 26(5): 334 ~ 339.

[6] Hu Benfu, Li Huiying, Zhang Shouhua, et al. Stabilization of Non-equilibrium Carbide in Powder Superalloy René 95. Acta Metallurgica Sinica B, 1987, 4(6): 433 ~ 436.

（原文发表在 Journal of University of Science and Technology Beijing,1994,1(1-2): 1-7. ）

镍基粉末高温合金 FGH95 涡轮盘材料研究

胡本芙　章守华

（北京科技大学）

摘　要　讨论了 FGH95 氩气雾化粉末高温合金中缺陷、粉末颗粒凝固组织及其相组成、粉末经过热等静压后显微组织与相组成、热等静压坯再经包套模锻后合金的组织与低周疲劳性能、以及热等静压坯再经挤压后合金组织的改善和热处理制度的改进。

关键词　粉末高温合金　夹杂物　热等静压　热挤压　模锻　低周疲劳

Study on a Nickel Base Superalloy FGH95 of Turbine Disc

Hu Benfu, Zhang Shouhua

（University of Science and Technology Beijing）

ABSTRACT：The following topics are discussed：the solidification structure and phase constituents in argon atomized powder particles, the defects of P/M superalloy, the microstructures and phase constituents of the alloy after hot isostatic pressing（HIP）, the microstructures and low cycle fatigue properties of the alloy after HIP + forging, the improvement of microstructure in the HIPed blank with hot extrusion and the overall enhancement of high temperature tensile, stress rupture and low cycle fatigue properties with a modified final heat treatment.

KEYWORDS：P/M nickel base superalloy, inclusion, hot isostatic pressing（HIP）, hot extrusion, forging, low cycle fatigue

60 年代末期美国 P&W 公司将当时的盘件合金 Astroloy 制成合金粉末，经历 30 余年的开发研究，粉末高温合金涡轮盘已成功地用在高推重比飞机发动机上[1,2]。

FGH95 镍基粉末高温合金设计成分与 René95 合金相似，是一种高合金化的 γ′ 相沉淀强化型镍基合金，用于代替 IN718（GH169）合金制造新型发动机的盘件和其他热部件。它的 650℃ 屈服强度比 IN718 高 30%，在相同应力下使用温度可提高 110℃，已成功地使用在各类高性能发动机上。

粉末高温合金涡轮盘材质均匀，性能优良，而且可节约原材料，这些优点已为人们所熟知，但是粉末高温合金的设计，制造加工和使用中内在的规律性，至今仍需不断深入研究。

1　材料及方法

FGH95 合金的设计化学成分（质量分数/%）如下：C 0.04 ~ 0.09，Cr 12.00 ~ 14.00，Co 7.00 ~ 9.00，W 3.30 ~ 3.70，Mo 3.30 ~ 3.70，Al 3.30 ~ 3.70，Ti 2.30 ~ 2.70，Nb 3.30 ~ 3.70，B 0.006 ~ 0.015，Zr 0.03 ~ 0.05，Ni 余量。合金经真空感应炉冶炼，在氩气雾化装置上喷雾制粉。粉末粒度范围 −60 ~ +320 目（225 ~ 40μm），坯料热等静压（HIP）制度：(1120 ~ 1140)℃ ± 10℃，105MPa × 3h，最后模锻或挤压成形（Ext）。

2　研究结果和分析

2.1　粉末颗粒凝固组织及其相组成

作为合金基元的粉末颗粒的组织结构直接影响合金的工艺性能和使用性能。

2.1.1　粉末凝固组织特征

粉末颗粒表面形貌及内部组织见图 1。随着粉末颗粒尺寸的减小，凝固组织中树枝晶的一次轴变细，二次臂间距减小，二、三次轴越来越不发达而改变为胞状晶。利用二次晶臂距与粉末颗粒尺寸间的关系求出 FGH95 粉末凝固过程中的冷速为 $1 \times 10^3 ~ 1 \times 10^4 \mathrm{K/s}$。尺寸不同的粉末颗粒（40 ~ 110μm）凝固时间 t_f 为 $1.4 \times 10^{-1} ~ 7.6 \times 10^{-2} \mathrm{s}$。

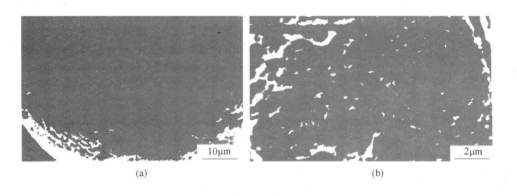

图1　FGH95 粉末表面形貌及内部组织

（a）表面形貌；（b）内部组织（SEM）

Fig. 1　Solidification structures of surface of FGH95 powder particles (a) and internal solidification structures of FGH95 powder particles (b)

根据成分过冷原理计算凝固过程中固-液界面前液相中温度梯度（G）及固相的结晶速度（R），可得出决定凝固过程中晶体成长的方式的 G/R 值。计算结果表明粉末颗粒（80 ~ 110μm）的 G/R 值在 1.6×10^{-2}℃ · s/μm^2 左右时，主要是树枝晶，而 G/R 值在 2.58×10^{-2}℃ · s/μm^2 时主要是胞状晶。上述热学参数计算结果对粉末颗粒组织形貌、合金元素偏析和碳化物形态的认识十分重要[3]。

2.1.2　粉末颗粒中的相组成

对松散粉末颗粒萃取物进行 X 射线物相结构分析得知，粉末颗粒中含有 MC 型碳化物，Laves 相以及 M_3B_2 硼化物，颗粒内大部分 γ' 相被抑制。但在树枝晶臂间和胞状晶壁间仍有零星一次 γ' 相存在。这说明凝固速度在 $1 \times 10^3 \sim 1 \times 10^4 K/s$ 之间，凝固时间在 $10^{-1} \sim 10^{-2} s$ 以内未能阻止 MC 型碳化物直接从液相合金中析出。

从图 2 可以看出，松散粉末颗粒中作为主要组成相的碳化物大都汇集于树枝晶臂及胞晶壁间。它的形貌在一定程度上随粉末颗粒凝固速度、时间和 G/R 值而变化。随着粉末颗粒尺寸减小，碳化物形态从规则几何状依次转变为花瓣状、树枝状、蛛网状。EDAX 分析表明，碳化物几何形貌从规则几何状过渡到蛛网状，

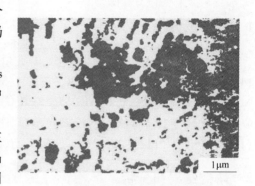

图2　FGH95 合金粉末颗粒凝固组织中的碳化物形态（萃取样）

Fig. 2　Morphology of dendritical carbides in initial loose powder particles of FGH95 alloy

Ti + Nb 量从 82.9% 降到 36.0%，Cr + W + Mo 量从 9.8% 增到 22.9%，Co + Ni 量从 7.4% 增到 40.7%，表明粉末颗粒中合金元素存在微观偏析。由于各种形貌的碳化物的未被抑制，微观组织的不均匀性仍然存在[4]。

急冷粉末颗粒中的枝晶间 MC 碳化物，实质上是枝晶间溶质富集的残留液相共晶转变 $L \rightarrow (MC + \gamma)$ 的产物。MC/γ 共晶生长受过冷度、固-液界面特征-原子扩散能力的影响。冷却速度提高，液相凝固过冷度增大。原子扩散能力降低，MC/γ 共晶生长过程中分叉程度就发达，MC 碳化物形态多样化、尺寸细小；固溶体形成元素 Ni、Co、Cr、Mo、W 越难从 γ 相排出，或多或少地保持原液态合金元素的含量。所以提高冷却速度会强烈影响 MC 碳化物的生长形态和降低合金元素的微观不均匀性。

由此可知，进一步改进雾化工艺，获得细小碎化的液滴，把冷却速度提高到 $1 \times 10^4 K/s$ 以上，G/R 值高于 $1.6 \times 10^{-2} ℃ \cdot s/\mu m^2$，使粉末颗粒树枝晶减少，胞状晶增多，既可抑止 Laves 相、M_3B_2 相析出，又可使共晶碳化物及合金元素偏析减少，改善粉末颗粒内部微观组织的不均匀性。

2.2　粉末高温合金中的缺陷

陶瓷夹杂、原颗粒边界 PPB（Previous powder-particle boundaries）、热诱导孔洞 TIP（Thermally induced porosity）是粉末高温合金中的三大缺陷。消除这些缺陷，对提高盘件可靠性极为重要，是必须致力研究的问题。

2.2.1　陶瓷夹杂物

作为起始裂纹源，夹杂物对合金的疲劳寿命危害很大。发现热等静压 FGH95 合金有三类夹杂物：块状 SiO_2、点状 $SiO_2 \cdot MgO$ 硅酸盐和细小团聚状 Al_2O_3 颗粒，其来源主要是坩埚及喷嘴的耐火材料。

图 3 示出由不同粒度的 FGH95 合金粉末制成的合金中陶瓷夹杂累积分布曲线，由此可得出，粉末粒度对合金中陶瓷夹杂数量和大小有明显影响，粒度小的合金粉末具有较细小的陶瓷夹杂。热挤压对块状 $SiO_2 \cdot MgO$ 夹杂无明显的破碎作用，但能将团聚状的 Al_2O_3 颗粒分散开来，从而减少了夹杂物团的尺寸（见图 4）[5,6]，改变夹杂物分布状态。

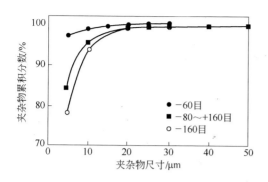

图3　不同粒度粉末合金的夹杂物累积分布曲线

Fig. 3　Cumulative distribution curve of inclusion of different mesh of powder particles

图4　夹杂物团尺寸分布

Fig. 4　Size distribution curve of inclusion ball

2.2.2　热诱导孔洞（TIP）

TIP 是指粉末经热等静压后，在随后的加热过程中由于不溶于基体的惰性气体（如 Ar）的膨胀甚至聚集而在合金基体中形成的不连续的孔洞，它作为一种微小缺陷会使热等静压坯料的可锻性和疲劳寿命明显降低[7]。Ar 气来源主要是雾化制粉中空心粉、颗粒表面吸附的 Ar，以及热等静压过程中高压介质向包套中渗入的 Ar。

本研究表明，热等静压合金 TIP 的数量与固溶处理的温度和时间有关。合金中 TIP 数量随固溶处理温度升高而增加，但在 700~900℃ 时增长较慢，见图5(a)。合金中的 TIP 随固溶处理时间的延长而增多。图5(b)给出 FGH95 合金在 1120℃ 固溶处理 2h 后 TIP 的孔径分布，其中孔径小于 $1\mu m$ 的占 64%，而大于 $5\mu m$ 的数量很少（约占 1%），在 1120℃固溶处理孔洞已得到充分发展。密度变化约为 0.2%，见图5(a)及图5(b)。

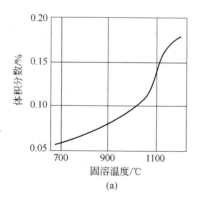
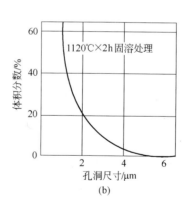

(a)　　　　　　　　　　　(b)

图5　FGH95 合金中诱导孔径的体积分数与孔径分布

（a）热诱导孔洞的体积分数与固溶温度的关系；（b）孔径分布曲线

Fig. 5　Percentage of TIP vs solution temperature（a）and the distribution curve of pore size of TIP（b）

2.2.3　原始颗粒边界碳化物（PPB）

PPB 是粉末高温合金特有的缺陷，它的形成与粉末颗粒表面组织结构和化学成分有关。$30~120\mu m$ 粉末表面俄歇能谱分析表明，粉末表面富集较多的 C、O、Ti 等元素。粉末表面萃取物分析证明，在表面形成溶有氧的碳化物 $Ti(C_{1-x}O_x)$。正因为粉末颗粒表面吸 O_2 和形成 Ti、Cr、Al 的氧化物，同时碳在热等静压过程中与离颗粒表面一定距离的 Ti、Nb 等强碳化物形成元素向表面氧化物核心富集，才会在颗粒边界形成 $(Ti,Nb)C_{1-x}O_x$ 碳化物。原颗粒边界碳化物形态如图 6 所示。

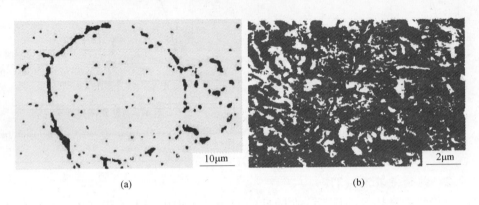

(a)　　　　　　　　　　　　　(b)

图 6　热等静压固结后含有 PPB 碳化物的 FGH95 合金显微组织

Fig. 6　The microstructure contained PPB carbides of FGH95 alloy of consolidation by HIP

对 PPB 析出物的本质及其形成原因曾系统研究过[8,9] 含 $w(C)$ 为 0.087% 的合金，经较低温度（1080℃）热等静压后，在原颗粒边界上形成连续网状碳化物，其覆盖面高达 60% ~70%。电子衍射确定为 MC 型碳化物，电子探针成分分析表明，碳化物中富集 Nb、Ti、Zr、W、Mo 等元素。热等静压时形成的 PPB 碳化物在随后进行 1080℃ ×5h 热处理时不仅不能消除，反而由于碳化物与不稳定的过饱和固溶体的相间反应，使 PPB 更加严重。此时 PPB 碳化物边缘 Ni、Ti、Zr、Mo 等元素含量均比碳化物中心低，而 W 含量则较高。电子衍射表明碳化物边缘有 M_6C、$M_{23}C_6$ 型碳化物形成。

PPB 碳化物的形成对合金性能危害很大，不仅破坏或减弱粉末颗粒间的结合，直接影响合金的强度、塑性和疲劳寿命，而且还可以导致合金在热处理淬火应力作用下发生开裂，裂纹将迅速沿 PPB 碳化物扩展。具有严重 PPB 碳化物的合金中，靠近原粉末颗粒边界的 γ 相晶粒大于颗粒中心的 γ 相，这是由于在热等静压和随后热处理过程中颗粒表面碳化物颗粒尺寸小于颗粒中心的碳化物，它首先发生溶解，失去其阻碍 γ 相晶粒长大的作用，从而产生 γ 相晶粒尺寸的不均匀性。

避免热等静压合金中 PPB 碳化物形成的基本措施是适当降低合金的含碳量，严格防止粉末颗粒表面氧的污染。

热等静压之前结合真空表面去气处理，对松散粉末进行一次预先稳定化处理，使不稳定过饱和 γ 相基体中就地析出化学成分接近平衡的 MC 或 $M_{23}C_6$ 型碳化物，提高粉末颗粒内部组织的均匀性，可有效地减轻热等静压时形成 PPB 碳化物[10]。

热等静压温度的合理选择也是有效控制 PPB 问题的重要因素。实验研究证明，1120℃ 热等静压时，由于温度低于 γ 相的固溶度线，因而会引起粗大 γ′ 相颗粒形成。粗大 γ′ 相连续存在于颗粒边界也是一种 PPB 问题。同样会促进热处理淬火开裂[11]。因此选择稍稍超过 γ′ 相固溶线的温度（FGH95 合金 γ′ 固溶线温度为 1165℃）作为热等静压温度，不但可以减轻 PPB 碳化物严重程度，同时又可防止粗大 γ′ 相颗粒形成，而且不会导致 γ 相晶粒过于粗化。

2.3　FGH95 合金的组织与性能

2.3.1　热等静压后合金的显微组织

热等静压合金的相化学萃取残渣 X 射线衍射分析表明：在 γ 相固溶体上分布有 γ′ 相和 MC 型碳化物，还有微量 M_6C、$M_{23}C_6$、M_3B_2、Laves 相，如图 7 所示。

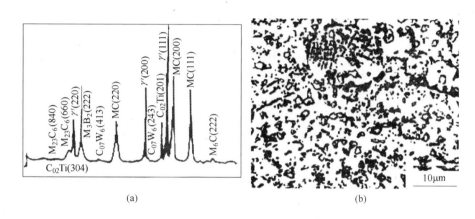

(a)　　　　　　　　　　　　　　　　(b)

图 7　热等静压后合金中存在的相的 X 射线谱和合金显微组织

（a）X 射线谱；（b）合金显微组织

Fig. 7　X-ray diffraction（a）and microstructure（b）of FGH95 alloy by HIP

显微组织中观察到颗粒尺寸不同的 γ′ 相，大 γ′ 相约 2 ~ 4μm 主要分布于晶界。(Nb,Ti)C碳化物则以不连续颗粒状分布在晶内和晶界。可明显看出，局部地区还保存原树枝晶的轮廓和原颗粒边界。合金采用的热等静压温度为 1120℃，稍低于 γ′ 溶解温度，具有粗大树枝晶的粉末颗粒易变形而后发生再结晶。有些细胞状晶粉末颗粒变形量不够，再结晶不充分，原始粉末颗粒中残留冷凝组织。由此可知，热等静压温度的选择应当考虑粉末粒度配比和凝固组织状态。

2.3.2　热等静压后经热处理的合金组织

经 1120℃ × 1h 盐浴（538℃）淬火/空冷 + 870℃ × 1h/空冷 + 650℃ × 24h/空冷处理后，合金的显微组织（图 8）为：在 γ 相基体上分布着 3 种颗粒尺寸不同的 γ′ 相，大 γ′ 相约 2 ~ 3μm，为固溶处理时未溶解的 γ′ 相、在冷却和随后时效过程中继续长大。固溶处理后析出的并在时效后长大的中等尺寸的 γ′ 相约 0.6 ~ 0.8μm，它的数量、形态、分布、尺寸大小对合金的高温强度起主要作用。二次时效析出的细小弥散的 γ′ 相多分布在大、

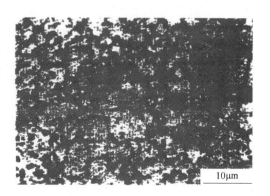

图 8　热等静压经热处理合金显微组织

Fig. 8　Microstructure of heat-treated FGH95 alloy by HIP

中 γ′相中间，它的分布和数量对合金塑性起着重要作用。由此可知，FGH95 合金合理选择热处理制度，尤其是冷却速度，是保证晶粒度和强化相 γ′尺寸恰当配合，进而获得良好综合力学性能的重要因素[12]。

2.3.3 热等静压 + 模锻后合金的显微组织和性能

合金的显微组织如图 9 所示。晶粒均匀而且较细，在 4~10μm 范围内变化，晶界上存在粗大 γ′相，个别尺寸达 4~5μm，晶内主要为中等 γ′相（0.1~1.0μm）和小 γ′相（小于 0.10μm），晶内和晶界都存在碳化物 MC 和 $M_{23}C_6$，说明模锻工艺可以获得晶粒极细的组织。满足对涡轮盘力学性能要求。

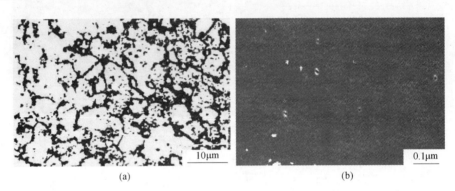

（a） （b）

图 9 热等静压和模锻后合金的显微组织

Fig. 9 Microstructure of after HIP and forging

（a）microstructure；（b）γ′ phase

低周疲劳是粉末高温合金盘件的关键性能，从合金应变振幅和循环断裂周次的关系曲线得知，538℃和650℃总应变范围分别在 0.61%~0.91% 和 0.61%~0.75% 之间时疲劳断裂周次均能满足性能标准要求（即 N'_f > 5000 周次）。低应变范围内疲劳寿命更高。

从疲劳源分析可知，疲劳裂纹往往是在试样表面和近表面夹杂物（如呈堆状的 Al_2O_3、MgO 和 CaO）处萌生，如图 10(a) 所示。裂纹源可以由单一源（点状源）向内部扩展，也

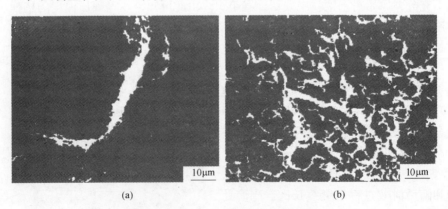

（a） （b）

图 10 合金疲劳源及疲劳断口形貌

Fig. 10 Fractography and source of fatigue of FGH95 alloy

（a）source of fatigue（$\Delta\varepsilon = 0.607\%$，$N_f = 22682$，$T = 538℃$）；

（b）propagation of crack（$\Delta\varepsilon = 0.620\%$，$N_f = 68961$，$T = 538℃$）

可以是多量疲劳源（线状源）呈环状同时向内部扩展。前者属于低应变长寿命，后者属于高应变短寿命。实验表明，夹杂物尺寸在 30～40μm 以上明显影响合金疲劳寿命。

对 538℃ 和 650℃ 疲劳断裂的电镜分析还发现大 γ′ 相具有良好的塑性，大 γ′ 相内布满大量位错和滑移带。可是由于大 γ′ 相与基体不共格，界面上有高密度位错堆积，在裂纹尖端塑性区应力作用下可以萌生裂纹，增加裂纹扩展速率。在图 10(b) 上可以看到裂纹沿粗大 γ′ 相扩展[13]。故设法控制大 γ′ 相尺寸和数量也是提高疲劳寿命重要因素。

2.3.4 热等静压和热挤压后合金组织与性能

采用 −60～+320 目 FGH95 粉末热等静压后再经热挤压变形（1120℃，挤压比 6.5：1），再经 1140℃×1h/538℃ 盐浴淬火 +870℃×1h/空冷 +670℃/24h 空冷的改进热处理，合金的显微组织如图 11 所示，γ 相晶粒已得到再结晶，γ 相基体上分布着三种尺寸不同 γ′ 相，特别明显地表明在 γ′ 相总量基本不变的情况下，改变了 γ′ 相尺寸分布，显著减少了大尺寸（大于 1.0μm）及小尺寸（小于 0.1μm）的 γ′ 相的数量，而显著增多了中等尺寸（0.1～1.0μm）γ′ 相的数量，表 1 给出热处理后 γ′ 相定量统计结果。合金力学性能测定也说明上述组织状态可获得优良持久寿命和低周疲劳性能，尤其是可使合金的塑性明显提高，如表 2 所示。其性能完全可以满足美国 GE 公司的技术规范中的 A 级标准。

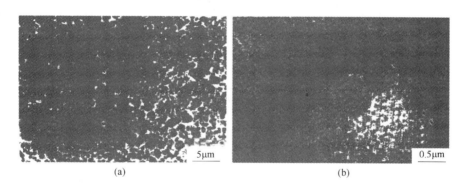

(a)   (b)

图 11　热等静压和热挤压合金经改进的热处理后的显微组织

Fig. 11　The microstructure of HIP + Ext FGH95 alloy with a modified heat treatment

（a）large, middle γ′ phase（SEM）；（b）middle, small γ′ phase（TEM）

表 1　γ′ 相定量统计结果

Table 1　Quantitative analysis of γ′ particles

处理制度	大、中 γ′*				小 γ′*		γ′配比面积百分数之比 大 γ′：中 γ′：小 γ′	γ′配比面积百分数之比 （大 γ′＋中 γ′）/小 γ′	γ′总量面积 /%
	大、中 γ′ 面积/%	大 γ′	中 γ′	平均尺寸 /μm	面积 /%	平均直径 /nm			
HIP	33.67	24.99	75.01	0.723	—		—	—	—
HIP + Ext	21.25	32.81	67.19	0.903	—		—	—	—
HIP + Ext + HT2	17.75	3.42	96.58	0.399	38.69	33.9	1：28.24：63.24	1.22	56.44

注：*表示尺寸在 1μm 以上者为大 γ′，尺寸在 0.1～1.0μm 者为中 γ′，尺寸在 0.1μm 以下者为小 γ′。

表 2　HIP + Ext、−60 目 FGH95 合金力学性能（改进热处理后）

Table 2　Mechanical properties of HIP + Ext、−60mesh FGH95 alloy（modified heat treatment）

热处理工艺	20℃拉伸				650℃拉伸				持久强度650℃，1034MPa			538℃LCF
	$\sigma_{0.2}$ /MPa	σ_b /MPa	δ_{10} /%	φ /%	$\sigma_{0.2}$ /MPa	σ_b /MPa	δ_{10} /%	φ /%	寿命 /h	δ_{10} /%	φ /%	$\Delta\varepsilon_1 = 0.78\%$，0.33Hz，三角波 N_f
HIP + Ext + HT2	1450	1817	15	19.8	1316	1654	10.9	17.0	203.4	3.13	5.55	36575
	1455	1817	—	—	1360	1616	10.0	11.0	214.4	3.70	4.27	61236（未断）
技术范围*	1240	1585	10	12	1150	1426	8	10	50	3.0	—	>5000

注：*表示美国 GE 公司的技术规范(A 级)。

　　经热挤压的合金，不仅强化 γ' 相的分布和尺寸明显改善，同时热等静压中形成的沿原颗粒边界存在的轻度 PPB 也将被挤压变形而破碎，热处理后碳化物的分布将再次发生改变，夹杂物团的尺寸减小，这些都会对合金性能产生有利作用[14,15]。

　　本研究尽管使用的是 −60 ~ +320 目的粉末（雾化粉末的利用率可提高到 75% ~ 80%），却仍旧可以得到性能优良的盘件材料，为制造高性能，低成本涡轮盘提供了良好的工艺制度。

3　结论

　　(1) 适当提高粉末颗粒冷却速度（1×10^4 K/s 以上）即可抑制 Laves 相和 M_3B_2 相析出，又可使共晶碳化物及合金元素偏析减少，明显改善粉末颗粒内部微观组织不均匀性。

　　(2) FGH95 合金在控制好陶瓷夹杂物来源基础上，采用现行工艺制度可满足性能指标要求。

　　(3) 热等静压坯再经热挤压后可获得良好显微组织，采用提高固溶温度和时效温度可使合金组织明显改善，提高高温的拉伸、持久断裂和低周疲劳性能。

参 考 文 献

[1] Development of hot isostatically pressed René95 turbine parts USAAMKDL-TR-76-30，1977，ADAO43688.

[2] ASM Metals Handbook. Vol. 7，Powder Metallurgy. Aerospace Applications. 1984：646.

[3] 胡本芙，李慧英，吴承建，章守华. 镍基高温合金粉末颗粒的凝固组织. 金属学报，1990. 26 (5)：A334.

[4] Hu Benfu，Zhang Shouhua. Carbide phases in Ni-base P/M Superalloy. Journal of University of Science Technology Beijing，1994，1(1-2)：1.

[5] 金开生. 热等静压 + 挤压的 FGH95 合金力学性能研究［硕士论文］. 北京：北京科技大学. 1990：12.

[6] 刘传习，刘慧贞，王盘鑫. René95 和 FGH95 合金中的陶瓷夹杂. 北京钢铁学院学报（粉末高温合金专辑），1987，(2)：110.

[7] 王盘鑫，邹仲元. FGH95 和 René95 合金热诱导孔隙的研究. 北京钢铁学院学报（粉末高温合金专辑），1987，(2)：118.

[8] 李慧英，胡本芙，章守华. 原粉末颗粒边界碳化物的研究. 金属学报，1987，23(2)：B90.

［9］ 胡本芙，李慧英，章守华. 原颗粒边界问题和热处理裂纹形成原因研究. 北京钢铁学院学报，1987，
　　 （2）：97.

［10］ Hu Benfu, Li Huiying, Zhang Shouhua. Stabilization of non-equilibrium carbide in powder superelloy
　　 René95. Acta Metallurgica Sinica（English Edition）Series B，1991，4（6）：433.

［11］ 胡本芙，李慧英，章守华. 粉末高温合金热处理裂纹形成原因的研究. 金属学报，1987，23
　　 （2）：B95.

［12］ 章守华，胡本芙，李慧英，金开生. 镍基粉末高温合金 FGH95 的组织和性能. 北京科技大学学报，
　　 1993，15（1）：1.

［13］ 胡本芙，李慧英，杜晓梅，俞克兰. 粉末高温合金 FGH95 低周疲劳断裂显微组织研究. 粉末冶金
　　 技术，1991，9（1）：8.

［14］ 李慧英，金开生，胡本芙，章守华. 热等静压 + 挤压的 FGH95 合金组织与性能的研究. 北京科技
　　 大学学报，1991，13（增刊）：635.

［15］ 金开生，李慧英，胡本芙，章守华. FGH95 合金热等静压及挤压态夹杂物研究. 北京科技大学学
　　 报，1991，13（增刊）：641.

（原文发表在金属热处理学报，1997，18（3）：28-36.）

水淘析管结构参数对分离 René95 粉末中
陶瓷夹杂的影响[*]

胡本芙　何承群　李慧英

（北京科技大学材料科学与工程系，北京　100083）

摘　要　在运用水淘析法分离 René95 合金粉末中陶瓷夹杂的过程中，作为淘析装置中的关键性部件——淘析管及其结构参数对淘析效果影响甚大。本文分析了两种不同类型的淘析管对淘析效果的影响，一种为淘析直管，另一种为淘析折管。对于淘析直管，选择合适的管径及管中液流出口高度，能够完全分离出陶瓷夹杂，但同时带出部分合金粉末；基于水介质中固体颗粒流动特征的分析，设计出淘析折管；同前者相比，该管同样能够淘析出全部夹杂，同时带出的合金粉末较前者少，更有利于提高淘析效果，但完成淘析的时间延长。

关键词　René95 合金粉末　水淘析法　水淘析管结构参数

The Effect of the Parameters of Water Elutriation Tube Structure
on the Separation of Ceramic Inclusions from
René95 Alloy Powder

Hu Benfu, He Chengqun, Li Huiying

（Department of Material Science and Engineering, University of Science and
Technology Beijing, Beijing, 100083）

ABSTRACT：During the water elutriation process of separating ceramic inclusions from René95 alloy powder, water elutriation tube is the main apparatus and its structural parameters affect the separation result strongly. The effect of two different kinds of water elutriation tubes on the separation result has been analyzed, one is the straight water elutriation tube, the other the bent water elutriation tube. Based on the analysis and experiment, the following conclusions were obtained: For the straight water elutriation tube, providing that the appropriate tube diameter and its place from which water flows out are determined, all the inclusions could be removed, but some of the alloy powder is also elutriated; By observing and analysis the flow pattern of solid particles in water, the bent water elutriation tube was invented. Comparing to the straight water elutriation tube, the new tube can also separate the inclusions completely while the amount of alloy powder elutriated is much reduced. Therefore the new tube is a better apparatus for the water elutriation process and the only defect is that it needs more time to elutriate all the inclusions.

KEYWORDS：René95 alloy powder，water elutriation process，parameter of water elutriation tube structure

PREP（等离子体旋转自耗电极雾化）法制备的 René95 合金粉末经静电分离后，陶瓷夹杂的含量极低（质量分数 10^{-8}%），难以采用普通的物理、化学方法分析粉末中的陶瓷夹杂含量，而采用水淘析法可以将粉末中的陶瓷夹杂分离富集出来，继而进行陶瓷夹杂的含量分析[1,2]。理论和实践都证明，运用水淘析法淘析 René95 合金粉末中的陶瓷夹杂，只要选择合适的水流速，粉末中的夹杂是能够完全淘出的，但同时也带出部分小粒径的合金粉末，如何在保证淘出全部夹杂的同时，尽可能地避免合金粉末的过多淘出，是评价水淘析法可行性的重要依据，本文拟通过水淘析实验，考察水淘析法装置的关键部件——淘析管的结构参数：淘析管结构种类、内径、淘析管液流出口高度对水淘效果的影响。

1 实验方法与步骤

本文采用自行设计的水淘析装置进行实验。淘析装置如图 1 所示，每次取 $-100 \sim +200$ 目清洁 René95 合金粉末 100g，在双筒显微镜下取 10 颗相同粒度级的陶瓷粉末（由陶瓷坩埚破碎、研磨、过目筛分制得）加入上述体系，依实验步骤考察相关淘析管结构参数对淘析效果的影响。

实验步骤按淘析系统空载运行（无粉末的淘析运行以清洗淘析装置）混合合金粉末的分散（无水乙醇浸润混合粉末以降低粉末与水的表面张力）、安放淘

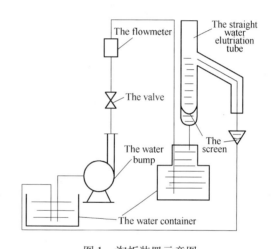

图 1 淘析装置示意图

Fig. 1 Schematic of the water elutriation apparatus

析运行（水流速 0.015m/s）淘析物的收集、检测（双筒显微镜下观察）进行。

2 结果与讨论

2.1 淘析直管管径对淘析效果的影响

水淘析法分离 René95 合金粉末与其中的陶瓷夹杂过程实质是利用 René95 合金粉末与各类陶瓷夹杂的比重差异（René95 为 $8.25 \times 10^3 kg/m^3$，夹杂为 $(2.0 \sim 4.0) \times 10^3 kg/m^3$），在水介质中的自由沉降速度不一样，密度大或粒径尺寸大的颗粒在水流体中沉降速度快。如果以最大比重、最大粒径的陶瓷夹杂的沉降速度作为水流速，即

$$u_{夹杂沉降} \leqslant u_{水流速} < u René95_{沉降}$$

就能够保证其他比重或粒径相对较小的陶瓷夹杂被淘出，事实上在淘析过程中，欲淘出全部夹杂，理论和实践都证明必然要带出部分小粒径的合金粉末。考察管径对淘析效果的影

响，目的就在于确定合适的管径以避免淘出全部夹杂的同时，带出过多的合金粉末。不同管径对淘析效果的影响见表 1。由表 1 可见，对于任一管径的淘析管，其管内均存在一定高度的颗粒悬浮层，管径越小，悬浮层高度越大。由表 1 还可看到，管径过大过小都将带出过多的合金粉末。

表 1　淘析直管管径对淘析效果的影响
Table 1　The effect of the straight water elutriation tube diameter on the elutriating results

Tube diameter/mm	25	50	75
Layer height of particles in suspension/mm	148	120	98
Quantities of inclusions elutriated	10	10	10
Inclusions elutriated/total inclusions/%	100	100	100
Weight of powder elutriated/g	6.8	4.5	5.8
Weight ratio of elutriated/total powder/%	6.8	4.5	5.8

造成上述现象的原因，一是淘析管内的颗粒淘析过程属干扰沉降过程[3]，二是淘析管内液流存在速度梯度[4]。

由于淘析管内的颗粒运动相互干扰，造成颗粒自由沉降速度降低，且淘析管内悬浮层颗粒分布越密集，其相互干扰就越严重，因此，当管径减小，固定悬浮层高度上升，且其中的颗粒分布更为密集，同样悬浮层高度之上的流动的颗粒流中的颗粒分布与管径存在同样的关系，管径越小，流动的颗粒流中的颗粒分布越集中，干扰沉降越严重，实际颗粒沉降速度小于自由沉降速度，因而，如果仅考虑干扰沉降的影响，在水流速度相同的情况下，小管径内的水流将带出更多的合金粉末。

淘析管内的液流在垂直于液流方向的截面内存在速度梯度，管壁处水流速为 0m/s，管中心轴处最大，管径加大，水平均流速不变，则水流速速度梯度变小。这样，在以管轴为中心垂直于液流的较大区域内液流速度较大，该区域内的合金粉末就容易被淘出。

由此可见，管径对淘析效果的影响，本质上是存在着颗粒干扰沉降速度及管内液流速度梯度与管径的依赖关系，管径大小对淘析效果的影响是颗粒干扰沉降速度及管内液流速度梯度相互竞争的结果，管径过大、过小都将带出过多合金粉末。本研究取管径值 ϕ 为 50mm。

2.2　淘析管液流出口高度的确定

由表 1 可见，对于任一管径的淘析直管，均有一固定高度的悬浮颗粒层，在其上的颗粒流随液流高度的上升，颗粒分布逐渐稀疏。因此，液流出口高度应选择在悬浮层之上一定高度处，否则会带出过多的合金粉末。在本研究中，对于管径值 ϕ 为 50mm，水流速为 0.015m/s 的工艺条件，选择液流出口高度为距离淘析管底部 200mm。

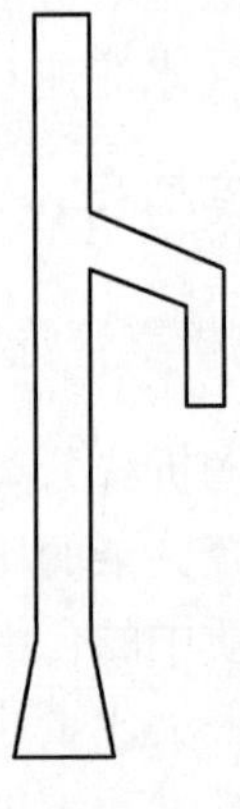

2.3　淘析管结构对淘析效果的影响

为了确保陶瓷夹杂的完全淘出，并克服合金粉末的过多带出，本研究设计了如图 2 所示的淘析折管，其中直管内径仍为

图 2　淘析折管示意图
Fig. 2　Schematic of the bent water elutriation tube

50mm，折管最大内径为 100mm，淘析效果见表 2（加入的陶瓷夹杂均已淘出）。由表 2 可见，淘析折管中液流所带出的合金粉末大为减少，但完成淘析的时间大为增加。

表 2   不同淘析管结构对淘析效果的影响

Table 2   The effect of different water elutriation tube structures on the elutriating results

Water elutriation tube structures	Straight water elutriation tube	Bent water elutriation tube
Weight of powder elutriated/g	4. 5	2. 3
Weight ratio of elutriated/total powder/%	4. 5	2. 3
Time of finishing elutriating/min	10	30

淘析折管同淘析直管相比，由于直管部分并无改变，在相同的水流速下，保证了全部夹杂的淘出。由于折管部分随液流逐渐缩小的管径适应了合金粉末在管中随液流高度的分布情况，减少了淘析管下部颗粒分布集中而产生的沉降干扰，使得合金粉末淘出最为严重的淘析运行初期阶段带出的合金粉末量减少；也由于淘析管下部的较粗管径使得实际水流速下降，使得带出的合金粉末量进一步减少。由于这两方面的联合作用，使得最终淘出的合金粉末数量大为减少。

同时由实验观察及表 2 可见，陶瓷夹杂在淘析折管内的滞留时间变长，使得最终完成淘析的时间延长。这主要是因为，对于淘析直管，内部的液流容易达到稳定流动状态，其中的颗粒或呈静止悬浮态，或呈近直线顺水流运动态；对于淘析折管，内部的液流不易形成稳定流动，尤其是壁面附近的颗粒呈较为复杂的旋涡运动状态，只有当颗粒沿旋涡轨迹运动离开壁面一定距离处，颗粒方由旋涡运动转为近直线顺水流运动或静止悬浮，因此导致完成淘析的时间延长。

3   结论

（1）对于淘析直管，选择适宜的管径和液流出口高度，在实验条件下，能够淘析出全部陶瓷夹杂，并带出少量小粒径的合金粉末。

（2）对于淘析折管，同直管相比，同样能够淘析出全部夹杂，且带出的合金粉末数量更少，但淘析时间延长。

参 考 文 献

[1] Borofka J C, Tien J K. Superalloys, Supercomposites and Superceramics. London：Academic Press, 1989：237.

[2] Jablonski D A. Mater Sci Eng, 1981；48：189.

[3] Wang Z K. The Theory of Chemical Engineering. Beijing：Chemical Industry Press, 1987：100.
  （王志魁. 化工原理. 北京：化学工业出版社, 1987：100. ）

[4] Xing Z W. Foundation of Hydrodynamics. Xi'an：Press of Northwest Institute of Technology, 1992：80
  （邢宗文. 流体力学基础. 西安：西北工业大学出版社, 1992：80. ）

（原文发表在第九届全国高温合金年会论文集；金属学报（增刊 2）,1999,35：S352-S354. ）

FGH95 合金中部分再结晶组织区与淬火裂纹形成机理

胡本芙 何承群 高 庆 李慧英 章守华

（北京科技大学材料科学与工程系，北京 100083）

摘 要 本文着重讨论了粉末高温合金 FGH95 中残留枝晶和热处理淬火裂纹的形成原因和改进方法。实验结果表明，残留枝晶区实质上是一种未完全再结晶组织区，它的形成与冷凝组织遗传性密切相关；淬火裂纹的发生是与合金组织中出现的组织缺陷有关，严格优化工艺参数可以避免淬火裂纹发生。

关键词 再结晶 淬火裂纹 粉末高温合金 凝固

The Formation Mechanism of Partial Recrystalization Zone and Quenching Crack in FGH95 Alloy

Hu Benfu, He Chengqun, Gao Qing, Li Huiying, Zhang Shouhua

（Department of Material Science and Engineering, University of Science and Technology Beijing, Beijing, 100083）

ABSTRACT: The formation reason and improvement of the residual dendrite and the quenching crack in FGH95 alloy have been discussed in this paper. The experimental results show that the residual dendrite zone is a partial recrystallization zone in substance. Its formation reason is interrelated to the heredity of the solidification structure. The formation of the quenching crack is related to the structural defect. These problems may be avoided by optimization the technical parameters.

KEYWORDS: recrystallization, quenching crack, superalloy powder, solidification

粉末冶金方法生产制造的高温合金，因其具备快冷组织结构，热加工性能优良，金属利用率高，大大提高了合金的屈服强度和疲劳性能，降低成本。从 70 年代出现这一项新技术以来，经过将近 30 年的生产和使用，生产工艺及其冶金质量控制日趋完善，用途也在不断扩大，用来制造高推重比飞机的压气机盘、涡轮盘、涡轮轴和涡轮挡板等高温部件得到迅速发展。例如：1972 年美国 GE 公司开始研制 Rene95 合金盘件，已成功地用在军用直升机 T-700 发动机和 F404 发动机涡轮盘并装配在 F/A-18 型喷气机上，1983 年开始研究第二代粉冶 Rene88DT 高温合金，并于 1988 年装配在 GE-80E、CFM-56-5C2 和 GE90 发动机上[1]。

俄罗斯轻合金研究院早在 70 年代就成功研制出了粉冶 ЭП741НП 合金涡轮盘，先后用在 MNT29、MNT31 和 CY27 改进型等先进机种上，进入 80 年代又先后开发 ЭП962П 和 ЭП975П 合金。其他国家如英国的 APK-1、德国的 AP-1、法国的 N18 等合金制造的涡轮盘都已成功地用在高推重比先进飞机上。由上可知，粉末高温合金的研制和生产在世界先进工业国家中的迅速发展，使得国家的综合实力大大提高，在粉冶高温合金领域，美、俄仍处于领先地位。

我国粉末高温合金的研制起步较晚，已开展 FGH95 粉末高温合金涡轮盘的研制，先后引进氩气雾化（AA 法）制粉和等离子体旋转电极（PREP 法）制粉的生产线。在制粉、粉末处理、热等静压、锻造和热处理等工艺方面以及急冷粉末颗粒的凝固和凝固组织、表面化学成分、组织结构和原颗粒边界（PPB）等理论问题上进行了大量的研究工作。

本文将从凝固理论和合金缺陷角度着重研究 FGH95 合金局部残留枝晶组织和淬火裂纹问题。

1　实验及结果

1.1　残留枝晶组织区

我国早期研制的 GH2036 合金涡轮盘曾存在残留枝晶、碳化物偏析、大晶粒三大问题，其他形变高温合金涡轮盘也存在类似组织[2]。

残留枝晶的存在严重影响到材质的低周疲劳和断裂韧性以及裂纹扩展速率，特别是在涡轮盘轮心和轮缘部位，如果存在残留枝晶则严重降低低周疲劳性能和断裂韧性。

由于粉冶高温合金是快冷条件下的凝固组织，碳化物偏析和大晶粒问题可从根本上消除，但残留枝晶问题却与急冷凝固组织密切相关。

1.1.1　FGH95 粉末颗粒凝固组织

图 1(a)、(b) 给出不同尺寸的粉末颗粒的表面组织形貌：较大尺寸的合金粉末（105μm）以树枝晶为主，二次枝晶发达，并出现三次枝晶；而对中等尺寸粉末（80μm）和细小粉末（55μm）出现较多的是胞状晶长大组织，这种凝固组织二次枝晶不发达，胞状晶彼此相互平行、位向差小、成分偏析相对也小。

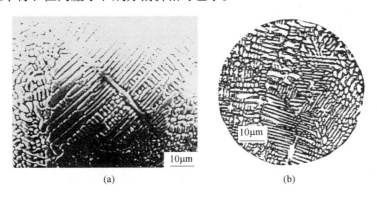

图 1　PREP 法制备的粉末的表面组织

Fig. 1　The surface structures of powders with sizes of 110～147μm (a) and

55～74μm (b) manufactured by PREP

1.1.2　胞状长大晶的微观组织观察

通过化学沉积法，粉末颗粒表面沉积上镍层而固定在铜板上，剥离该镀层后，将其研磨成 0.1mm 薄片进行化学双喷减薄，制成透射电镜观察样品，获得粉末颗粒的胞状长大晶 TEM 像，如图 2(a)所示。尺寸为 74μm 的粉末胞状长大晶除胞界有碳化物析出外，胞内均无析出，表明胞状晶内的固溶体处于过饱和状态。若进行 1000℃/4.5h 热处理发现胞内析出大量细小 γ′ 相和碳化物相(图 2(b))，这充分说明胞状晶的 γ 固溶体过饱和度较大，冷却时析出的细小强化相 γ′ 优先沿着一定方向排列。经 1000℃/4.5h 热处理后，尺寸为 74~80μm 粉末颗粒的胞状长大晶间的碳化物形态，胞晶内碳化物呈颗粒状，而胞壁间碳化物有块状、条状、花朵状等多种形态。经碳化物成分分析表明，大部分 MC 型碳化物为 (Nb,Ti)C，其中条状为富 Mo 的 M_6C 碳化物。

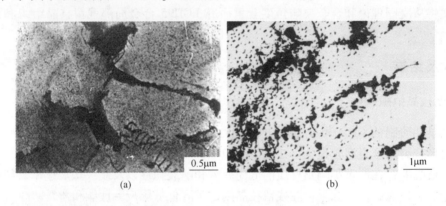

0.5μm	1μm
(a)	(b)

图 2　PREP 法制备的粉末薄晶体内部冷凝组织

Fig. 2　TEM micrographs of the internal solidification structure of powder manufactured by PREP

(a) Cellular structure of internal γ′; (b) MC carbides at the wall of cellular structure

1.1.3　盘坯中残留枝晶区的组织观察

图 3 给出包套模锻盘坯取样后的光学显微组织，可以看出在视场上有两种组织区域，其中有发暗的按一定方向排列的深腐蚀区，还有明亮的布满等轴晶粒的浅腐蚀区，并可以看出深腐蚀区内布满按一定方向排列的 γ′ 相，而浅腐蚀区则是等轴晶粒上分布着 γ′ 相，显然深腐蚀区仍保留着凝固组织特征，即残留枝晶区。

通过 TEM 观察可更清楚看出两区的组织特征，如图 4(a)、(b) 所示。图 4(a) 是两个区之间的组织状态，一边为无畸变的完全再结晶的等轴晶粒，另一边为晶粒细小高畸变的未再结晶组织，位错密度较高，且相互缠绕而成发团，处于高应变状态；图 4(b) 是残留枝晶区微观组织，畸变的小晶粒和已开始部分等轴化的无畸变小晶粒共存，晶粒尺寸大小不均，典型的未完全再结晶状态；还发现完全再结晶的无畸变晶粒（浅腐

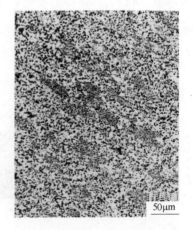

50μm

图 3　标准热处理后残留枝晶

Fig. 3　The micrograph of the residual dendrite after the standard heat treatment

蚀区）内均匀地析出大量细小方形 γ′ 相，这些 γ′ 相是锻造再结晶完成后冷却过程中析出的。

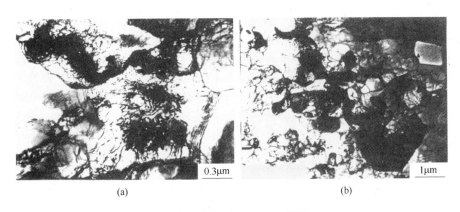

图 4　残余枝晶区 TEM 显微像

Fig. 4　TEM micrographs of the residual dendrite zone （a） and between them （b）

1.1.4　残留枝晶的消除

本实验采用 1150℃、1160℃ 固溶处理、1185℃ +1135℃ 二次固溶处理。在 1150℃ 固溶处理时，残留枝晶区已经大部分消除，γ′ 相分布稀疏，尺寸变大，局部地方清晰地看到正发生再结晶的等轴小晶粒，如图 5(a) 所示；1160℃ 固溶时则完全消除残留枝晶区，如图 5 (b) 所示，不过晶粒尺寸与标准热处理（1140℃ 固溶）相比，晶粒稍有长大，还明显存在未溶碳化物；当 1185℃ +1135℃ 二次固溶处理时，残留枝晶痕迹彻底消除，但晶粒长大约 30 ~40μm，γ′ 相除晶界个别尺寸较大者外晶内 γ′ 相已完全溶解。由此可说明，固溶温度选择与 γ′ 相完全溶解温度相同或稍高些，可以消除残留枝晶区。

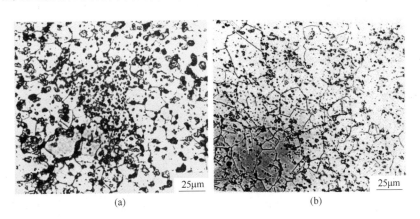

图 5　固溶处理后的合金组织结构

Fig. 5　The micrographs of FGH95 alloy after solid solution

(a) 1150℃/1h；(b) 1160℃/1h

1.2　热处理开裂问题

试验曾发现 φ45mm 柱状试样，固溶冷却后发现表面产生轴向裂纹，并且裂纹一般由表面向纵深径向发展，观察断面裂纹发展情况，并对其微观组织进行分析。

1.2.1　微裂纹诱发热处理淬火裂纹

如图6(a)所示，裂纹沿晶扩展，裂纹周边晶粒尺寸明显偏大，而且 γ′相析出也非常少，出现 γ′相贫化区，这是典型的锻造后微裂纹表面诱发晶粒异常长大现象。由于微裂纹使得部分晶粒暴露表面，使得试样内部由于晶界面积减少而引起总的界面能下降，晶粒之间出现表面能差异，它将提供驱动力克服各种阻力（杂质、第二相等）造成晶粒异常长大，而晶粒长大只有在固溶处理阶段才能发生。由此可推断在包套模锻中形成了微裂纹，在固溶加热时，诱发界面处晶粒异常长大，同时微裂纹附近的 γ′相形成元素 Al、Ti 在高温下氧化而形成 Al、Ti 氧化膜，导致裂纹周边产生贫 Al、Ti 区，固溶冷却时造成裂纹附近贫 γ′相区存在。

1.2.2　大尺寸 γ′相边界诱发热处理淬火裂纹

图6(b)发现另一种裂纹，其特征是裂纹周围的晶粒尺寸以及 γ′相析出分布情况与无开裂区是相同的，裂纹是沿着个别大 γ′相边界形成和扩展的。这些大 γ′相是在热等静压时长大，锻造和热处理后未溶解保留在晶界的。这种裂纹显然在固溶处理时并不存在，而是在淬火冷却过程中萌生扩展的。关于大 γ′相可导致裂纹萌生扩展是因为大尺寸 γ′相周围存

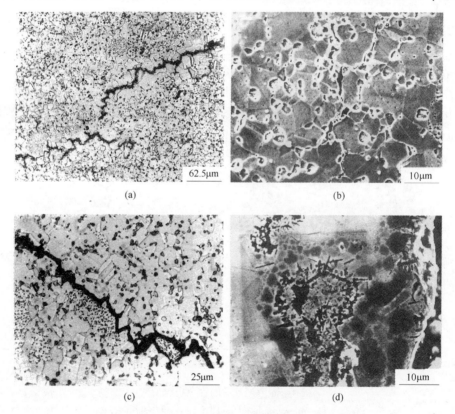

(a)　　　　　　　　　　　(b)

(c)　　　　　　　　　　　(d)

图6　不同种类的淬火裂纹

Fig. 6　Different kinds of quenching crack

(a) Quenching crack induced by microcrack；(b) Quenching crack induced by γ′ phase boundary；

(c) Quenching crack induced by the residual dendrite boundary；

(d) Quenching crack induced stacking inclusions

在 Al、Ti 贫化区，易发生内氧化，消耗粉末中残留的氧或热处理过程中吸收氧而使 γ' 相周围区域生成氧化膜（$NiCr_2O_4$）[3]，在淬火冷却过程中由于氧化膜与 γ' 相热膨胀系数不一致，致使这些区域成为裂纹源，沿晶界择优扩展，最后导致开裂。

1.2.3　沿残留枝晶区界面诱发热处理淬火裂纹

图 6(c) 给出固溶处理后形成的裂纹沿着残留枝晶区扩展。这是由于残留枝晶边界两侧处在不同应力状态：一侧是高密度位错和未再结晶的畸变晶粒，处于应变能高的应力状态；另一侧是已完全再结晶由等轴无畸变晶粒组成，无应变状态。两种不同应力状态的界面在固溶冷却时必然易造成组织应力差异，成为裂纹萌生和裂纹择优扩展的途径。

1.2.4　夹杂物诱发热处理淬火裂纹

过大尺寸夹杂物或小夹杂堆积的区域由于夹杂物热膨胀系数、弹性模量均与基体不同，将在夹杂物界面处引起应力集中，成为裂纹源或裂纹扩展择优路径，图 6(d) 就是这种类型夹杂物造成的淬火裂纹。

2　分析与讨论

2.1　关于部分再结晶区

从实验结果得知：所谓残留枝晶区实质上是一种部分再结晶组织区，它的形成原因与 PREP 法雾化粉末的冷凝组织形成过程有关。PREP 雾化法制备的粉末形成是由熔体膜化→液膜初始破碎成细长杆状液滴→液滴二次破碎和冷凝三个阶段组成，正是由于存在液滴的二次破碎过程，使得与氩气雾化相比，PREP 法制备的粉末粒度级范围集中（如：$50 \sim 150\mu m$ 粒度范围，氩气雾化法收得率为 46.6%，而 PREP 法的收得率为 85.3%）。而最终粉末中的组织结构由熔滴大小控制，经计算二次破碎后的熔滴冷凝成 FGH95 合金粉末时的冷却速度 $\dot{T}$ 可达 $10^4℃/s$，G/R（固-液前沿温度梯度/长大速度）值为 $2.58 \times 10^{-2}℃ \cdot s/\mu m^2$，从 $\dot{T}$、G、R 之间关系（见图 7）可知[4]，此时组织中出现具有同一取向的胞状长大

晶，导致 PREP 法制备的 FGH95 合金粉末中胞状长大晶的组织比例增大。该组织由于胞与胞之间位向差及成分偏析相差小，即位相梯度和浓度梯度减少，这样在后续的形变后再结晶过程中，发生再结晶就相对树枝晶困难得多。

其次胞状晶中 γ 相固溶体饱和度较大，易析出大量带有一定方向排列的细小 γ' 相和碳化物相，阻碍新晶核长大，从而阻碍再结晶过程。

所以盘坯中形成的部分再结晶区是与粉末颗粒的原始冷凝组织密切相关，如果后续工艺参数控制不当，使合金中存在较多未完全再结晶区，导致热处理后晶粒不均匀性增大，影响合金高温持久强度和断裂韧性的稳

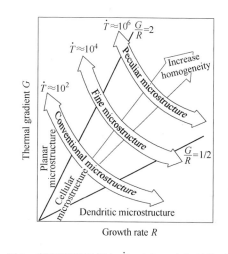

图 7　凝固显微组织与 $\dot{T}$、G 和 R 之间的关系

Fig. 7　Relationships between solidification structure and $\dot{T}$, G and R

定性。

2.2　缺陷与淬火开裂

粉末高温合金具有优良的工艺性能，淬火裂纹的发生并不是合金的固有性质带来的，而且是可以避免的。大量实验说明，淬火裂纹的发生往往与合金中的组织缺陷密切相关，前期工作[3]曾报道淬火裂纹是由于合金中存在 PPB 造成的，本实验又表明淬火裂纹的萌生扩展与锻造微裂纹、部分再结晶组织区、大尺寸 γ' 相、堆积状夹杂物等组织缺陷有关，所以严格优选各工艺参数无疑是避免淬火裂纹发生的关键，特别是：

（1）合理调整加工形变量和加工温度的均匀性是有利于消除部分再结晶组织区；

（2）适当提高 HIP 温度，减少大尺寸 γ' 相量；

（3）合理控制淬火介质冷却速度，一般以 3.6℃/s 为宜[5]，若盐浴温度低于 580℃ 以下，冷却速度相当于 78℃/s，这样冷却速度过大造成夹杂物与合金间热膨胀系数的失配，使夹杂物附近形成强的应力集中，导致裂纹沿夹杂物边界萌生、传播。

3　结论

（1）涡轮盘件中残留枝晶区即部分再结晶组织区的形成与 PREP 法雾化粉末的冷凝组织胞状长大晶组织比例增大有关，采用合适的锻造工艺和热处理固溶处理工艺可以消除它。

（2）锻造后微裂纹、热等静压时长大的且经锻造和热处理后未溶解保留在晶界的大 γ' 相、部分再结晶组织区以及夹杂物均能诱发热处理淬火裂纹，通过优选各工艺参数，消除组织缺陷可以避免淬火裂纹地产生。

致谢

钢铁研究总院粉末高温合金盘件组提供试材，并得到联合专题组成员的大力帮助和支持，一并表示感谢。

参 考 文 献

[1] ASM. Metals Handbook. Vol. 7. Powder Metallurgy, Aerospace Applications, 1984: 646.

[2] Shi C X. Forty Years of Superalloy in China. Beijing: Metallurgical Industry Press, 1996, 65: 114.
　　师昌绪编. 中国高温合金四十年. 北京：冶金工业出版社，1996，65：144.

[3] Hu Benfu, et al. Acta Metall Sin, 1991, 4(2): 97.

[4] Smugeresky. T E. Metall. Trans, 1982, 9: 1535.

[5] Translated by Zhou G G et al. Structure and Properties of PM Ni-Base Alloy. Aeronautical Material Research Institute, Beijing, 1995.
　　周光垓等译. 粉末镍基合金的组织与性能. 北京航空材料研究所，1995.

（原文发表在第九届全国高温合金年会论文集；金属学报（增刊 2），1999，35：S363-S367.）

分离 FGH95 合金粉末中陶瓷夹杂物的水淘析法有效性分析

胡本芙　余泉茂　何承群　李慧英

（北京科技大学材料科学与工程学院，北京　100083）

摘　要　通过对水淘析法的原理分析，运用流体力学中的摩擦数群法确定了以陶瓷夹杂物在水中的沉降速度来确定水流速度，及在确定的水流速度下，所能淘析出的 FGH95 合金粉末的最大尺寸；并以比较淘析出的 FGH95 合金粉末的实际最大尺寸与理论最大尺寸，考察了水淘析法分离 FGH95 合金粉末中的陶瓷夹杂的有效性。

关键词　FGH95 合金粉末　陶瓷夹杂　水淘析　摩擦数群法

Analysis of Efficient During Water Elutriation Process of Separating Ceramic Inclusions from FGH95 Alloy Powder

Hu Ben-fu, Yu Quan-mao, He Cheng-qun, Li Hui-ying

（School of Materials Science and Engineering,
University of Science and Technology Beijing, Beijing, 100083）

ABSTRACT：The principle of water elutriation process was discussed. The water flowing velocity was calculated by ceramic dropping velocity in the water by means of the frictional numeral groups method, and the maximum size of FGH95 alloy powder elutriated was determined under certain water flowing velocity. In order to justify the efficiency during the water elutriation process of separating ceramic inclusions from FGH95 alloy powder, the maximum theoretical and experimental size of FGH95 powder elutriated was compared at different water flowing velocity.

KEYWORDS：FGH95 alloy powder, ceramic inclusions, water elutriation, frictional numeral groups method

　　FGH95 是一种高合金化的 γ' 相沉淀强化型镍基高温合金，是制造高推重比、高效率发动机的压气机盘、涡轮盘和其他高温航空部件（如涡轮轴、涡轮挡环、高温密封件、冷却板）的优良材料[1,2]。合金中存在的各种陶瓷夹杂是导致合金断裂的重大缺陷[3,4]。在对合金粉末的制备、处理上采取了相应措施之后，最终所得的粉末中夹杂含量很低[5]，难以采用普通的物理、化学分析方法进行测定。而在考察减少夹杂数量及其尺寸的措施和制定相应的夹杂容限标准时，往往需要夹杂数量和尺寸的绝对数据[6,7]。国外研究机构注意到高温合金中各类陶瓷夹杂的密度大大低于粉末高温合金的密度，借鉴了化工、矿冶分析中的非均相物系分离法——重力沉降法，建立了专门的水淘析沉降装置，以分离粉末高温合金中的陶瓷夹杂并检测其含量[6]。

对于水淘析法的有效性，一般工作往往通过在合金粉末中人工掺杂一定数目同合金粉末处于相同尺寸范围内的陶瓷夹杂，通过淘析物中陶瓷夹杂的数目与掺杂的数目的差异来确定水淘析法的有效性[7]。由于合金粉末的尺寸较小，很难精确计数人工掺杂的陶瓷夹杂，使该方法的应用受到限制。

作者通过对水淘析法原理的分析，得到控制水淘析法中的关键工艺参数——水流速，并通过比较淘析出的合金粉末尺寸与计算值之间的差异考察水淘析的有效性，以此完善水淘析法，使之成为检测、分析我国正在发展的粉末高温合金中的夹杂含量的有效工具。

1 水淘析原理

1.1 合金粉末及陶瓷夹杂颗粒在水中的受力分析

分离 FGH95 合金粉末中陶瓷夹杂的水淘析法装置原理图如图 1 所示。其实质是利用各分散物质（FGH95 合金粉末、各类陶瓷夹杂）的密度差异，在流体介质水中发生相对运动而分离的过程。

假设分散物质均为球形颗粒，并假设流体介质水静止，颗粒作沉降，则球形颗粒在流体介质水中的受力及运动情况如图 2 所示。依据牛顿第二定律及最终颗粒在流体水中保持受力平衡，则最终颗粒的沉降速度为

$$v_G = \left[4gd(\rho_S - \rho)/(3\rho\xi) \right]^{1/2} \tag{1}$$

式中 v_G——颗粒沉降速度；

g——重力加速度；

d——球形颗粒粒径；

ρ_S——颗粒密度；

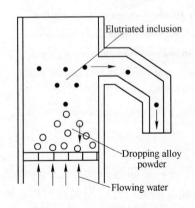

图 1　水淘析法装置示意图

Fig. 1　Schematic of water

elutriation apparatus

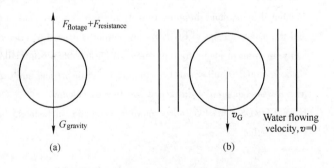

图 2　水中颗粒的受力分析及运动状况

Fig. 2　Analyzing forces on particle and

motive state of particle in water

（a）Analyzing forces on sphere particle in water;

（b）Dropping particle in motionless water

　　ρ——流体介质水的密度；

　　ξ——阻力系数。

　　很显然，在阻力系数相同的条件下，颗粒沉降速度由颗粒密度和球形颗粒粒径决定，颗粒密度和球形颗粒粒径大的优先沉降。

1.2　淘析过程中流体介质与颗粒的相对运动关系

　　由于颗粒沉降速度 v_G 表示颗粒与流体介质水之间的相对速度，因此颗粒在静止不动的流体介质水中的运动，可以通过改变流体介质水的运动状态（静止或运动）及其运动速度的大小而等效为：流体介质水运动而颗粒静止[图 3(a)]或者二者逆向运动[图 3(b)]或者二者同向运动但存在速度差异[图 3(c)]。实现上述颗粒与流体介质水相对运动关系的关键是选择适宜的水流速度 v：在图 3(a)中，$v = v_G$；在图 3(b)中，$v < v_G$；图 3(c)中，$v > v_G$。

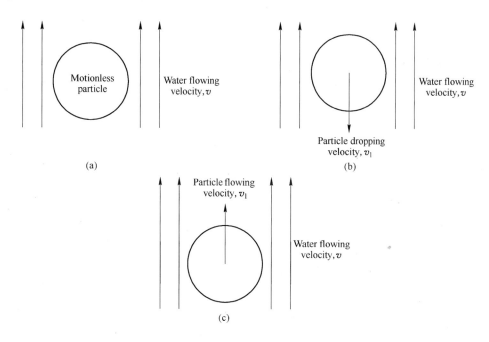

图 3　水流速度的差异导致颗粒与水发生相对运动状态的改变

Fig. 3　Changes of relative movement position between particle and
water induced by different water flowing velocity

（a）$v = v_G$；（b）$v_G = v_1 + v$；（c）$v_G = v - v_1$

　　当尺寸相近的 FGH95 合金粉末与夹杂共存时，由式（1）可知，密度较大的合金粉末的沉降速度 v'_G 大于密度较小的夹杂的沉降速度 v''_G。因此在图 1 所示的结构装置中，选择适宜的水流速度 v，使得

$$v'_G > v > v''_G$$

即可实现合金粉末与流体介质水发生如图 3(b)、夹杂与流体介质水发生如图 3(c)的运动关系；这样就可以实现合金粉末与陶瓷的成功分离。

1.3　淘析水流速度 v 的确定

在实际水淘析过程中，所要淘析的 FGH95 合金粉末与夹杂往往处于某一尺寸范围之内，并有几类不同密度的夹杂颗粒（Al_2O_3、MgO、CaO、SiO_2 等）共存。由式（1）及图 3(c) 不难分析，当以最大密度、最大尺寸夹杂的沉降速度作为水流速度，则所有夹杂颗粒都将淘析出。

在式（1）中，由于阻力系数 ξ 是颗粒沉降速度 v_G 的不确定函数，即 $\xi = f(v_G)$ 在不同的流型下（滞流、湍流、过渡情况），$f(v_G)$ 的形式不一样，而颗粒与流体间的运动流型是由雷诺数 Re 决定的，雷诺数

$$Re = dv_G\rho/\mu \tag{2}$$

式中，μ 为流体黏度。

当 $1 \times 10^{-4} < Re < 1$（滞留区）：

$$\xi = 24/Re \tag{3}$$

当 $1 < Re < 1 \times 10^3$（过渡区）：

$$\xi = 18.5/Re^{0.6} \tag{4}$$

当 $1 \times 10^3 < Re < 1 \times 10^5$（湍流区）：

$$\xi = 0.44 \tag{5}$$

这样，从理论上分析，运用上述公式是能够确定沉降速度 v_G 的，但是必须采用试差法，即先假定颗粒与流体间为一确定的流型（如滞流），联立式（1）、式（2）和式（3）可得沉降速度 v_G，而后将沉降速度 v_G 代入公式（2）反算雷诺数 Re，如雷诺数 Re 在设定的流型范围内（滞流区），则假定有效，否则需重新试差。

在确定沉降速度 v_G 时，国内外文献报道均采用 Stokes 公式（即联立公式（1）、式（2）和式（3）的结果），由上述分析，是存在偏颇之处的[6,7]。

为避免繁琐的试差法确定沉降速度 v_G，可利用避免试差的摩擦数群法求解沉降速度 v_G，由公式（1）得

$$\xi = 4d(\rho_s - \rho)g/(3v_G^2\rho) \tag{6}$$

联立式（2），消去 v_G 项，得

$$\xi Re^2 = 4d^3\rho(\rho_s - \rho)g/(3\mu^2) \tag{7}$$

再将 $\mu = 1.0 \times 10^{-3} N \cdot s/m^2$，$\rho(H_2O) = 1.0 \times 10^3 kg/m^3$ 及夹杂物中最大密度的 $\rho(Al_2O_3) = 4.0 \times 10^3 kg/m^3$ 代入得

$$\xi Re^2 = 4 \times 10^{-5} \times d^3 \tag{8}$$

该关系示于图 4。

在图 4 中，可由夹杂物尺寸 d 确定 ξRe^2，再利用图 5[8] 中的 $\xi Re^2\text{-}Re$ 关系确定由夹杂尺寸决定的 Re 值，并将有关数据代入式（2）得

$$v_G = Re/d \tag{9}$$

式中　v_G——最大密度、最大尺寸的夹杂物的沉降速度，m/s；

d——夹杂物尺寸，μm。

令 $v = v_{\mathrm{G}}$，这样就确定了淘析一定尺寸范围内合金粉末中的陶瓷夹杂所需的水流速。

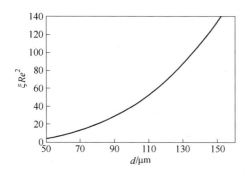 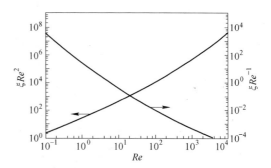

图4　$\xi Re^2 - d$ 关系曲线
Fig. 4　Curve of ξRe^2 vs d

图5　$\xi Re^2 - Re$ 及 $\xi Re^{-1} - Re$ 关系曲线
Fig. 5　Curves of ξRe^2 vs Re and ξRe^{-1} vs Re

1.4　淘析出的合金粉末最大尺寸的确定

当由最大密度、最大尺寸的夹杂物沉降速度 v_{G} 确定为水流速度 v 之后，尽管与夹杂尺寸相当的合金粉末由于密度大（$8.25 \times 10^3 \mathrm{kg/m}^3$），由式（1）合金粉末的沉降速度 $v'_{\mathrm{G}} > v$，不会发生如图3(c)的淘出。但由式（1）小尺寸合金粉末的沉降速度 v'_{G} 较小，当 $v'_{\mathrm{G}} < v$，则小尺寸合金粉末将随同夹杂一起淘出。

仿前分析，采用类似的方法，联立公式（5）与式（1），消去 d 项得

$$\xi Re^{-1} = 4\mu(\rho_{\mathrm{s}} - \rho)g/(3v^3\rho^2) \tag{10}$$

式中，ρ_{s} 为合金粉末的密度；v 为数值上等于最大尺寸、最大密度夹杂的沉降速度 v_{G}。

将有关数据代入得

$$\xi Re^{-1} = 9.7 \times 10^{-5} \times v^{-3} \tag{11}$$

该关系示于图6。

图6的用途：已知水流速度 v，由图6确定 ξRe^{-1}；再利用图5中 ξRe^{-1}-Re 关系读出合金粉末尺寸决定的 Re 值，由公式（2），并将有关数据代入得

$$d' = Re/v \tag{12}$$

式中　　d'——淘析出的合金粉末的最大尺寸，μm。

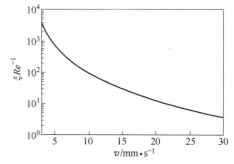

图6　$\xi Re^{-1} - v$ 关系曲线
Fig. 6　Curve of ξRe^{-1} vs v

这样，当水流速为 v，尺寸小于 d' 的合金粉末将随同夹杂一起淘出。

2　水淘析法的有效性检验

由于夹杂多为不规则状，很难确定其实际尺寸[4~7]，而 FGH95 合金粉末多呈球状，尺寸易于测量。因此可以比较不同水流速淘析出的实际合金粉末的尺寸，考察水淘析法的

有效性。

这样，利用图4、图5及式（9），在已知夹杂尺寸 d 的情况下，确定水淘析流速 v；利用图5、图6及式（12），在已确定的淘析水流速 v 下，确定出所能淘析的合金粉末的最大尺寸 d'。如果实际淘出的合金粉末尺寸 $d'' \geqslant d'$，表明水淘析法可靠。这里分别以不同尺寸 d 的 Al_2O_3（各种夹杂物中，以 Al_2O_3 的密度最大）确定水流速度 v，并计算各水流速度 v 下所能淘出合金粉末的最大尺寸 d'，计算结果见表1。各水流速度 v 下所能淘出合金粉末的最大实际尺寸 d'' 如图7所示。

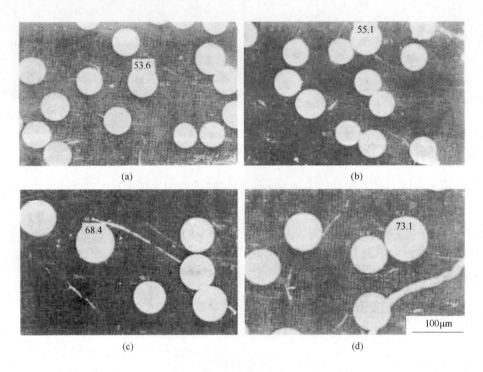

图7 不同水流速度淘出的最大合金粉末尺寸

Fig. 7 Maximum experimental size of FGH95 powder elutriated at different water flowing velocity

(a) $v = 0.0096\text{m/s}$；(b) $v = 0.0100\text{m/s}$；(c) $v = 0.0142\text{m/s}$；(d) $v = 0.0160\text{m/s}$

表1 不同夹杂物尺寸确定的理论水流速度及该水流速度所淘出的合金粉末的理论最大尺寸

Table 1 Maximum theoretical size of FGH95 powder elutriated at different water flowing velocity determined by different size of inclusion

Selected size of inclusion d /μm	ξRe^2 Determined by Fig. 4	Re (inclusion) Determined by Fig. 5	$v/\text{m} \cdot \text{s}^{-1}$ Calculated by formula (9)	ξRe^{-1} Determined by Fig. 6	Re (alloy powder) Determined by Fig. 5	$d'/\mu\text{m}$ Calculated by formula (12)
80	20.48	0.77	0.0096	111.5	0.48	50.00
90	29.16	1.05	0.0100	94.4	0.51	51.0
100	40.00	1.42	0.0142	34.0	0.92	64.0
110	53.24	1.81	0.0160	23.0	1.13	70.6

对比表 1 中理论值，可以发现不同水流速淘析出的合金粉末实际最大尺寸均大于理论值。在前述理论分析中，实际上是假设颗粒在流体中作"自由沉降"，即每个颗粒的运动并未受到其他颗粒的干扰；而在实际的沉降过程中，每个颗粒的运动还受到其他颗粒的影响，即属于干扰沉降。因此图 1 中的流动阻力 $F_{流动阻力}$ 更大，即式（1）中的阻力系数 ξ 更大，使较大合金粉末的沉降速度 v'_G 变小，若该较大粉末沉降速度 v'_G 小于水流速度 v，即会发生较大尺寸的合金粉末同时被淘出。

此外表 1 中的水流速度值均为淘析管内的平均值。事实上在垂直于水流方向的管截面上，由于管内的水流方式仍为黏性流动，在管壁与管轴之间存在水流速度梯度，管轴处水流速度最大，管壁处最小。这样，在以管轴为中心线的一定区域内的水流速度 v' 大于平均水流速度 v，且 v' 大于较大尺寸的合金粉末的沉降速度 v'_G。因此在该区域内，会发生部分超出理论计算值的较大尺寸的合金粉末的淘出。

这样，在确定的水流速度下，由淘析出的实际合金粉末尺寸 d'' 大于计算合金粉末尺寸 d'，亦即证明以最大尺寸、最大密度的夹杂在水中的沉降速度作为水淘析中的水流速度，可以确保所有夹杂的淘出。

3 结论

（1）采用摩擦数群法，确定了数群 ξRe^2 与夹杂尺寸 d 的关系，并作出 ξRe^2-d 关系曲线，结合 ξRe^2-Re 关系图及式（9），可以由夹杂尺寸 d 来确定水淘析过程中的理论水流速度 v；在理论水流速度 v 确定之后，利用数群 ξRe^{-1} 与水流速度 v 的关系曲线，结合 ξRe^{-1}-Re 关系图及式（12），可以确定特定水流速度下能淘出的合金粉末的理论最大尺寸 d'。

（2）鉴于人工掺杂陶瓷夹杂计数上的困难及夹杂物的不规则形状，采用通过比较不同水流速度淘析出的 FGH95 合金粉末的实际最大尺寸与理论最大尺寸之间的差异考察水淘析法的有效性。结果表明所淘析出的合金粉末的尺寸 d'' 均大于合金粉末的计算值 d'，即为保证淘析出合金粉末中的所有陶瓷夹杂物，以最大尺寸、最大密度的夹杂物在水中的沉降速度作为水淘析速度是完全有效的。

参 考 文 献

［1］汪武祥，周瑞发．René95 粉末高温合金的缺陷与粉末盘的可靠性［A］．René95 粉末高温合金论文集［C］．北京：北京航空材料研究所，1990：16-23.
WANG Wu-xiang, ZHOU Rui-fa. The defects of René95 P/M disk alloy and the dependability of P/M disk ［A］. Symposiun on René95 P/M Disk Alloy［C］. Beijing：Beijing Academy of Aeronautic Material. 1990：16-23.

［2］杨士仲，李力．粉末冶金高温合金［A］．高温合金四十年［C］．北京：冶金工业出版社，1996：65-72.
YANG Shi-zhong, LI Li. The P/M alloy［A］. The Forty Years on High Temperature Alloy［C］. Beijing：Metallurgic Industrial Press, 1996：65-72.

［3］Menon M N, Reimann W H. Low-cycle fatigue-crack initiation study in René95［J］. Journal of Materials Science, 1975, 10：1571-1581.

［4］Hyzak J M, Bernstein I M. The effect of defects on the fatigue crack initiation process in two P/M superalloys：Part Ⅰ-fatigue origins［J］. Metallurgical Transactions A, 1982, 13A：33-43.

[5] Uskokovic D P. Synthesis of advanced materials by powder processing[J]. Materials Science Forum, 1996, 214: 189-196.

[6] Janine, Borofka C, Tien K J. Superalloys, Supercomposites and Superceramics[M]. Academic Press, Inc: 1989. 237-284.

[7] 王盘鑫. René95 合金粉末中陶瓷夹杂的分析[J]. 北京钢铁学院学报, 1987（粉末高温合金专辑）: 59-66.

WANG P X. The analysis of ceramic inclusions in René95 alloy powder and FGH95 alloy powder[J]. Journal of Beijing Institute of Iron and Steel, 1987（special of P/M alloy）: 59-66.

[8] 天津大学化工系. 化工原理[M]. 天津: 天津科技出版社, 1983: 155-158.

Department of Chemistry of Tianjin University. The Chemical Principle[M]. Tianjin: Tianjin Science & Technology Press, 1983: 155-158.

（原文发表在中国有色金属学报，2002，12(5): 950-955.）

等离子旋转电极雾化 FGH95 高温合金原始粉末颗粒中碳化物的研究

胡本芙[①]　陈焕铭[①,②]　李慧英[①]　宋　铎[①]

（①北京科技大学材料科学与工程学院，北京　100083；
②宁夏大学物理与电气信息工程学院，银川　750021）

摘　要　利用扫描电镜（SEM）和透射电镜（TEM）对等离子旋转电极雾化（PREP）FGH95 高温合金原始粉末颗粒中的碳化物进行研究，并分析了 PREP FGH95 合金原始粉末颗粒中碳化物在凝固过程中的形成机理，结果表明：粉末颗粒内部中存在 MC′ 型碳化物及微量 Laves 相和 M_3B_2 相，MC′ 型碳化物形态有块状、条状、花朵状、草书状，粉末颗粒的冷却速率以及已凝固基体在枝晶间所产生的内应力，是导致粉末颗粒中 MC′ 型碳化物形态多样、复杂的一个重要原因。

关键词　FGH95 高温合金粉末　碳化物　等离子旋转电极工艺

Reasearch on the Carbides in FGH95 Superalloy Powders Prepared by PREP during Solidification

Hu Benfu[①], Chen Huanming[①,②], Li Hui-ying[①], Song Duo[①]

（①University of Science & Technology Beijing, Beijing, 100083；
②Ningxia University, Yinchuan, 750021）

ABSTRACT：In order to understand the relation between microstructure of superalloy powders and its solidification progress during plasma rotating electrode processing（PREP）, the precipitates of carbide in FGH95 powders prepared through PREP were researched by using SEM and TEM, and the precipitating mechanism of carbides in the original powders during solidification was discussed. The results show that there are some MC′ type carbides which morphologies appear as regular, strip-like, dendrite and cursive hand-like shapes, in the original powders of PREP FGH95, and there are also a few Laves and M_3B_2 phases in the original powders. The reasons caused the MC′ type carbides appearing complicated are the cooling rate of droplets and the stress generated in the solidified matrix during solidification.

KEYWORDS：FGH95 superalloy powders, carbides, plasma rotating electrode processing

采用粉末高温合金制造高性能的涡轮盘比传统铸造和变形工艺来说具有很大优越性，所以粉末涡轮盘的制造和应用得到迅速发展。同制备 René95 预合金粉末的氩气雾化

（AA）工艺相比，等离子旋转电极（PREP）离心雾化工艺由于避免了陶瓷坩埚的使用，大大减少了异相陶瓷夹杂的污染，同时成本相对较低，因此应用范围逐渐扩大，其关键在于能够制造出低碳、低氧、晶粒细小、无粗大偏析的原始粉末颗粒[1~3]。不同制粉工艺生产的原始粉末颗粒在凝固过程中析出碳化物的形态、数量对热等静压后合金时效过程中晶界二次碳化物的析出、晶粒长大，以及利用碳化物反应来发展晶界 γ' 相等都有影响[4]，从而最终影响合金的强度和韧性相结合的综合性能及组织稳定性。本工作利用扫描电镜（SEM）和透射电镜（TEM）对 PREP 法生产的 FGH95 原始粉末颗粒在凝固过程中的碳化物析出相特征进行研究，并分析了 PREP FGH95 高温合金原始粉末中碳化物在凝固过程中的形成机理。

1　实验方法

通过筛分选取不同粒度级的等离子旋转电极雾化（Plasma Rotating Electrode Processing）FGH95 合金粉末颗粒作为研究对象，化学成分见表 1。用于 XRD 分析的萃取粉末残渣化学腐蚀液为 5% ~ 10% 的硫酸水溶液，扫描电镜（型号为 S-250MK3）试样制备采用化学沉积镍固定粉末的方法将粉末镶嵌在铜板上，然后用砂纸打磨并抛光，侵蚀剂溶液成分为 $CuCl_2(5g) + HCl(100mL) + $ 酒精$(100mL)$，侵蚀 2min。用于透射电镜（型号为 H-800）观察的试样采用一级碳萃取复型技术。

表 1　实验用合金粉末化学成分（质量分数/%）

Table 1　The chemical compositions of FGH95 powder（mass fraction, %）

材料元素	C	Cr	Co	Mo	W	Nb	Al	Ti	B	Zr	Ni
PREP 粉	0.073	12.24	8.47	3.61	3.42	3.40	3.51	2.56	0.009	0.046	Bal.

2　实验结果

图 1(a) 为原始 PREP FGH95 粉末颗粒析出相形态与分布，图 1(b) 为对原始松散的粉末颗粒利用化学腐蚀的方法萃取残渣，然后对残渣进行 X 射线物相分析的结果，可以看出：原始粉末颗粒中析出相主要分布在树枝晶间或长大的胞状晶间，呈连续状或颗粒状分布，见图 1(a)，在原始松散的 PREP FGH95 粉末颗粒中存在 MC 型碳化物及微量 Laves 相

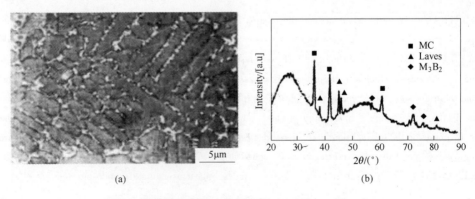

图 1　原始粉末颗粒中的析出相 $(-110 \sim +80\mu m)$

Fig. 1　Precipitates in PREP FGH95 powders $(-110 \sim +80\mu m)$

(a) Morphology (SEM); (b) X-ray diffraction

（Co_2Nb）和 M_3B_2 相 [（Nb_2Cr）$_3B_2$]，见图 1（b）。

　　图 2 为利用一级碳萃取复型实验技术，获得的不同粒度级粉末颗粒内部析出相分布形态，从中可以看出不同粒度级的粉末颗粒中析出相有明显的差异。对于较大粒度的粉末颗粒（$-147 \sim +110\mu m$），析出相主要分布于枝晶间，形态有块状 [图 3（a）]、条状 [图 3（b）]、花朵状 [图 3（c）]，较少出现其他形态。对于较小粒度的粉末颗粒（$-74 \sim +55\mu m$），析出相主要分布于枝晶间，但在晶轴上也发现有少量规则块状 MC 型碳化物，且成分中富含 Ti，形状以条状 [图 4（a）]、草书状 [图 4（b）]、花朵状 [图 4（c）] 为主，块状的较少，并且有部分草书状、花朵状碳化物聚集见图 4（c），形态趋于复杂。

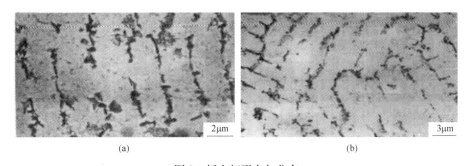

(a)　　　　　　　　　　　　　　(b)

图 2　析出相形态与分布
Fig. 2　Morphology of precipitates in PREP FGH95 powders
（a）$-147 \sim +110\mu m$；（b）$-74 \sim +55\mu m$

　　图 3 是粒度级为 $-147 \sim +110\mu m$ 原始粉末颗粒中规则块状、条状、花朵状析出相的

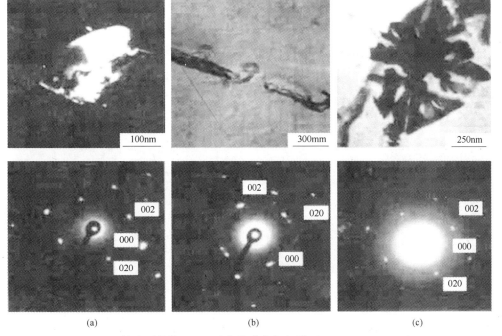

(a)　　　　　　　　　　(b)　　　　　　　　　　(c)

图 3　粉末颗粒中 MC 型碳化物形态与衍射（$-147 \sim +110\mu m$）
Fig. 3　Morphologies of MC type carbide and its diffraction patterns
（a）Dark-field image，B = [100]；（b）B = [100]；（c）B = [100]

形态与衍射，通过电子衍射及能谱成分分析，可以确定析出相为 MC 型碳化物，由于其成分中含有较多非碳化物形成元素，故可称为 MC′型碳化物，其中，图 3(a) 中存在的规则块状 MC′型碳化物，(Nb + Ti) 含量(质量分数，下同)为 56.665%，(Cr + W + Mo) 为 29.885%，(Co + Ni) 为 9.806%，点阵常数为 0.4379nm；图 3(b) 为条状 MC′型碳化物，含有 (Nb + Ti) 为 52.738%，(Cr + W + Mo) 为 40.044%，(Co + Ni) 为 7.218%，点阵常数为 0.4382nm；图 3(c) 为花朵状 MC′型碳化物，含有 (Nb + Ti) 为 59.955%，(Cr + W + Mo) 为 26.319%，(Co + Ni) 为 6.505%，点阵常数为 0.4383nm。从各种形态的 MC′型碳化物的化学成分来看，强碳化物形成元素 (Nb + Ti) 含量占 55% 左右，弱碳化物形成元素含量占 33% 左右，非碳化物形成元素 (Co + Ni) 含量占 8% 左右，点阵常数在 0.438 ~ 0.439nm 之间，各种形态的 MC′型碳化物的化学成分与点阵常数相差不大。

图 4 是粒度级为 −74 ~ +55μm 的细小原始粉末颗粒中枝晶间条状、草书状、花朵状碳化物形态与衍射，其中，图 4(a) 为条状 MC′型碳化物，其 (Nb + Ti) 含量较少为 48.015%，(Cr + W + Mo) 含量为 33.281%，(Co + Ni) 含量为 13.059%，点阵常数为 0.4344nm，图 4(b) 为草书状、规则块状 MC 型碳化物，通过能谱分析发现其规则块状成分含 Ti 量很高，达 83.941%，Nb 含量为 13.330%，点阵常数 0.4342nm，比较接近 TiC，图 4(c) 是粉末颗粒中出现的花朵状析出相，其形态不同成分变化较大，点阵常数也变化较大，电子衍射分析为 MC 型碳化物，从形态与成分来看，有可能是 MC 型碳化物与其他相形成的共晶。

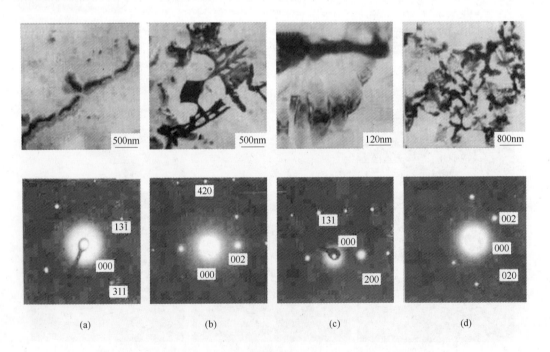

图 4　粉末颗粒中 MC 型碳化物形态与衍射 (−74 ~ +55μm)

Fig. 4　Morphologies of MC type carbide and its diffraction patterns

(a) B = [$\bar{2}15$]；(b) B = [$\bar{1}20$]；(c) B = [$0\bar{1}3$]；(d) B = [100]

3　讨论

在原始 PREP FGH95 粉末颗粒中存在 MC′型碳化物、Laves 相（Co$_2$Nb）和 M$_3$B$_2$ 相 [（Nb$_2$Cr）$_3$B$_2$]，主要析出相是 MC′型碳化物，其形态为块状、条状、草书状及花朵状，主要分布于枝晶间，并显示出大尺寸颗粒中 MC′型碳化物形状简单，而小尺寸颗粒中碳化物形态多样且易形成共晶、共生形态。Ferndez R. 认为[5]，碳化物的形态和固液界面前沿温度梯度与固液界面移动速度的比值（G/R）有关，当 G/R 比值大于 1.93×10^{-3}℃·s/μm^2 时，MC 型碳化物主要以规则形式存在，当 G/R 小于 1.93×10^{-3}℃·s/μm^2 时，则出现草书状等复杂形态；Domingue J. A 认为[6]，合金中碳含量以及合金元素含量对 MC 型碳化物形态有影响，碳含量高易出现骨架状和草书状 MC，碳含量低则易出现孤立的块状或条状 MC 型碳化物；Youdelis W V. 则认为[7]通过改变碳化物的形核率可以改变碳化物的种类与大小。PREP FGH95 粉末颗粒直径在 43～147μm 范围内，G/R 为 2.82×10^{-2}～8.70×10^{-3}℃·s/μm^2，都大于文献 [5] 总结出的 1.93×10^{-3}℃·s/μm^2，而 MC′型碳化物形态有明显不同，因此 G/R 值对多元素强化的 PREP FGH95 合金粉末颗粒中 MC′型碳化物形态的影响并不起决定性作用。在 PREP FGH95 粉末颗粒中由于冷却速率达 10^4～10^6K/s 量级[8]，合金元素来不及扩散使 MC′型碳化物中元素含量不同，进而影响 MC′型碳化物的形态。在较大尺寸的粉末颗粒中，冷却速率相对低一些，合金元素可以得到比较完全的扩散，因此 MC′型碳化物出现较多的块状等简单形状，并且碳化物形成元素含量较高，非碳化物形成元素含量较低。在较小尺寸的粉末颗粒中，冷却速率较大，合金元素不可能充分扩散，甚至发生溶质捕获现象（Solute Trapping），液体中原子扩散达到平衡的速率大大低于结晶速率，不能保证固液界面平衡的需要，强碳化物形成元素 Nb、Ti 不能及时扩散补充，非碳化物形成元素 Ni、Co 不能及时扩散离去，碳化物的几何完整度减弱，导致 MC′型碳化物成分和形态的复杂化，同时由于非 MC′型碳化物形成元素含量较高，也为 Laves 相（Co$_2$Nb）和 M$_3$B$_2$ 相[（Nb$_2$Cr）$_3$B$_2$]的形核创造了有利条件，出现共晶和共生碳化物形态。另外，发现在 PREP FGH95 合金原始粉末颗粒中，树枝晶轴上析出规则块状 MC 型碳化物，并且成分比较单一，这种在晶轴上析出的规则块状 MC 型碳化物很可能是在基体未完全凝固的情况下，从液相中直接析出的，由于它析出较早，又不受凝固基体产生内应力的影响，可以有充足的时间形核、长大，因此其形态比较规则，成分比较单一，而在枝晶间析出的 MC′型碳化物，是在粉末凝固后期形成的，由于已凝固基体在枝晶间产生内应力，因此内应力也可能是导致粉末颗粒中 MC′型碳化物形态多样、复杂的一个重要原因。

4　结论

（1）PERP FGH95 原始粉末颗粒中存在 MC′型碳化物及微量 Laves 相（Co$_2$Nb）和 M$_3$B$_2$ 相[（Nb$_2$Cr）$_3$B$_2$]，析出相主要分布在树枝晶间或长大的胞状晶间。

（2）较大粒度的粉末颗粒中，MC′型碳化物形态有块状、条状、花朵状，较少出现其他形态，较小粒度的粉末颗粒中，MC′型碳化物形状以条状、草书状、花朵状为主，形态趋于复杂。

（3）在粉末颗粒凝固过程中，粉末颗粒的冷却速率以及已凝固基体在枝晶间所产生的内应力，是导致粉末颗粒中 MC′型碳化物形态多样、复杂的一个重要原因。

参 考 文 献

[1] 张莹, 李世魁, 陈生大. 用等离子旋转电极法制取镍基高温合金粉末[J]. 粉末冶金工业. 1998, 8 (6): 17-22.

[2] Hu Benfu, Zhang Shouhua. Carbide phases in Ni-based P/M superalloy[J]. Journal of University of Science & Technology Beijing, 1994, 1(1): 1-7.

[3] 何承群, 胡本芙, 国为民, 陈生大. 等离子体旋转自耗电极端部熔池中的流场分析[J]. 金属学报, 2000, 36(2): 187-190.

[4] 张义文. 俄罗斯粉末冶金高温合金[J]. 钢铁研究学报, 1998, 10(3): 74-76.

[5] Ferndez R, Lecomte J C, Kattamis T Z. Effect of solidification parameters on the growth geometry of MC carbide in IN-100 dendritic monocrystals[J]. Metallurgical Transaction A, 1978, 9A(12): 1381-1386.

[6] Domingue J A, Boesch W J, Radavich J F. Phase relationships in René 95[A]. Tien J K. Proceeding 4th international superalloys symposium[C]. Ohio: Seven Springs, 1980: 335-344.

[7] Youdelis W V, Kwon O. Carbide phases in nickel base superalloy nucleation properties of MC type Carbide [J]. Metal Science, 1983, 17(8): 385-388.

[8] 陈焕铭, 胡本芙, 余泉茂, 张义文. 等离子旋转电极雾化粉末凝固过程热量传输与凝固行为[J]. 中国有色金属学报, 2002, 12(5): 883-890.

（原文发表在材料工程, 2003(1): 6-9.）

预热处理对 FGH95 高温合金粉末中碳化物的影响

胡本芙[①]　陈焕铭[①,②]　宋　铎[①]　李慧英[①]

（①北京科技大学材料科学与工程学院，北京　100083；
②宁夏大学物理与电气信息工程学院，银川　750021）

摘　要　对等离子旋转电极雾化（PREP）FGH95 高温合金粉末颗粒在不同温度下进行预热处理，并对热处理粉末中碳化物的变化规律进行分析，结果表明：经预热处理，粉末颗粒中的 MC′型亚稳碳化物发生分解和转变，析出稳定的 MC，$M_{23}C_6$ 及 M_6C 型碳化物，明显改变碳化物的稳定性和分布状态。

关键词　预热处理　FGH95 高温合金粉末　碳化物　等离子旋转电极

The Effect of Pre-heating on Carbide Precipatites in FGH95 Superalloy Powders Prepared by PREP

Hu Benfu[①], Chen Huanming[①,②], Song Duo[①], Li Huiying[①]

（①School of Materials Science & Engineering, University of Science & Technology Beijing, Beijing, 100083；②School of Physics and Electrical Information Engineering, Ningxia University, Yinchuan, 750021）

ABSTRACT：In order to investigate the relation between microstructure of superalloy powders and the heat treatment system, this paper studied the transformation of carbides in FGH95 superalloy powders prepared by plasma rotating electrode processing（PREP）under different pre-heating treatment temperature. The results show that the MC′ type non-equilibrium carbides can be transformed into stable carbides such as MC, $M_{23}C_6$ and M_6C type carbides during pre-heating treatment, and thus the stability of carbides and their distribution have been improved.

KEYWORDS：pre-heating treatment, FGH95 superalloy powder, carbide, plasma rotating electrode processing

　　由于采用粉末高温合金制造高性能的涡轮盘克服了传统铸造过程中的偏析严重、组织不均匀等缺点，比传统铸造和变形工艺来说具有很大优越性，所以粉末涡轮盘的制造和应用得到迅速发展。同氩气雾化（AA）工艺相比，等离子旋转电极（PREP）离心雾化工艺由于避免了陶瓷坩埚的使用，大大减少了异相陶瓷夹杂的污染，同时成本相对较低，因此应用范围逐渐扩大。研究粉末颗粒中碳化物在预热处理过程中的变化，对随后热等静压工艺的选择及消除原始颗粒边界（PPB），提高合金性能等都具有现实意义[1~3]。文献［4,

5〕分别对粉末颗粒进行了预热处理并讨论了预热处理对合金组织、性能的影响，但未对预热处理过程中各种形态碳化物的变化规律做深入研究，本文利用透射电镜（TEM）对等离子旋转电极雾化法制备的 FGH95 粉末颗粒内部碳化物在不同温度热处理条件下的分布、形态、类型等变化规律进行深入系统讨论。

1 实验方法

选取粒度级为 74 ~ 80μm 的等离子旋转电极雾化 FGH95 合金粉末颗粒作为研究对象，其化学成分（质量分数/%）为：C 0.073，Cr 12.24，Co 8.47，Mo 3.61，W 3.42，Nb 3.40，Al 3.51，Ti 2.55，B 0.009，Zr 0.046，余量为 Ni。将粉末颗粒装在石英管内抽真空至 10^{-3}Pa 量级，然后封焊石英管并在箱式电阻炉中进行热处理。热处理制度分别为：950℃，4.5h，水淬；1000℃，4.5h，水淬；1050℃，4.5h，水淬；1100℃，4.5h，水淬；1120℃，3h，炉冷；1050℃，4.5h + 1120℃，3h，水淬。利用 H-800 透射电镜观察碳化物变化，其试样采用一级碳萃取夏型。

2 实验结果

图 1 为原始粉末颗粒及 950℃，4.5h 热处理粉末颗粒中碳化物析出相形态。通过 TEM

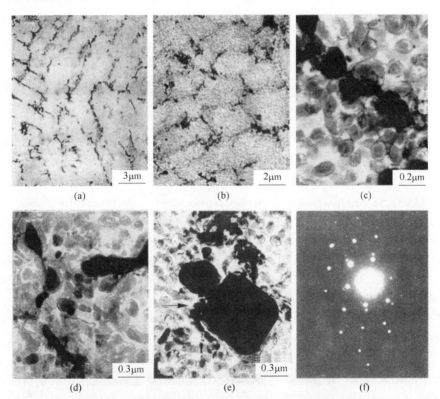

图 1 等离子旋转电极 FGH95 粉末颗粒中碳化物形态

Fig. 1 Morphologies of extracted carbide in original powder (a) and PREP FGH95 powders treated at 950℃ for 4.5h (b-e)

(a) metastable carbide MC′; (b) stable carbides; (c) granule-like MC; (d) strip-like MC;
(e) block-like MC and small particle $M_{23}C_6$ shown as arrow; (f) EDP of [110] $M_{23}C_6$

观察及衍射斑点标定，确认原始粉末颗粒在凝固过程中析出的碳化物为 MC′ 型，形态有块状、条状、草书状及花朵状等，主要分布于枝晶间或胞晶间见图 1(a)。经 950℃，4.5h 热处理，碳化物尺寸有所减小，且仍主要分布于枝晶间见图 1(b)。亚稳 MC′ 碳化物发生分解转变而形成的颗粒状、条状及块状 MC 型碳化物分别见图 1(c)、(d)、(e)。同时在大块状 MC 型碳化物边缘析出小颗粒状 $M_{23}C_6$ 型碳化物如图 1(e) 中箭头所示。图 1(f) 为图 1(e) 中箭头所指 $M_{23}C_6$ 的 [110] 取向的电子衍射图。表 1 为萃取碳化物的化学成分、类型与点阵常数，由表 1 可知，颗粒状、条状 MC 型碳化物中（Nb + Ti）含量较高，Cr、W、Mo、Co 和 Ni 含量较低；而块状 MC 型碳化物中（Nb + Ti）含量较低，Cr、W、Mo、Co 和 Ni 含量较高；花朵状碳化物中非碳化物形成元素含量仍较高见图 1(ϵ) 左上部；$M_{23}C_6$ 型碳化物成分中 Cr 含量较高，还含有一定量的 W、Mo、Ni 和 Co 等元素，点阵常数为 1.0866nm。由于在 950℃，4.5h 热处理过程中，亚稳的 MC′ 型碳化物分解并不能彻底进行，W、Cr、Mo、Ni 和 Co 等元素不能从 MC′ 型碳化物中完全扩散到固溶体中，所以在 950℃，4.5h 热处理后，MC 型碳化物除含 Nb、Ti 外，还含有较多的 W、Cr、Mo、Ni 和 Co 等元素。

表 1 萃取碳化物的化学成分、类型与点阵常数 a

Table 1 The chemical composition, type and lattice parameter a of carbides in PREP FGH95 powders treated at 950℃ for 4.5h

Morphology	Mass fraction of composition/%						Type	a/nm
	Al	Cr	Zr	Nb + Ti	Cr + W + Mo	Co + Ni		
Granule-like (Fig. 1c)	3.15	2.37	0.96	69.82	19.38	6.69	MC	0.4359
Stripe-like (Fig. 1d)	6.30	1.28	4.15	76.68	8.02	4.85	MC	0.4370
Small granule-like (Fig. 1e)	2.59	28.76	0.00	4.79	64.54	26.12	$M_{23}C_6$	1.0866
Block-like (Fig. 1e)	4.44	10.75	1.77	49.38	30.92	12.69	MC	
Flower-like (Fig. 1e)	2.46	8.30	1.33	54.48	33.08	8.65	MC	

图 2 为经 1000℃，4.5h 热处理后粉末颗粒中的碳化物形态。碳化物仍主要分布于枝晶间 [图 2(a)]，呈块状 [图 2(b)]、颗粒状 [图 2(c)]、花朵状 [图 2(d)] 等多种形态，出现条状 M_6C 型碳化物见图 2(e)。表 2 为 1000℃，4.5h 热处理后萃取碳化物的化学成分、类型与点阵常数，可以看出，M_6C 型碳化物成分中 W，Mo，Co 含量较高，含有一定量的

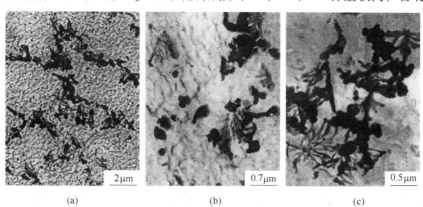

2μm	0.7μm	0.5μm
(a)	(b)	(c)

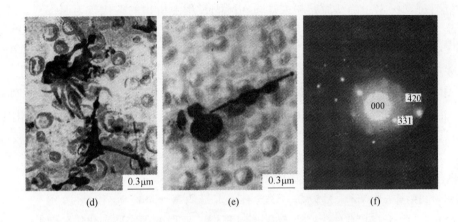

图 2　1000℃，4.5h 热处理后粉末颗粒中的碳化物形态

Fig. 2　Morphologies of extracted carbides in PREP FGH95 powder after
heat treatment at 1000℃ for 4.5h

（a）carbides mainly distributed between dendrites；（b）block-like carbide MC；
（c）granule-like carbide MC；（d）flower-like carbide MC；
（e）strip-like carbide M_6C；（f）［129］M_6C EDP

Cr 和 Ni，其他元素含量较少，点阵常数为 1.1206nm。块状与颗粒状 MC 型碳化物中
（Nb + Ti）含量较高。花朵状 MC 型碳化物中（Nb + Ti）含量较其他形态 MC 型碳化物低，
（Cr + W + Mo）含量较高，（Co + Ni）含量也较高。通过能谱分析及衍射斑点标定发现，
随着强碳化物形成元素（Nb + Ti）含量的增加，特别是 Nb 含量的增加，MC 型碳化物的
点阵常数也随之增大。

表 2　萃取碳化物的化学成分（质量分数/%）、类型与点阵常数（1000℃，4.5h）

Table 2　The chemical composition（mass fraction，%），type and
lattice parameter of carbides（1000℃，4.5h）

Morphology	Mass fraction of composition/%								Type	a/nm
	Al	Cr	Ni	Zr	Nb	Nb + Ti	Cr + W + Mo	Co + Ni		
Block shape（Fig. 2b）	2.79	1.14	2.53	2.72	61.51	81.38	8.24	4.88	MC	0.4382
Granule shape（Fig. 2c）	1.14	0.00	3.18	2.14	65.84	87.22	5.06	4.44	MC	0.4404
Strip shape（Fig. 2e）	1.79	15.46	14.00	2.74	3.39	5.10	59.72	30.65	M_6C	1.1206
Flower shape（Fig. 2d）	2.23	7.24	6.84	1.33	42.23	56.55	31.51	8.39	MC	0.4377

图 3 为经 1050℃，4.5h 热处理后粉末颗粒中碳化物形态，大部分仍分布在枝晶间，
晶轴上有少量析出见图 3（a），主要呈颗粒状、块状、条状、花朵状。通过对碳化物的电
子衍射及能谱分析发现，1050℃，4.5h 热处理后主要是 MC 型碳化物见图 3（b），同时也
发现了少量的小颗粒状的 M_6C 型碳化物（图 3c）和条状的 $M_{23}C_6$ 型碳化物（图 3d），说
明 1050℃为 M_6C 和 $M_{23}C_6$ 碳化物共存温度，块状 MC 型碳化物在成分上已变为富含 Nb、
Ti 的 MC 型碳化物，点阵常数为 0.4402nm，小颗粒状 M_6C 型碳化物的成分特点为 W、Cr、

Ni、Co 含量较高，点阵常数为 1.1198nm，条状 M$_{23}$C$_6$ 碳化物的成分特点为 Cr 含量较高，同时含有一定量的 W、Mo、（Cr + W + Mo）含量达 91.39%，点阵常数为 1.0848nm。

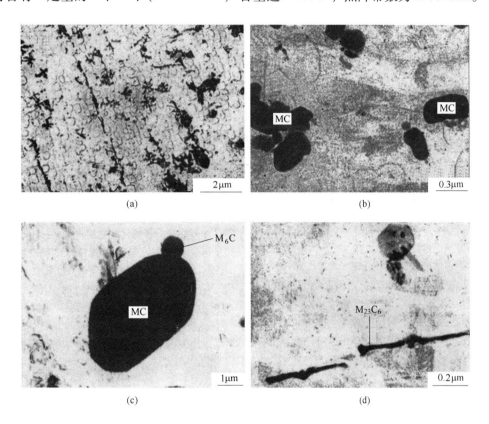

图 3   1050℃，4.5h 热处理后粉末颗粒中的碳化物形态

Fig. 3   Morphologies of carbides in FGH95 powder treated at 1050℃ for 4.5h

（a）low magnified image；（b）granule MC；（c）MC and M$_6$C；（d）strip-like M$_{23}$C$_6$

图 4（a）为原始粉末颗粒经 1100℃，4.5h 热处理后的碳化物形态，大部分 MC′型碳化物已经转变为富含 Nb，Ti 的 MC 型碳化物，主要呈块状、花朵状（少量），分布在枝晶间及晶轴上，没有发现 M$_{23}$C$_6$，M$_6$C 型碳化物。

值得注意的是花朵状 MC 型碳化物，其成分中强碳化物形成元素 Nb + Ti 含量较低，为 58.97% 而弱碳化物形成元素 Cr + W + Mo 及非碳化物形成元素 Co + Ni 含量较高，分别为 27.91% 和 10.07%，点阵常数为 0.4402nm，这说明花朵状 MC 型碳化物的形态与其比较复杂的成分有关。

图 4（b）为 1120℃，3h 热处理后粉末颗粒中 MC 型碳化物，主要呈块状、花朵状形态（少量），其中花朵状 MC 型碳化物形态有了较大的变化，花朵状的分叉减少，但花朵状 MC 碳化物的成分仍然比较复杂，点阵常数为 0.443nm。

采用两步预热处理，模拟粉末颗粒预热处理与热等静压时热处理，经 1050℃，4.5h + 1120℃，3h 热处理，粉末颗粒中 MC 碳化物形态与分布如图 4（c）所示，MC 型碳化物多呈较规则的块状均匀分布，大小为 0.5μm 左右，花朵状碳化物基本消失。

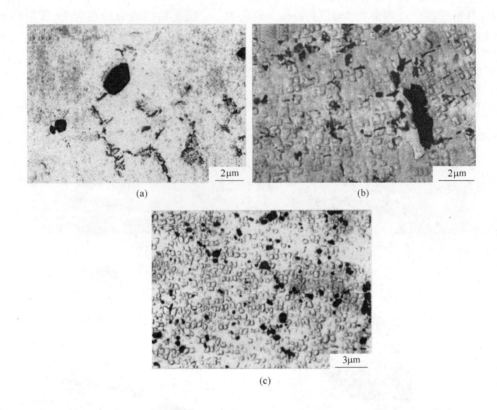

图 4　不同条件热处理粉末中 MC 型碳化物形态与分布

Fig. 4　Carbide morphology after heat treatment at different conditions

（a）1100℃，4.5h，carbides MC having different morphologies；（b）1120℃，3h，flower-like

carbide deceased；（c）1050℃，4.5h+1120℃，3h，only block-like MC existing

3　讨论

3.1　预热处理中的碳化物反应

在热处理过程中，原始粉末颗粒凝固析出的 MC′型碳化物形态与成分发生很大变化，经950℃，4.5h 热处理，MC′型碳化物发生分解，非碳化物形成元素及弱碳化物形成元素 Co、Ni 和 Cr、W、Mo 通过基体扩散离去，强碳化物形成元素 Ti、Nb 通过基体扩散得到补充，使 MC′型碳化物向 MC 型碳化物转变，其形态多呈颗粒状，尺寸较原始态有所减小，同时由于 Cr、W、Mo 等元素向基体扩散，使 MC 型碳化物周围 Cr、W、Mo 等元素含量升高，造成了富 Cr 的 $M_{23}C_6$ 析出的有利条件，因此在 MC 型碳化物周围析出细小的 $M_{23}C_6$ 型碳化物；经1000℃热处理，合金元素的扩散速度增加，非碳化物形成元素向基体中扩散速度小于碳化物形成元素通过基体向 MC 型碳化物扩散速度，所以 MC 型碳化物与950℃，4.5h 热处理相比略有长大；经1050℃，4.5h 热处理，MC′型碳化物向 MC 型碳化物转化更完全，并且 MC 型碳化物继续长大，造成基体内 Cr、Mo 等元素富集，促使 M_6C 或 $M_{23}C_6$ 析出；经1100℃，4.5h 热处理，从基体中可直接析出 MC 碳化物，加上 MC′型碳化物转变为 MC 型碳化物，导致基体内 MC 型碳化物数量增加，而且 M_6C、$M_{23}C_6$ 碳化物开始发生部分溶解；经 1120℃，3h 热处理，在基体中析出的 MC 型碳化物较多，MC′型碳化物有条件完全转变为 MC 型碳化物，并且形态向规则方块状转变。

文献［6］指出：各类型碳化物都存在一个析出量最多的温度区间，在镍基合金中 $M_{23}C_6$ 存在的温度范围是 760～1100℃，一般在 870～980℃析出量最多，M_6C 存在的温度范围是 760～1150℃，在 870～1100℃析出量最多，它们是由 MC 碳化物退化反应和由残留在机体中的可溶碳形成的，生成的反应为

$$MC + \gamma \longrightarrow M_{23}C_6 + \gamma'$$

$$MC + \gamma \longrightarrow M_6C + \gamma'$$

MC 型碳化物转变为 $M_{23}C_6$ 还是 M_6C，取决于合金设计成分中 Cr 与 Mo + W 的含量。对于 FGH95 高温合金，Cr 和 Mo + 0.4W 含量分别为 13.61% 和 2.61%，落在 $M_{23}C_6$ 优先形成区域，但 $M_{23}C_6$ 与 M_6C 还可相互转化，其反应式为[7]

$$M_6C + M' \rightleftharpoons M_{23}C_6 + M''$$

因此，在对 PREP 法生产的 FGH95 粉末颗粒进行 950～1050℃预热处理中，发现少量的 M_6C 型和 $M_{23}C_6$ 型碳化物存在是理所当然的，正是在急冷凝固粉末颗粒中存在很大的合金元素过饱和度，碳化物的形态和成分是复杂的，在预热处理时碳化物变化显著，碳化物与过饱和基体发生相互反应使得合金元素发生再分配，进而改变碳化物的类型和分布，这正是采用粉末预热处理的理论依据。

3.2　初生花朵状碳化物析出

粉末颗粒中的花朵状析出相，在热处理过程中，其形态和成分不像其他 MC′碳化物变化显著，其成分特点是 Ni、Nb 含量很高，很可能是在凝固过程中局部液相成分达到了共晶成分，花朵状 MC′型碳化物与其他相通过共晶反应形成。文献［8］指出在 Ni-Nb-C 三元系相图中，在 1280～1300℃共晶温度下可以发生（C-NbC-γ）或（Nb-Ni₃Nb-γ）三相共晶反应，在对 PREP 法制备的 FGH95 粉末颗粒萃取相分析中没有发现 Ni₃Nb 相，所以很可能是通过（C-NbC-γ）三相共晶反应形成。在铸造高温合金中有关碳化物形态研究较多，一般认为碳化物形态与 G/R（固液界面温度梯度/长大速度）比值有关，较规则形状碳化物的数量是随 G/R 增加而增多，而草书状则相反。Ferndez 等[9]认为碳化物形态与合金中碳及合金元素含量有关，Youdelis 等[10]认为凝固的基体内存在内应力，在溶质富化区导致形成多种形态碳化物。尽管上述说法有一定的实验依据，但对快速凝固的粉末颗粒必须从非平衡凝固角度来考虑，才能对碳化物形态做出解释。由于冷却速率相当快（10^3～10^4K/s），粉末颗粒固溶体的过饱和度很大，一方面提高合金元素的均匀程度，将偏析限制在极小范围内；另一方面也给凝固过程带来新的特点，即固-液界面处的溶质元素能够相当大的偏离平衡状态，促使在固-液相界面前沿的液相中形成溶质元素的富集层，给新相的形成提供条件，使析出相形态复杂化以及形成 MC′型碳化物与 Laves 相（Co₂Nb）的共生形态，同时可以析出高熔点共晶相，因而在 1120℃预热处理过程中，由于未达到共晶温度，花朵状共晶相的形态与成分变化不大。

4　结论

（1）在预热处理过程中，粉末颗粒内部急冷凝固形成的亚稳 MC′型碳化物可发生分

解，逐渐转变为 MC 型碳化物，同时可以形成少量的 $M_{23}C_6$，M_6C 型碳化物。

（2）随着预热处理温度的升高，MC′型碳化物分解后的碳化物形态由复杂形状为主转变为以规则块状为主，尺寸逐渐增大，成分上变成以 Nb 为主的(Nb,Ti)C 型碳化物。

（3）花朵状析出相在 950~1100℃热处理，形态、分布变化不大，经过 1120℃热处理花朵状析出相的分叉减少，经 1050℃，4.5h + 1120℃，3h 二次预热处理花朵状形态析出相基本消失。

参 考 文 献

[1] Zhang Y, Li S K, Chen S D. Powder Metall Ind, 1998；8：17.
（张莹，李世魁，陈生大. 粉末冶金工业，1998；8：17）

[2] Hu B F, Zhang S H. J Univ Sci Technol Beijing, 1994；1：1.

[3] He C Q, Hu B F, Guo W M, Chen S D. Acta Metall Sin, 2000；36：187.
（何承群，胡本芙，国为民，陈生大. 金属学报，2000；36：187）

[4] Niu L K, Zhang Y C. Powder Metall Technol, 1998；17：101.
（牛连奎，张英才. 粉末冶金技术，1998；17：101）

[5] Niu L K, Zhang Y C, Li S K. Powder Metall Ind, 1999；9：23.
（牛连奎，张英才，李世魁. 粉末冶金工业，1999；9：23）

[6] Larson J M. Metall Trans, 1974；8：537.

[7] Sims C T. Hagel W C. The Superalloys. New York：Wiley, 1972：154.

[8] Грипнсв В Н, Варабам О М. АИ СССР Met. 1985；6：211.

[9] Ferndez R, Lecomte J C, Kattamis T Z. Metall Trans, 1978；9A：1381.

[10] Youdelis W V, Kwon O. Met Sci, 1983；17：385.

（原文发表在金属学报，2003，39（5）：470-475. ）

FGH95 高温合金的静态再结晶机制

胡本芙[①]　陈焕铭[①,②]　金开生[①]　李慧英[①]

（①北京科技大学材料科学与工程学院，北京　100083；
②宁夏大学物理与电气信息工程学院，银川　750021）

摘　要　对热等静压 FGH95 合金高温挤压形变后的试样进行静态再结晶处理，讨论了其再结晶形核机制及 γ' 相对再结晶过程的影响。结果表明：合金在 γ' 相几乎完全溶解温度以上再结晶时，形核以应变诱发晶界迁移机制进行，而在 γ' 相大量存在的温度范围内则是以亚晶粗化形核机制进行；γ' 相的分解速率对再结晶速率有重要影响，随再结晶温度的升高，γ' 相分解速率加快，再结晶激活能减小，再结晶速率加快，γ' 相分解后以同步或不同步方式重新析出。

关键词　FGH95 高温合金　静态再结晶　形核机制

Static Recrystallization Mechanism of FGH95 Superalloy

Hu Benfu[①], Chen Huanming[①,②], Jin Kaisheng[①], Li Huiying[①]

（①School of Materials Science and Engineering, University of Science and Technology Beijing,
Beijing, 100083; ②School of Physics and Electrical Information Engineering,
Ningxia University, Yinchuan, 750021）

ABSTRACT：The as-HIPed FGH95 alloy was deformed by extrusion at high temperature, and then the as-extruded sample was treated with static recrystallization. The nucleation mechanism and the influence of γ' phase on recrystallization process during static recrystallization were also discussed. The results indicate that the nucleation mechanism is strain-induced boundary migration (SIBM) when alloy is treated near the temperature at which γ' phase can be dissolved completely , and it is sub-grain coalescence when alloy is treated at the temperature at which a lot of γ' phase exist. The γ' phase decomposition rate has an important influence on the recrystallization rate. With the recrystallization temperature increasing, the γ' phase decomposition rate increases and the activation energy of recrystallization decreases , resulting in recrystallization rate to increase. The γ' phase re-precipitates in recrystallized grains by synchronization or non-synchronization.

KEYWORDS：FGH95 superalloy, static recrystallization, nucleation mechanism

粉末高温合金是 20 世纪 60 年代诞生的新一代高温合金，由于其组织均匀、无宏观偏析、屈服强度高和疲劳性能好等优点，很快成为先进航空发动机涡轮盘、挡环等关键部件的首选材料[1~5]。FGH95 合金是一种 γ' 相沉淀强化型镍基粉末高温合金，γ' 相体积分数接近 55%，在 650℃范围内具有较高的拉伸强度[6~9]。国内目前采用的成型工艺是热等静压加包套锻造[10]。本文作者将热等静压 FGH95 合金进行高温挤压形变并对挤压后的试样进行静态再结晶处理，采用光学显微镜（OM）及透射电镜（TEM）观察其再结晶行为并讨论了 γ' 相对再结晶过程的影响。这方面的研究对于通过形变来获得细晶的生产工艺的制定具有实际意义。

1　实验

将热等静压 FGH95 合金重新包套（热等静压制度分别为：1120℃，105MPa，3h；1190℃，105MPa，3h）。包套尺寸为 d100mm×90mm，将包套的试样加热至1120℃保温2h后挤压，挤压比为 6.5∶1。对挤压后的试样分别在 850、900、950、1100、1150 和 1170℃下进行静态再结晶处理，保温时间分别为 10、20、30、40、60 和 90min。光学显微镜观察试样用的侵蚀剂溶液成分为 $CuCl_2$（5g）+ HCl（100mL）+ 酒精（100mL），侵蚀 2min；采用电解双喷方法制备用于透射电镜观察（型号为 H800）的薄膜试样。

2　实验结果

2.1　形核与长大

对 1150℃和1170℃静态再结晶处理试样的光学显微镜观察表明，再结晶以应变诱发晶界迁移的弓突方式进行［图1(a)、(b) 中箭头所示］，即由于大角度晶界两侧亚晶含有不同的位错密度，致使亚晶所含的应变存储能不同。在应变存储能差这一驱动力作用下，大角度晶界向位错密度高的一侧移动，进而形成无应变的再结晶晶粒。由于加热温度很高，保温 10min 后大部分晶界已经平直化，说明在这一温度区间再结晶进行得很快。用透射电镜对1100℃以下静态再结晶处理后的薄晶体试样进行观察，发现再结晶晶粒主要在 γ/γ' 界面上及高形变缺陷处形核，新晶粒是通过亚晶形核并长大的。如图 2(a)、(b) 所示，在 γ/γ' 界面处形成的亚晶粒 S，其晶界由位错组成，亚晶粒内部位错密度很低，H 晶粒则已开始长大，在其内部已有明显的小 γ' 相颗粒析出。如图 2(c)所示，正在形成的亚晶粒 S 的形核位置处于具有高形变缺陷的形变带，在形变区储存的应变能的驱动下，通过位错的迁移或攀移来完成长大。实验中还观察到一处亚晶在 MC 型碳化物上形核见图 2

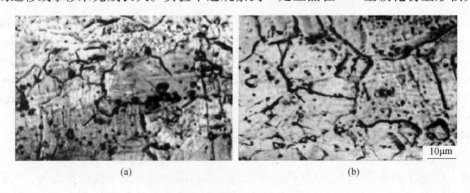

(a)　　　　　　　　　　　　　　　(b)

图 1　应变诱发晶界迁移

Fig. 1　Strain-induced boundary migration

(a) 1120℃ HIP + Extrusion + 1150℃，10min；(b) 1120℃ HIP + Extrusion + 1170℃，10min （d），但这种现象在本实验中并不常见，即碳化物并不能作为新晶粒形核的优先部位。

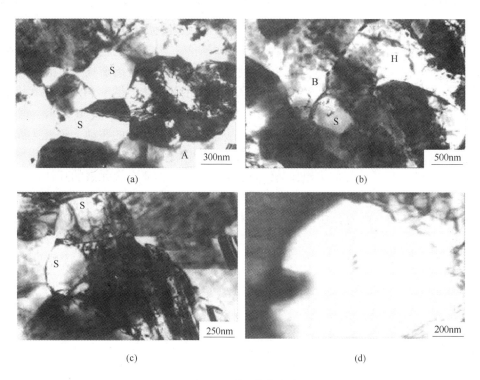

图 2　亚晶形核与长大

Fig. 2　Nucleation and growth of sub-grains

（a）1120℃ HIP + Extrusion + 850℃，10min；（b）1190℃ HIP + Extrusion + 850℃，10min；

（c）1120℃ HIP + Extrusion + 850℃，10min；（d）1190℃ HIP + Extrusion + 1100℃，10min

实验中还发现：再结晶晶粒（图 3 中晶粒 R）形核后在长大的过程中其晶界的迁移往往受阻，在这种受阻界面前沿又发生亚晶形核现象见图 3（a）、（b）。这是因为在 1100℃ 以下 γ′相体积分数还相当高，对界面的阻碍作用很显著，迁移界面很难挣脱 γ′相的钉扎作用，再结晶的继续进行是依靠重新形核来完成的，而不是原有界面的继续推移。

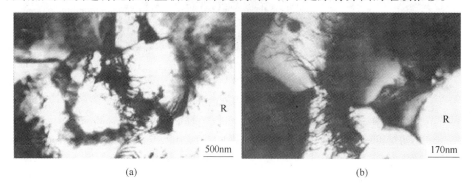

图 3　亚晶在受阻界面前形成

Fig. 3　Sub-grain formation before pinning boundary

（b）1120℃ HIP + Extrusion + 850℃，10min；（b）1190℃ HIP + Extrusion + 1100℃，10min

2.2　再结晶过程中 γ′ 相的变化

图 2(a)、(b) 不仅揭示了新的 γ 亚晶在大 γ′ 相（尺寸大于 1.0μm）与 γ 相界面上诱发形成，而且表明大 γ′ 相本身也可以进行回复和再结晶。大 γ′ 相的再结晶也是通过亚晶长大进行的，亚晶在应变能驱动下逐步长大，使大 γ′ 相的位错密度逐渐减小。由于位错运动在本质上是原子组态的运动，大 γ′ 相再结晶需要其周围的基体提供 γ′ 相形成元素（如 Al、Ti），其结果是在大 γ′ 相周围产生贫 γ′ 相区，如图 2(a)、(b) 中的 A、B 所示。这样就为 γ 亚晶的形成提供了部分化学驱动力，再加上 γ/γ′ 界面上应变能的驱动，γ 相亚晶粗化长大，发生再结晶。而 γ 相亚晶晶粒长大时造成其界面富有 γ′ 相形成元素，因此进一步促使大 γ′ 相的再结晶。所以，当大 γ′ 相和基体同时再结晶时，由于合金元素的互补，二者再结晶可以互相协调，使得大 γ′ 相亚晶的位置与基体 γ 相亚晶的形核位置离得很近。

在 γ′ 相体积含量很高的合金再结晶过程中，实验还观察到 γ′ 相在界面前沿发生溶解的现象见图 4(a)，与图 2(a)、(b) 不同，在其界面周围没有产生贫 γ′ 相区。因此 γ′ 相只能是随晶粒界面的推移，在对界面起钉扎作用的同时其形成元素沿界面扩散至别处。在界面后面观察到了两种类型的析出，一种如图 4(b) 所示，γ′ 相尺寸在整个晶粒范围内大小不均匀，靠近界面处[图 4(b)箭头所示] γ′ 相尺寸较小，而在晶粒中心 γ′ 相则较大；另一种类型是 γ′ 相紧接着界面而析出如图 4(c) 箭头所示，并与界面的推移保持同步。由于这种 γ′ 相随界面不断推移而析出，故称其为同步析出，相应的第一种方式称为不同步析出，这两种析出方式似乎应与界面前沿 γ′ 相形成元素的摩尔分数大小有关。

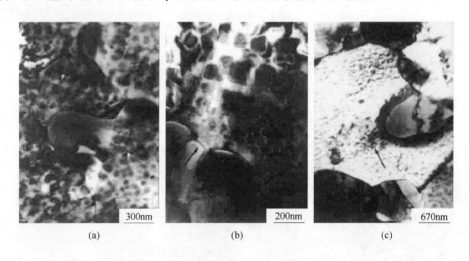

图 4　再结晶过程中 γ′ 的分解与析出

Fig. 4　Decomposition and precipitation of γ′ phase during recrystallization

(a) 1120℃ HIP + Extrusion + 950℃，10min；(b) 1120℃ HIP + Extrusion + 850℃，10min；

(c) 1190℃ HIP + Extrusion + 900℃，10min

2.3　再结晶动力学

对原始挤压态及静态再结晶处理的试样进行维氏硬度（HV）测定（载荷为 200N），

结果如图 5（a）所示。对于不同再结晶温度（T）下处理的试样，随再结晶时间的延长，试样的硬度均逐渐下降，选择硬度降至 HV450 时的时间（t）作为再结晶完成的时间，作出 $\ln(1/t)$-$1/T$ 曲线，利用其斜率可以求得表观再结晶激活能 Q，如图 5（b）所示。1120℃ HIP + Extrusion 试样的再结晶激活能为 656kJ/mol，1190℃ HIP + Extrusion 试样的再结晶激活能为 615kJ/mol，其平均值为 635kJ/mol。从这一结果看 Q 值相当高，这可能与再结晶过程中存在第二相粒子 γ' 有关。文献 [11] 中提到的 Zener 的夹杂假设认为：由于第二相粒子对界面的钉扎，界面迁移的激活能应是温度的函数，不同粒子在不同温度处于不同的稳定状态，故不同再结晶温度下的 Q 值也不相同。只有当温度超过第二相粒子溶解温度时，Q 值才表现为 Ni 合金的真实值（$Q_{Ni} = 273$kJ/mol）。

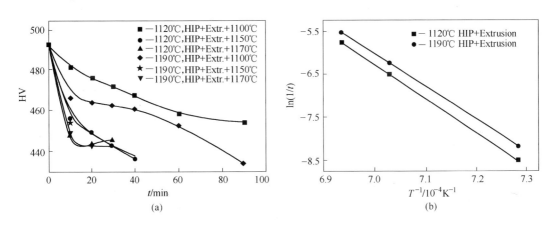

图 5　再结晶时间与硬度及再结晶温度的关系

Fig. 5　Relationships among recrystallization time hardness and recrystallization temperature

(a) Curves of HV-t；(b) Curves of ln $(1/t)$ -$1/T$（HV450）

3　讨论

通常导致再结晶的形核机制有两种：一种是应变诱发晶界迁移（SIBM）[12]，另一种形核方式是亚晶形核[13]。第一种机制是由于应变造成缺陷密度的不同，使得已有晶界由低密度一侧向高密度一侧弓出，达到一定尺寸后成为稳定界面。它不但受应变能控制，同时在很大程度上受晶界上第二相粒子的大小、数量的影响。对 FGH95 合金而言，当温度升高到 γ' 相几乎完全溶解的温度以上时，类似于单相合金的再结晶可以按 SIBM 机制进行，因而在实验中观察到 1150℃ 以上再结晶以弓突方式进行。第二种机制是指在 γ' 相大量存在的温度范围内，由于 γ' 相对晶界有很强的钉扎作用而使 SIBM 机制受阻，大部分形变倾向于集中在晶界和第二相粒子周围，使得在 γ/γ' 界面堆积成网状高密度位错，有利于亚晶形核。Bee 等[14] 在解释项链组织产生的原因时，也认为锻造前在晶界上的块状大 γ' 相能够诱发亚晶粗化形核，并认为亚晶粗化是唯一可能的形核机制。实验中观察到新晶粒除了在 γ/γ' 界面形核外，同样在没有大 γ' 相的高形变缺陷处形核，其原因可能是由于挤压比锻造的形变量大得多，使得形变基体的应变能足以提供亚晶长大所需的驱动力。

在 γ' 相大量存在的温度范围内进行的再结晶，形核机制除了受 γ' 相大小、数量的控制外，形核后新晶粒的界面移动或长大也同样受 γ' 相的影响。由于 γ' 相在界面溶解，使得界面上 γ' 相形成元素处于过饱和状态，γ' 相可以通过其形成元素的短程扩散形核并快速生长的同步方式析出，也可通过不同步方式在界面后析出，先析出的 γ' 相随后发生粗化，如图 4 所示。Menzies 等[15]的实验结果也表明，γ' 相是通过沿界面快速扩散而溶解，但是如果 γ' 相尺寸较大，在界面前不能完全溶解，则这种 γ' 相就会钉扎住移动的界面。

　　γ' 相的大量存在对再结晶过程影响的另一个方面是，再结晶速率受晶粒界面前沿 γ' 相的溶解速率控制。在 γ' 相溶解温度以下，由于组织中存在不同尺寸分布的 γ' 相，它的稳定性取决于温度；随着温度的升高，γ' 相溶解速率加快，稳定性减小，对界面移动的阻力也减小。因此，再结晶激活能减小时，再结晶速率加快。只有当温度升至 γ' 相完全溶解温度以上时，此时的激活能才表现为再结晶过程的真实激活能。由此可见，由于 γ' 相溶解速率决定了再结晶速率，因此激活能必然受制于温度，温度上升，激活能下降，再结晶速率加快。实验中被用来表示单一激活能过程的 Arrhenius 方程所测得的 Q 值可以由两部分组成，一部分为 Ni 合金的激活能 Q_{Ni}，另一部分为摆脱 γ' 相钉扎作用所需激活能 $Q_{\gamma'}$，即 $Q = Q_{Ni} + Q_{\gamma'}$。

4　结论

　　（1）FGH95 高温合金在 γ' 相完全溶解温度以上再结晶时，形核以应变诱发晶界迁移的弓突方式进行，而在 γ' 相大量存在的温度范围内再结晶则是以亚晶粗化形核机制进行。

　　（2）FGH95 高温合金再结晶速率受 γ' 相的溶解速率控制，随再结晶温度的升高，γ' 相分解速率加快，再结晶激活能减小，再结晶速率加快，γ' 相溶解后可以以同步或不同步方式重新析出。

参 考 文 献

[1] 国为民，吴剑涛，张凤戈，等. FGH95 粉末高温合金非金属夹杂物的研究[J]. 材料工程，2002（增刊）：54-57.
　　Guo Wei-min, Wu Jian-tao, Zhang Feng-ge, et al. Study of non-metallic inclusions in PM superalloy FGH95[J]. Journal of Materials Engineering, 2002(Suppl.)：54-57.
[2] 张义文. 俄罗斯粉末冶金高温合金[J]. 钢铁研究学报，1998，10(3)：74-76.
　　Zhang Yi-wen. Powder metallurgy in Russia[J]. Journal of Iron and Steel Research, 1998, 10(3)：74-76.
[3] 陈焕铭，胡本芙，余泉茂，等. 等离子旋转电极雾化熔滴的热量传输与凝固行为[J]. 中国有色金属学报，2002，12(5)：884-890.
　　Chen Huan-ming, Hu Ben-fu, Yu Quan-mao, et al. Heat transfer and solidification behavior of droplets during plasma rotating electrode processing[J]. The Chinese Journal of Nonferrous Metals, 2002, 12(5)：884-890.
[4] 陈焕铭，胡本芙，李慧英，等. 等离子旋转电极雾化 FGH95 高温合金粉末的预热处理[J]. 中国有色金属学报，2003，13(3)：554-559.
　　Chen Huan-ming, Hu Ben-fu, Li Hui-ying, et al. Pre-heat treatment of PREP FGH95 superalloy powders [J]. The Chinese Journal of Nonferrous Metals, 2003, 13(3)：554-559.
[5] Mao Jian, Chang Ke-min, Yang Wan-hong. Cooling precipitation and strengthening study in powder metallurgy superalloy Rene88DT[J]. Materials Science and Engineering A, 2002, A332：318-329.

［6］ 张 莹，李世魁，陈生大. 用等离子旋转电极法制取镍基高温合金粉末［J］. 粉末冶金工业，1998，8
（6）：17-22.

Zhang Ying, Li Shi-kui, Chen Sheng-da. Production of nickel-based superalloy powder by the plasma electrode process［J］. Powder Metallurgy Industry, 1998, 8(6)：17-22.

［7］ Hu Ben-fu, Zhang Shou-hua. Carbide phases in Ni-based P/M superalloy［J］. Journal of University of Science & Technology Beijing, 1994, 1(1)：1-7.

［8］ 何承群，胡本芙，国为民，等. 等离子体旋转自耗电极端部熔池中的流场分析［J］. 金属学报，2000，36(2)：187-190.

He Cheng-qun, Hu Ben-fu, Guo Wei-min, et al. Analysis on fluid field in the end of plasma rotating electrode［J］. Acta Metallurgica Sinica, 2000, 36(2)：187-190.

［9］ Chen Huan-ming, Hu Ben-fu, Zhang Yi-wen, et al. The influence of processing parameters on granularity distribution of superalloy powders during PREP［J］. Journal of Materials Science and Technology, 2003, 19(6)：587-590.

［10］ 国为民，张凤戈，冯涤，等. 不同生产工艺对 FGH95 粉末高温合金组织和性能的影响［J］. 粉末冶金工业，2001，11(5)：7-12.

Guo Wei-min, Zhang Feng-ge, Feng Di, et al. Effects of producing process on microstructure and properties of FGH95 P/M superalloy［J］. Powder Metallurgy Industry, 2001, 11(5)：7-12.

［11］ 余永宁. 金属学原理［M］. 北京：冶金工业出版社，2000：451-453.

Yu Yong-ning. The Theory of Metallography［M］. Beijing：Metallurgical Industry Press, 2000：451-453.

［12］ Gessinger G H, Bomford M J. Powder metallurgy of superalloys［J］. International Metallurgical Reviews, 1974, 19：53-73.

［13］ Hu H. Recovery Recrystallization of Metals［M］. New York：Interscience Publishing, 1963：311-326.

［14］ Bee J V, Jones A R, Howell P R. The development of the necklace structure in a powder-produced nickel-base superalloy［J］. Journal of Materials Science, 1980, 15：337-344.

［15］ Menzies R G, Daves G J, Edington J W. Microstructural changes during recrystallization of powder-consolidated nickel-base superalloy IN-100［J］. Metal Science, 1981, 5：217-223.

（原文发表在中国有色金属学报，2004，14（6）：901-906.）

镍基高温合金快速凝固粉末颗粒中 MC 型
碳化物相的研究

胡本芙[①] 陈焕铭[①,②] 宋 铎[①] 李慧英[①]

（①北京科技大学材料科学与工程学院，北京 100083；
②宁夏大学物理与电气信息工程学院，银川 750021）

摘 要 对等离子旋转电极雾化（PREP）法制备的 FGH95 镍基高温合金粉末中碳化物的形态、结构、成分及其稳定性进行了实验研究，分析了粉末颗粒凝固过程中的热学参数和非平衡溶质分配对碳化物形成过程的影响。结果表明：快速凝固 FGH95 合金粉末中亚稳 MC 型碳化物形态的几何完整度随粉末颗粒尺寸减小由规则形态向复杂形态变化，不同尺寸粉末颗粒中碳化物的形态和数量决定于凝固过程中热学参数的变化和非平衡溶质分配系数的不同。亚稳 MC 型碳化物在加热作用下发生分解及合金元素再分配，其形态由复杂形状为主转变为规则形态的稳定 MC 型碳化物。

关键词 镍基高温合金 快速凝固 FGH95 合金粉末 MC 型碳化物

Research on MC Type Carbide in Nickel-Based Superalloy
Powders During Rapid Solidification

Hu Benfu[①], Chen Huanming[①,②], Song Duo[①], Li Huiying[①]

（①School of Materials Science and Engineering, University of Science and Technology Beijing, Beijing, 100083；②School of Physics and Electrical Information Engineering, Ningxia University, Yinchuan, 750021）

ABSTRACT：The morphology, structure and composition of carbide in FGH95 nickel-based superalloy powders prepared by plasma rotating electrode processing (PREP) and the carbide stability were investigated experimentally. The effects of thermal parameters and non-equilibrium solute partition on the process of carbide formation during solidification are also analyzed. The results indicate that the geometry integrity of metastable MC type carbide in rapidly solidified FGH95 alloy powders changed from regular morphology into diversified morphology with decreasing the powder size. The carbide morphology and quantity in different sizes powder particles depended upon the changes of thermal parameters and non-equilibrium partition coefficient during solidification. The decomposition of MC type carbide precipitated during rapid solidification and redistribution of alloy elements in MC took place under heat treatment, and the metastable MC type carbide transformed into stable MC type carbide with regular morphology.

KEYWORDS：nickel-based superalloy, rapid solidification, FGH95 alloy powder, MC type carbide

快速凝固技术已经广泛地被应用于研制新型合金材料和改善合金的性能[1,2]，在大多数镍基高温合金中，凝固过程中形成的 MC 型碳化物的形态和分布会严重影响合金的力学性能[3]，而在快速凝固的镍基高温合金粉末颗粒中 MC 型碳化物的形态、组成和分布主要影响热等静压过程中残留枝晶和原始颗粒边界碳化物的形成[4,5]，通常 MC 型碳化物的形态、成分和分布随颗粒尺寸不同而呈多样性，因此控制其形态、成分和分布是很重要的。本文的目的是揭示快速凝固条件下镍基高温合金粉末颗粒中 MC 型碳化物的形成以及其形态、成分和分布特征，为改进粉末的雾化工艺和调整热等静压成型制度提供理论依据。

1　实验材料及方法

选取用等离子旋转电极雾化（PREP）法制备的 FGH95 镍基高温合金粉末，其化学成分（质量分数/%）为：C 0.06，Cr 13.08，Co 8.62，W 3.48，Mo 3.48，Al 3.46，Ti 2.51，Nb 3.48，Zr 0.04，B 0.01，余为 Ni。采用化学沉积镍方法将粉末颗粒固定在 Cu 片上，化学腐蚀后进行萃取制成 TEM 样品。

2　实验结果

2.1　急冷凝固粉末中碳化物形态和成分

对 PREP 法制备的 FGH95 镍基高温合金粉末颗粒表面进行凝固组织观察，如图 1 所

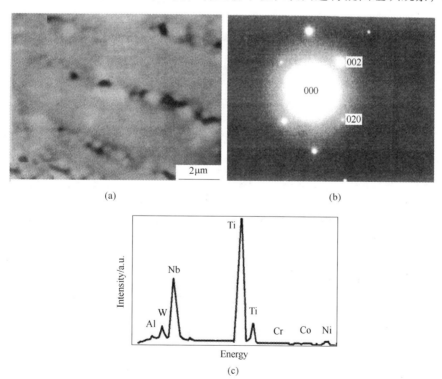

图 1　PREP 法制备的 FGH95 合金粉末表面 MC 型碳化物形态，［100］带轴衍射图及其能谱

Fig. 1　Morphology of MC type carbide on the surface of FGH95 alloy powder prepared by plasma rotating electrode processing（PREP）（a）its EDP of［100］zone（b）and EDXS（c）

示。FGH95 镍基高温合金粉末颗粒在快速凝固过程中形成的析出相主要分布在树枝晶间或长大胞状晶间，大多呈不连续的颗粒状，能谱分析及电子衍射图表明析出的碳化物为富 Ti、Nb 的 MC 型碳化物。

粉末颗粒内部碳化物形态较颗粒表面碳化物更加多样化，碳化物的几何形状在三维方向的完整度随颗粒尺寸的变化而改变，不同粒度粉末颗粒中碳化物数量也不同。在大颗粒粉末中观察到规则碳化物易堆聚现象，见图 2(a)；在小颗粒粉末中，碳化物数量较少，见图 2(b)。碳化物形态基本上有三种：规则块状 [图 2(c)]、花朵状 [图 2(d)] 和草书状 [图 2(e)]。其中块状碳化物外形完整度较高，花朵状和草书状完整度变差。

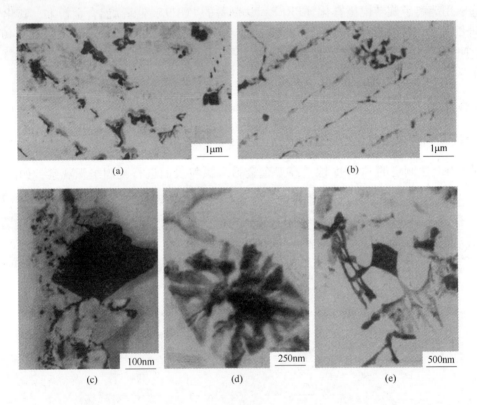

图 2　PREP 法制备的 FGH95 粉末颗粒内部碳化物的分布和形态

Fig. 2　Distributions and morphologies of MC′ carbides in the particles of FGH95 powders prepared by PREP

(a) MC aggregated in particles with size range of 110 ~ 147μm；(b) small amount of MC′ in particles with size range of 55 ~ 77μm；(c)，(d) regular and petal MC′ in particles with size range of 110 ~ 147μm；(e) cursive MC′ in particles with size range of 55 ~ 77μm

粉末颗粒中各种形态碳化物的化学成分如表 1 所示，由表 1 可以看出：由于碳化物成分中含有较多碳化物形成元素，故可称之为 MC′ 型碳化物，其中几何完整度高的块状碳化物中强碳化物形成元素（Ti + Nb）含量较高，而非碳化物形成元素（Co + Ni）含量较少。

表1　粉末颗粒中萃取碳化物的化学成分

Table 1　Chemical composition of extracted carbide by EDXS

(mass fraction/%)

Morphology	Ti	Nb	Ti + Nb	Cr	W	Mo	Cr + W + Mo	Co	Ni	Co + Ni
Regular	24.47	59.83	84.30	3.94	—	5.73	9.67	—	6.04	6.04
Petal	8.66	33.21	41.87	11.48	—	11.61	23.09	20.52	15.42	35.94
Cursive	11.22	51.43	62.65	8.71	8.18	—	15.70	4.89	15.57	20.46

　　碳化物的形态不同，强或弱碳化物形成元素含量也不相同，碳化物的形态和分布与粉末颗粒内枝晶间或胞状晶间的成分偏析密切有关。图3给出不同粒度粉末颗粒中合金元素的浓度变化，粉末颗粒中存在明显的枝晶偏析。枝晶间 Mo、Nb、Ti 元素含量均高于枝晶轴上的含量见图3(a)；而 Co 和 W 元素在枝晶间的含量均低于枝晶轴上的含量见图3(b)，随粉末尺寸减小，偏析程度随之减小。

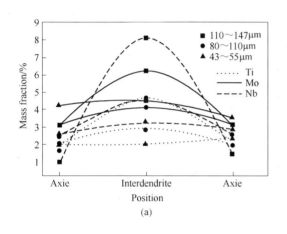

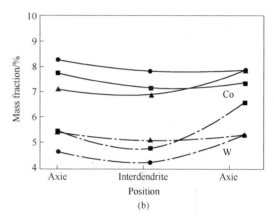

图3　尺寸在 43～147μm 的 FGH95 粉末颗粒中合金元素的浓度分布

Fig. 3　Distributions of solute concentration in powders with particle size range of 43～147μm

(a) Mo, Nb, Ti；(b) Co, W

2.2　快速凝固亚稳碳化物（MC′）的稳定性

　　亚稳 MC′型碳化物直接影响合金粉末热等静压致密化过程中原始颗粒边界（PPB）的形成。在热等静压过程中，原始粉末颗粒凝固析出的 MC′型碳化物形态与成分都要发生很大变化。图4给出不同加热温度下原始粉末颗粒中凝固析出 MC′型碳化物的形态变化。可以看出，随热处理温度的升高，MC′型碳化物发生分解，碳化物形态由复杂形状为主转变为规则块状，尺寸逐渐增大，成分上变成稳定的(Nb,Ti)C 型碳化物（Nb + Ti 含量 81.38%，Cr + W + Mo 含量 8.24%，Co + Ni 含量 4.88%）。这是因为急冷凝固粉末中存在很大的合金元素过饱和度，在加热温度作用下，非碳化物形成元素及弱碳化物形成元素（Co，Ni，W，Mo 等）通过扩散进入基体，强碳化物形成元素（Ti，Nb）通过扩散补充进入碳化物，碳化物与过饱和基体之间的相互扩散反应使得合金元素发生再分配，进而改变碳化物的形态、成分和分布。

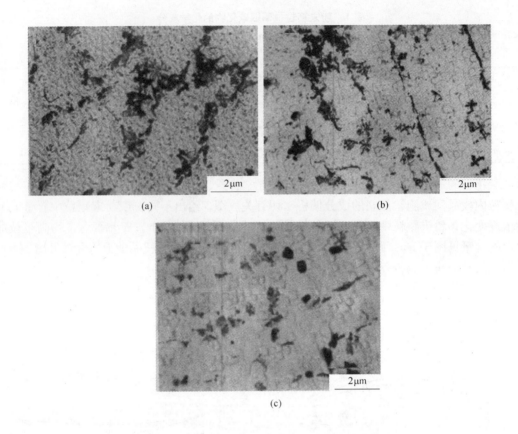

图4　不同加热温度下粉末颗粒中碳化物的形态

Fig. 4　Carbide morphologies in powders under different heat conditions

(a) 1000℃，4.5h（cursive type）；（b）1050℃，4.5h（petal type）；（c）1120℃，4.5h（regular type）

3　讨论

3.1　凝固热学参数与碳化物

　　碳化物的形态、成分和分布与凝固过程热学参数、非平衡溶质元素分配密切相关。将一维等效热容法[6,7]推广到三维空间并应用到 PREP 法生产的 FGH95 高温合金粉末凝固过程中颗粒内部温度场的描述，借助 Matlab 平台及其内置语言和库函数编写程序进行数值计算，记录凝固过程中每一时刻各节点的温度值及其随时间的移动情况，这样就可获得 FGH95 合金粉末颗粒凝固过程中固-液界面的移动速率和固-液界面前沿温度梯度随凝固时间或固相分数的变化情况。图5、图6分别给出合金粉末在凝固过程中固-液界面的移动速率和固-液界面前沿温度梯度随固相分数的变化曲线。由图可见，粉末颗粒尺寸越小，在凝固初期，由于粉末颗粒表面与冷却气体之间的温差很大，发生强烈的热交换作用，粉末颗粒内部的凝固潜热能够被周围冷却气体迅速带走，因而固-液界面移动速率和前沿的温度梯度很大。如尺寸为 30μm 和 200μm 粉末颗粒凝固初期固-液界面移动速率分别达922mm/s 和 134mm/s；固-液界面温度梯度分别从凝固开始后的 436.9K/mm 和 77.4K/mm 降至凝固终了前的 19.7K/mm 和 3.4K/mm。由于 PREP 雾化合金粉末凝固过程属于自由生长过程，完全不同于可以控制温度梯度的定向（约束）生长过程，其在凝固过程中固-液界面前沿的温度梯度除了受合金固-液相的物性参数影响外，主要受粉末颗粒的比表面积大小以及不同尺寸粉末颗粒的表面和外界热相互作用的大小来控制，因而不同粉末颗粒凝固过程中固-液界面移动速率和温度梯度明显不同。

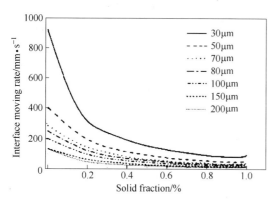

图 5　固-液界面的移动速率随固相分数的变化

Fig. 5　Moving rate of interface vs solid fraction

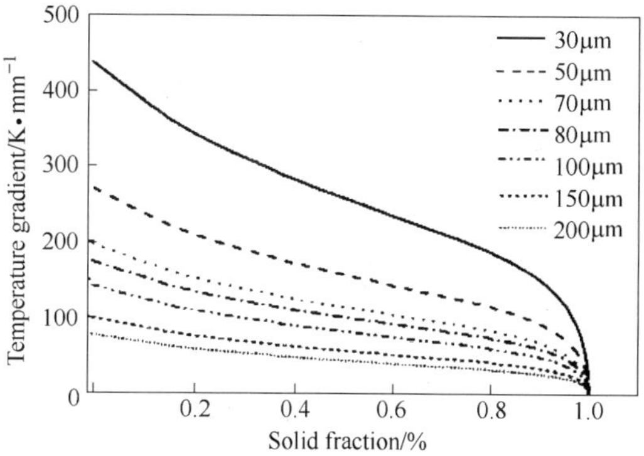

图 6　固-液界面前沿温度梯度随固相分数的变化

Fig. 6　Temperature gradient of interface vs solid fraction

经最小二乘法数据拟和可得不同尺寸合金粉末颗粒在快速凝固过程中其平均固-液界面移动速率（R）和平均固-液界面前沿的温度梯度（G）随合金粉末颗粒尺寸的增加呈指数下降趋势，即 $R = 5.587 \times 10^3 \cdot d^{-1.037}$ 和 $G = 4.679 \times 10^3 \cdot d^{-0.948}$。据此两式可以给出 G/R 值与粉末颗粒尺寸 d 的关系（图 7）。可以看出，在粉末颗粒的自由生长过程中，随粉末颗粒尺寸的增大，其固-液界面前沿的温度梯度与固-液界面移动速率的比值（G/R）呈增大趋势，如尺寸为 $30\mu m$ 和 $200\mu m$ 的粉末颗粒在凝固过程中该值分别为 1.369K·s/mm² 和 1.471K·s/mm²。图 7 还给出了等效热容法数值计算的不同尺寸 FGH95 高温合金粉末颗粒凝固过程中其平均凝固冷却速率随颗粒尺寸的变化。从图可见，颗粒尺寸越小，凝固冷却速率越大。

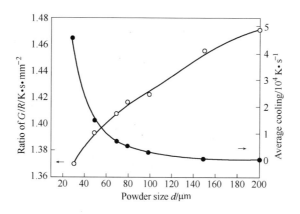

图 7　G/R 值及平均凝固冷却速率与粉末颗粒尺寸 d 的关系

Fig. 7　Ratio of G/R and average cooling rate vs powder size d

由以上快速凝固热学参数计算结果可知，不同尺寸粉末颗粒的固-液界面温度梯度与固-液界面移动速率的比值（G/R）和凝固冷却速率（$R \times G$）不同，其凝固过程中析出碳化物的形态及碳化物中合金元素含量应该与此有关。对于大尺寸粉末颗粒，其 G/R 值相对较大，即表示单位移动速率下界面前沿温度梯度变化大，属于平面晶生长状态，不易获得枝状形貌，同时由于 $R \times G$ 值相对较小，合金元素可发生较充分扩散，因而成分中强碳化物形成元素（Ti + Nb）含量较高；小尺寸粉末颗粒的 G/R 值小，单位固-液界面移动速率下其界面前沿温度梯度变化小，属于枝晶生长状态，易获得完整度较低的复杂多样枝状形貌，在成分方面，由于凝固冷却速率（$R \times G$）很大，非碳化物形成元素 Co，Ni 不能及时扩散离去，强碳化物形成元素 Ti，Nb 不能及时扩散补充，导致 MC′型碳化物形成时捕获溶质原子的能力增强，形成过饱和度较大的亚稳 MC′型碳化物。

3.2　快速凝固合金粉末颗粒的非平衡溶质分配与碳化物

快速凝固条件下，固-液界面溶质分配行为不能用传统理论来描述，必须建立新理论。目前关于快速凝固过程中非平衡溶质分配模型的报道很多[8~10]，但由于粉末快速凝固过程中与固-液界面移动速率有关的界面扩散还缺乏精确数据。据此原因本文采用 Aziz[11] 所建立的非平衡溶质分配模型并运用等效热容法数值计算 FGH95 合金粉末在 PREP 法雾化过程中非平衡溶质分配系数（k_R）随固相分数的变化规律。

从图 8 可以看出，粉末颗粒凝固过程中非平衡溶质分配系数 k_R 随固相分数的变化关系，依赖于固-液界面移动速率的非平衡溶质分配系数在凝固过程中发生较大变化。表现为在凝固过程中其溶质分配系数远离平衡值，粉末颗粒越小，其凝固过程中的非平衡溶质分配系数偏离平衡值的程度越大，因而偏析越小，最终导致不同尺寸的颗粒中溶质元素的偏析程度不一样，这一计算结果证实了图 3 所示的实验结果。由于大粉末颗粒的非平衡溶质分配系数较小，溶质元素偏析程度增大，因而凝固析出的碳化物数量较多，形态也因合金元素扩散比较充分而更为完整。

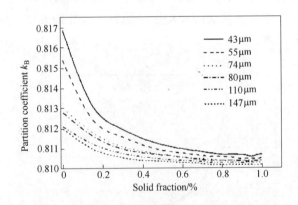

图 8　非平衡溶质分配系数随固相分数的变化关系

Fig. 8　Non-equilibrium partition coefficient of solute vs solid fraction

4　结论

（1）快速凝固 FGH95 合金粉末中亚稳 MC′型碳化物的几何形状随粉末颗粒尺寸不同

而发生变化，随着粉末颗粒尺寸由大至小变化，碳化物形态的几何完整度由规则形态向复杂多样化变化。

（2）不同尺寸粉末颗粒中，碳化物的形态和数量决定于凝固过程中热学参数的变化和非平衡溶质分配系数的不同。

（3）快速凝固过程中析出的亚稳 MC′型碳化物在加热温度作用下发生分解，碳化物形态通过合金元素的再分配由复杂形状为主转变为规则形态的稳定 MC 型碳化物，各种形态的亚稳 MC′型碳化物可以看作是稳定的 MC 型碳化物的暂时形态，这正是采用粉末预热处理的理论依据。

参 考 文 献

［1］ Cheng T Y, Zhang S H. Rapidly Solidification Technology and New Alloys. Beijing：Aviation Press, 1990：157.

（程天一，章守华. 快速凝固技术与新型合金. 北京：宇航出版社，1990：157）

［2］ Li Y Z. Rapidly Solidification. Technology and Materials. Beijing：National Defence Industry Press, 1993：23.

（李月珠. 快速凝固技术和材料. 北京：国防工业出版社，1993：23）

［3］ Ye J. America Nickel-base Superalloys. Beijing：Science Press, 1978：14.

（冶军. 美国镍基高温合金. 北京：科学出版社，1978：14）

［4］ Hu B F, He C Q, Gao Q, Li H Y, Zhang S H. Acta Metall Sin, 1999, 35（Supp1.2）：S363.

（胡本芙，何承群，高庆，李慧英，章守华. 金属学报，1999，35（增刊2）：S363）

［5］ Chen H M, Hu B F, Li H Y. Rare Met, 2003, 22：309.

［6］ Bonacina C, Comini G, Fasano A. Int J Heat Mass Trans, 1973, 16：1825.

［7］ Crowley A B. Int J Heat Mass Trans, 1978, 21：215.

［8］ Baker J C, Cahn J W. Acta Metall, 1969, 17：575.

［9］ Kim W T, Kim S G. Mater Sci Eng, 2001, A304：220.

［10］ Wood R F. J Phys Rev, 1982, 25：2786.

［11］ Aziz M J. J Appl Phys, 1982, 53：1158.

（原文发表在金属学报，2005，41(10)：1042-1046.）

热处理工艺对热挤压变形粉末高温合金 FGH95 组织与性能的影响

胡本芙[①]　尹法章[②]　贾成厂[①]　金开生[①]　李慧英[①]

（[①]北京科技大学材料科学与工程学院，北京　100083；
[②]北京有色金属研究总院国家金属基复合材料工程
技术研究中心，北京　100088）

摘　要　对比研究了 FGH95 合金在不同热加工工艺和热处理制度下合金的组织及 γ' 的分布，用光学显微镜、扫描电镜（SEM）和透射电镜（TEM）观察了不同热处理制度处理后合金的组织及时效后 γ' 的中心暗场相。测试了室温（20℃）和高温（650℃）材料的拉伸性能，并对高温瞬时断裂区断口进行了对比分析。结果表明：相同热处理工艺，HIP 温度越高，时效析出的 γ' 相尺寸越大；不同热处理制度均能够改变 γ' 的分布；盐浴冷却明显增大中等尺寸 γ' 相数量，显著提高合金高温塑性。

关键词　FGH95 高温合金　热等静压　热处理工艺　显微组织

Effect of Heat Treatment Processing on the Microstructure and Properties of Hot Extrusion-deformed FGH95 Alloy

Hu Benfu[①], Yin Fazhang[②], Jia Chengchang[①], Jin Kaisheng[①], Li Huiying[①]

（[①]Materials Science and Engineering School, University of Science and Technology Beijing, Beijing, 100083; [②]National Engineering and Technology Center for Nonferrous Metals Composite, General Research Institute for Nonferrous Metal, Beijing, 100088）

ABSTRACT: The microstructure and γ' phase distribution of FGH95 P/M superalloy under different hot extrusions and heat treatments were investigated. OM, SEM and TEM were employed to study the microstructure after heat treatment and γ' phase's dark field images after aging treatment. Tensile properties at room temperature (20℃) and high temperature (650℃) were tested. The microstructure of instant fracture appearance at high temperature was also analyzed. The results show that under the same heat treatment the higher HIP temperature is, the larger γ' phase size during aging treatment is. Heat treatment processing can change the distribution of γ' phase, and salt cooling can increase the total number of γ' phase with middle size and markedly improve the high-temperature plasticity.

KEYWORDS: FGH95 P/M superalloy, hot isostatic pressing (HIP), heat treatment, microstructure

粉末高温合金是 20 世纪 60 年代出现的一种用新技术生产的高温合金，由于粉末高温合金具有晶粒细小、组织均匀、无宏观偏析、合金化程度高及屈服强度高及疲劳性能好等优点，因而被认为是制造高推重比新型发动机涡轮盘的理想材料[1~8]。国外经过 20 多年的生产和使用，粉末高温合金的生产工艺已经相当成熟，质量控制手段更为严格和完整，用途也日益广泛，现已生产了压气机盘、涡轮盘、涡轮轴和涡轮挡板等多种高温部件[9~11]。

本文研究了热等静压 + 挤压变形合金（挤压比为 6.5∶1）的组织与性能，以及采用不同热处理制度后强化相 γ′相的分布状况，对比研究了热处理制度与合金力学性能的关系，以期找到高温合金热处理的最佳工艺，提高合金的性能。

1　实验材料及方法

选用 250μm 以下的氢气雾化 FGH95 合金粉末，其合金成分（质量分数/%）为：C，0.059；Co，8.01；Cr，13.50；W，3.74；Mo，3.61；Nb，3.54；Al，3.70；Ti，2.59；其余为 Ni。将合金粉末装入不锈钢圆筒包套，真空脱气，封焊，然后分别在 1120℃ 和 1190℃下，105MPa 压力等静压 3h，压坯尺寸为 φ80mm×90mm，之后去掉包套，重新包套，包套尺寸为 φ100mm×90mm，壁厚 6mm，包套与锭子之间涂上润滑剂，在 1120℃ 加热 2h，随后挤压成材，挤压比为 6.5∶1。

对上述挤压材料分别进行如下两种热处理工艺。第一种热处理工艺（HT1）：在 1130℃ 保温 1h 后油淬，然后在 870℃ 保温 1h 后空冷，最后在 650℃ 保温 24h 后空冷进行时效处理；第二种热处理工艺（HT2）：在 1140℃ 保温 1h 后盐浴，然后在 870℃ 保温 1h 后空冷，最后在 650℃ 保温 24h 后空冷进行时效处理。

用光学显微镜（OM）、扫描电镜（SEM）和透射电镜（TEM）观察了不同热处理制度处理后合金的组织及时效后小 γ′ 的中心暗场相，测试了室温（20℃）和高温（650℃）材料的拉伸性能。浸蚀剂溶液成分为 CuCl₂（5g），HCl（100mL，质量分数约为 38%），酒精（100mL，分析纯），浸蚀 2min，薄晶体试样减薄采用电解双喷方法。本文称尺寸在 1.0μm 以上的 γ′相为大 γ′，尺寸在 0.1~1.0μm 之间的 γ′相为中 γ′，尺寸在 0.1μm 以下的 γ′相为小 γ′。

2　实验结果和分析

2.1　热等静压后 FGH95 合金组织

图 1（a）和图 1（b）分别是热等静压温度为 1120℃ 和 1190℃ 时合金在光学显微镜下观察到的合金的显微组织。由图可以看出，1120℃ 热等静压（hot isostatic pressing，HIP）组织还保留有由 γ′相构成的原始颗粒边界（PPB）及树枝晶（见图中箭头所示）痕迹。大 γ′相主要分布于原始颗粒边界和晶界，中等尺寸 γ′相均匀地分布于晶内。而 1190℃ 热等静压组织中 γ′相分布更均匀，原始颗粒边界和树枝晶痕迹基本消除。对薄晶体试样观察表明：1120℃ 和 1190℃ 热等静压组织中等尺寸 γ′相的形态均为四个方形构成的蝶形见图 2（a）和图 2（b）。

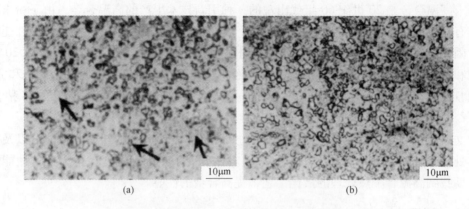

(a)   (b)

图1　热等静压态 FGH95 合金光学显微照片

(a) 1120℃；(b) 1190℃

Fig. 1　OM micrographs of FGH95 alloy after HIP

(a) 1120℃；(b) 1190℃

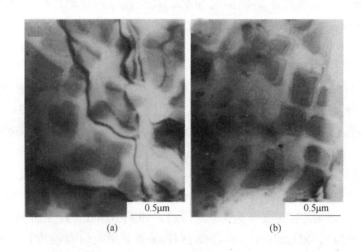

(a)   (b)

图2　热等静压态 FGH95 合金 γ′相形貌（TEM）

(a) 1120℃；(b) 1190℃

Fig. 2　TEM micrographs of γ′ phase in FGH95 alloy after HIP

(a) 1120℃；(b) 1190℃

2.2　热等静压 + 挤压后 FGH95 合金组织

通过挤压以后，扫描电镜观察 2HE（2HE：1120℃ HIP + 1200℃ extrusion）组织表明：由大 γ′相构成的原始颗粒边界及树枝晶基本消失见图3（a），说明挤压变形对破碎原始颗粒边界和消除树枝晶效果明显。中等尺寸 γ′相增多，大 γ′相减少，挤压对破碎大 γ′相有明显作用。而 9HE（9HE：1190℃ HIP + 1200℃ extrusion）组织［见图3（b）］中这种中等尺寸 γ′相明显少于 2HE 组织，大 γ′相则增多。这说明挤压对相对一定尺寸的中 γ′相无破碎作用，在挤压时这些 γ′相粗化而使大 γ′相增多。

薄晶体透射电镜观察（见图4）表明：挤压态组织大都为再结晶组织，但仍存在未完

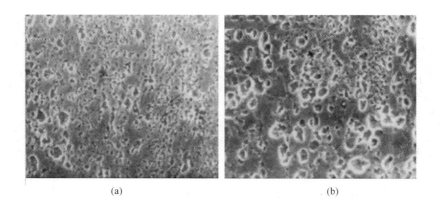

(a)   (b)

图 3　热等静压 + 挤压后合金的 SEM 照片

（a）1120℃热等静压 + 1120℃挤压；（b）1190℃热等静压 + 1120℃挤压

Fig. 3　SEM micrographs of FGH95 alloy after HIP plus extrusion

（a）1120℃ HIP + 1120℃ extrusion；（b）1190℃ HIP + 1120℃ extrusion

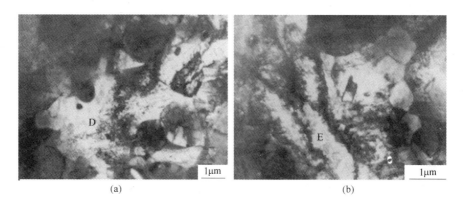

(a)   (b)

图 4　热等静压 + 挤压后合金的 TEM 照片

Fig. 4　TEM micrographs of FGH95 alloy after HIP plus extrusion

全再结晶组织，这种变形态组织有两种典型的特征：一种如图4(a)的 D 处，形变集中在晶粒内部，在这种晶粒的晶界及晶粒内有大、中尺寸的 γ′相，阻止再结晶的发生，在大、中 γ′相周围位错密度很高；另一种如图4(b)的 E 处，这种组织是在晶界及晶内没有大、中 γ′相，可是晶粒沿挤压方向伸长，高密度位错构成晶界，而其周围没有再结晶发生。这两种形变组织在挤压及随后冷却过程中都来不及发生再结晶，说明 HIP 温度对挤压态组织的影响主要是改变 γ′相的尺寸和分布。

2.3　挤压后试样经热处理后析出的小 γ′相

不同温度热等静压 + 挤压变形后的试样，经不同热处理制度处理后，其 TEM 中心暗场照片如图 5 所示，对小 γ′相大小进行统计得到其频度分布如图 6 所示。

（1）不同热等静压温度对小 γ′相分布的影响。图5(a)、(b) 为 HT1 热处理后的 TEM

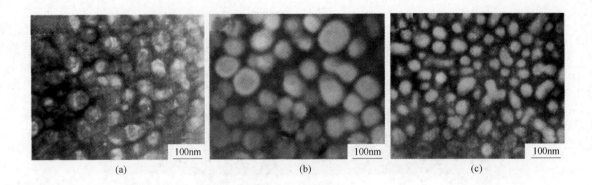

图5　不同热处理工艺后小 γ′相 TEM 中心暗场像

（a）2HET1；（b）9HET1；（c）2HET2

Fig. 5　TEM micrographs of small γ′ phase after different heat treatment processing

（a）2HET1；（b）9HET1；（c）2HET2

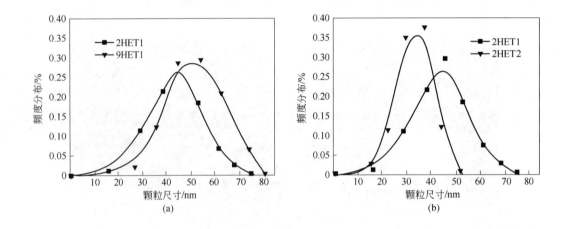

图6　热处理后小 γ′相频度分布曲线

Fig. 6　Frequency distribution of small γ′ phase after heat treatments

中心暗场像。显然，经相同热处理工艺处理后，1190℃热等静压＋挤压变形试样经热处理后小 γ′相尺寸比 1120℃的大。从小 γ′相的频度分布曲线［图6（a）］看，9HET1（9HET1：1190℃ HIP＋1200℃ extrusion＋HT1）试样频度分布曲线峰值在 2HET1（2HET1：1120℃ HIP＋1200℃ extrusion＋HT1）的右边，也说明相同热处理制度下，1190℃热等静压＋挤压变形试样热处理后的小 γ′相尺寸比 1120℃的大。

（2）不同热处理制度对小 γ′相分布的影响。图5（a）、（c）给出了经相同挤压工艺、不同热处理后的小 γ′相的形貌（TEM）。对比 2HET1 和 2HET2（2HET2：1120℃ HIP＋1200℃ extrusion＋HT2）可以看出，热等静压和挤压工艺相同，采用 HT2 热处理工艺后小 γ′相尺寸明显比 HT1 小。图6给出了经热处理后小 γ′相尺寸频度分布曲线。从图6（a）可以看出，采用相同热处理制度 HT1，热等静压温度越高，小 γ′相平均尺寸越大；从图6（b）可以看出，对 1120℃热等静压＋挤压变形后的试样，经盐浴冷却（HT2）时效析出的

小 γ′相尺寸较油冷（HT1）小。这是因为盐淬比油淬冷却速度慢，有一部分 γ′相以中等尺寸在晶内析出，致使基体 γ′相形成元素过饱和度减小，时效时小 γ′相的尺寸也就小；油冷速度快，晶内很少有中等 γ′相析出，故时效时析出的小 γ′相尺寸大。

2.4 热处理后合金的力学性能

把热处理后的棒材加工成标准的拉伸试样，分别测试了室温（20℃）和高温（650℃）拉伸性能，其结果见表 1。从表中可以看出：室温时，不同热处理工艺下拉伸性能相差不大，且都高于美国 GE（General Electric）公司给出的技术标准。同时，采用不同热处理工艺，高温塑性相差明显。采用 HT2 热处理制度，在高温强度都保持较高值的同时，能显著提高合金的高温塑性，如 650℃拉伸时，$\delta_{10} = 10.45\%$，$\varphi = 14\%$。

表 1　热等静压 + 热挤压变形 FGH95 合金力学性能

Table 1　Mechanical properties of FGH95 alloy after HIP plus extrusion

热处理工艺	20℃拉伸				650℃拉伸			
	屈服强度 $\sigma_{0.2}$/MPa	抗拉强度 σ_b/MPa	伸长率 δ_{10}/%	断面收缩率 φ/%	屈服强度 $\sigma_{0.2}$/MPa	抗拉强度 σ_b/MPa	伸长率 δ_{10}/%	断面收缩率 φ/%
2HET1	1477	1834	16.25	17.10	1345	1616	7.80	8.90
9HET1	1450	1817	17.25	22.15	1325	1660	10.00	11.80
2HET2	11452	1817	15.00	19.80	1338	1635	10.45	14.00
技术规范*	1240	1585	10	12	1150	1426	8	10

注：* 为美国 GE 公司的技术规范（A 级）。

热处理后强化相 γ′的分布和尺寸是决定合金性能的主要因素。从图 7 热处理后不同尺寸 γ′相占总颗粒百分数的统计可以看出，不同热处理工艺下 γ′相的总量变化不大（2HET1，54.73%；2HET2，56.44%），但不同尺寸 γ′相的分布却有差异。2HET1 和 9HET1 工艺相比，同样是油冷，但由于 HIP 温度不同，小 γ′相尺寸不同见图 5(a) 和图 5

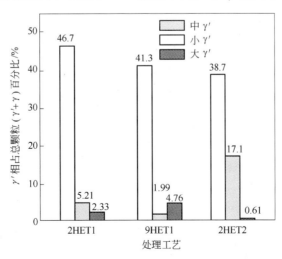

图 7　不同处理制度 γ′相及不同尺寸 γ′相的分布比较

Fig. 7　Comparison of the distributions of γ′ and γ′ phase for different heat treatments （b），HIP 温度高，小尺寸 γ' 相尺寸增大，这是因为在挤压时，1120℃ HIP 时长大的 γ' 相被挤压变形破碎的多，热处理时 γ' 相可被完全固溶，合金过饱和度比 1190℃ HIP 合金大（9HET1 中部分大 γ' 相被残存），油冷过程中析出冷却 γ' 相量多，而随后时效时合金过饱和度低，小 γ' 相析出数量少而且尺寸也小。2HET1 与 2HET2 两种工艺比较，热变形工艺相同，经 HT2 热处理后中等尺寸 γ' 相明显增多，达总颗粒的 17.14%，同时 HT2 工艺还减少了大 γ' 相的数量。从高温拉伸性能的结果看，这种组织对提高高温塑性是有利的。以前的工作表明[5]，HIP 试样在热处理时裂纹是沿着晶界粗大 γ' 相边缘扩展的，而 HT1 工艺所得的组织中大 γ' 相数量较多，这些大 γ' 相几乎以连续的方式分布于晶界，显然裂纹一旦形成就很容易连续地沿着大 γ' 相边缘扩展。HT2 工艺所得的组织中大 γ' 相数量较少，大 γ' 相不连续地分布于晶界；这样，如果有裂纹沿大 γ' 相边缘扩展，则这种扩展是非连续的，从而使裂纹扩展的速率降低。另一方面，经 HT2 工艺处理后，晶内有大量中等 γ' 相析出；与大 γ' 相相比，中等尺寸 γ' 相具有更大的形变协调性而不易发生应力集中，这样就可以减少裂纹发生，有利合金塑性提高。

3 结论

（1）相同热处理工艺下，挤压前热等静压温度对 γ' 相尺寸、数量有明显影响，热等静压温度越高，γ' 相分布越均匀，而经时效处理后小 γ' 相尺寸越大。

（2）挤压后热处理工艺对 γ' 相的总量影响不明显，但显著影响 γ' 尺寸的分布。HT2 工艺和 HT1 工艺相比，HT2 工艺能明显增加中等尺寸 γ' 的比例，相应地减少了小 γ' 和大 γ' 的质量分数，可明显改善合金高温塑性。

参 考 文 献

[1] 李力. 燃气涡轮发动机应用的粉末高温合金. 国外金属材料，1981(9)：23.
[2] 师昌绪，陆达，荣科. 中国高温合金四十年. 北京：中国科学与技术出版社，1996：65.
[3] 江和甫. 对涡轮盘材料的需求及展望. 燃气涡轮实验与研究，2002，15(4)：1.
[4] 黄乾尧，李汉康. 高温合金. 北京：冶金工业出版社，2000.
[5] 张莹，张义文，陶宇，等. FGH96 粉末高温合金的组织演变. 材料工程，2002(Suppl)：62.
[6] 国为民，宋璞生，吴剑涛，等. 粉末高温合金的研制与展望. 粉末冶金工业，1999，9(2)：9.
[7] 国为民. 俄罗斯粉末高温合金工艺的研究和发展. 粉末冶金工业，2000，10(1)：20.
[8] 国为民，冯涤，吴剑涛，等. 镍基粉末高温合金冶金工艺的研究与发展. 材料工程，2002(3)：44.
[9] Park N K, Kim I S. Hot forging of nickel-base superallov. J Mater Process Technol, 2001, 111(2)：98.
[10] 国为民. 100μmFGH95 粉末合金盘坯件的力学性能和热强性能. 材料科学与工艺，1998，6(3)：109.
[11] 牛连奎，张英才，李世魁. 粉末预处理对 FGH95 合金组织和性能的影响. 粉末冶金工业，1999，9(3)：23.

（原文发表在北京科技大学学报，2006，28(12)：1121-1125.）

新型高性能粉末高温合金的研究与发展

胡本芙　刘国权　贾成厂　田高峰

（北京科技大学材料科学与工程学院，北京　100083）

摘　要　粉末高温合金由于在高温下表现出一系列优越的性能而成为制造高推重比航空发动机涡轮盘等部件的首选材料，本研究总结和分析了国外第三代新型高性能粉末高温合金的研究成果，重点描述了这些合金的制备工艺和力学性能，并提出研制高性能粉末高温合金的重点发展方向。

关键词　粉末高温合金　热处理　涡轮盘　推重比

Development in New Type High-performance P/M Superalloys

Hu Benfu, Liu Guoquan, Jia Chengchang, Tian Gaofeng

（School of Materials Science and Engineering，University of Science and Technology Beijing，Beijing，100083）

ABSTRACT：P/M superalloys become first-choice material for turbine disks used for high thrust weight ratio aeroengine due to the superior high excellent properties. The latest researches of the third generation new type high-performance P/M superalloys were analyzed and summarized，the preparation and mechanical properties of these alloys were reviewed with emphasis，and the development orientation was present to developing high-performance P/M superalloys.

KEYWORDS：P/M superalloy，heat treatment，turbine disk，thrust-weight ratio

　　目前，美国、法国和英国等都相继开发出了第三代粉末高温合金，如美国的 Alloy10，ME3 和 LSHR（Low Solvus，High Refractory）等合金以及法国的 NR3，NR6 等合金。美国还利用 NASA 格伦研究中心发明的 DMHT（Dual Microstructure Heat Treatment）工艺在第三代粉末高温合金中成功实现了双晶粒组织，为高推重比航空发动机用双性能涡轮盘的制造打下了坚实的基础。中国粉末高温合金的研究始于 1977 年，目前已研制了以 FGH95 合金为代表的使用温度为 650℃ 的第一代高强型和以 FGH96 合金为代表的使用温度为 750℃ 的第二代损伤容限型粉末高温合金。但从总体上讲，与国外之间还是有较大的差距。为了跟踪和追赶国际水平，跨越式发展本国粉末高温合金，逐步缩小与国外的差距，本研究总结和分析了国外先进工业国家第三代粉末高温合金的研究成果，以便了解和学习国外先进经验，促进本国粉末高温合金的发展。

1 粉末高温合金的发展

粉末高温合金是 20 世纪 60 年代诞生的新一代高温合金，由于用精细的金属粉末作为成形材料，经过热加工处理得到的合金组织均匀，无宏观偏析，而且具有屈服强度高和疲劳性能好等一系列优点，因此，很快成为高推重比航空发动机涡轮盘等关键部件的首选材料[1~3]。经过近 40 年的发展，目前已经历第一代、第二代和第三代的研制历程。图 1 是三代的典型粉末高温合金的研制历程。其中以第一代高强型 René95 和第二代损伤容限型 René88DT 为代表的粉末高温合金最为引人注目[2,4]，第三代所追求的性能指标是强度在第一代与第二代之间，裂纹扩展速率比第二代更低，且使用温度高于前两代。近年来，随着热等静压、挤压和等温锻造等成形工艺的逐渐成熟以及计算机模拟技术的发展，粉末高温合金的研制周期明显缩短，手段更为先进，性能不断提高。

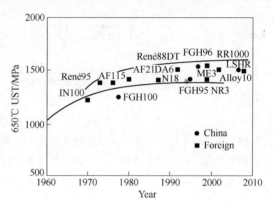

图 1 粉末高温合金的发展历程

Fig. 1 Development process of powder metallurgical superalloy

2 第三代粉末高温合金的成分和性能特点

第三代粉末高温合金的代表合金的成分见表 1。从表 1 可知，第三代粉末高温合金在合金成分上进行了优化，Alloy10 合金加入了更高含量的 W 是为了提高其强度，ME3 和 LSHR 合金加入了更多的 Co 元素，是为了提高合金的抗蠕变性能；LSHR 和 NF3 合金强调 Al 和 Ti 含量平衡，而 NRx 系列合金则加入了适量的 Hf 以全面提高合金性能。研究表明，Al/Ti 比在 0.94 ~ 1.0 之间，在保证合金优异的蠕变性能同时，淬裂的几率更小；而含有 1.0 ~ 2.1 的 Nb 和 2.0 ~ 3.5 的 Mo 则既可以提高强度，又保证合金能够获得优异的塑性。由于第三代粉末高温合金的合金化程度提高，并且采用了合适的冶金工艺，因此获得的合金组织较前两代的更为理想，使其具备了强度和损伤容限兼优的性能特点，而且可以在更高的温度下使用，为研制更高推重比的航空发动机打下了良好的基础。

表 1 第三代典型粉末高温合金的成分（质量分数/%）

Table 1 Component of the third generation representative

P/M superalloys in W/O（mass of raction/%）

Alloy	Cr	Co	Mo	W	Al	Ti	Nb	Ta	C	B	Zr	Hf	Ni
CH98	11.6	17.9	2.9	—	3.9	4.0	—	2.9	0.049	0.030	0.050	—	Bal
KM4	12.0	18.3	4.0	—	3.8	3.9	1.9	—	0.030	0.030	0.040		Bal
SR3	13.2	11.8	5.1	—	2.4	4.9	1.6	—	0.030	0.016	0.040	0.23	Bal
Alloy10	10.2	15.0	2.8	6.2	3.7	3.8	1.9	0.9	0.03	0.03	0.1	—	Bal
ME3	13.0	20.6	3.8	2.1	3.4	3.7	0.9	2.4	0.05	0.025	0.050	—	Bal

Alloy	Cr	Co	Mo	W	Al	Ti	Nb	Ta	C	B	Zr	Hf	Ni
LSHR	12.7	20.8	2.74	4.37	3.48	3.47	1.45	1.65	0.024	0.028	0.049	—	Bal
NF3	10.5	18.0	2.9	3.0	3.6	3.6	2.0	2.5	0.030	0.030	0.050	—	Bal
NR3	11.8	14.65	3.3	—	3.65	5.5	—	—	0.024	0.013	0.052	0.33	Bal
NR6	14.1	15.3	2.32	4.43	3.18	4.49	—	—	0.023	0.030	0.074	0.38	Bal

3　第三代典型粉末高温合金的研究

由于粉末高温合金的研制技术难度高、投资大、涉及的学科领域广，世界上能独立进行研制的国家也仅有美、俄罗斯、英和法等少数几个国家。就第三代粉末高温合金，据报道的也仅有美国和法国建立了属于自己牌号的合金，主要包括美国的CH98，Alloy10，ME3和LSHR等以及法国的NRx系列合金等。目前，第三代粉末高温合金的研究尚处于实验室或工业实验研究阶段，如英国罗-罗公司计划将某第三代合金应用在AE1107C发动机上，目前已经成功进行了工业性实验。不过全尺寸盘件的具体应用报道很少。

粉末高温合金的制备过程一般包括预合金粉末制造-压实（热压、热等静压、挤压等)-热加工变形（模锻、轧制等)-热处理。这些工艺技术水平的高低决定着合金的组织和性能，特别是对合金的晶粒度、基体中的γ′强化相形状、数量和尺寸及分布等有直接影响[5]。因此，不同的制备工艺会导致合金的性能也各不相同。下面介绍近几年来所研制的比较典型的第三代粉末高温合金。

Alloy10合金是美国Honeywell公司在原来的AF115合金（由Textron-Lycoming（即现在的Honeywell）公司研制的高蠕变性能合金）基础上通过调整成分联合研制的高强型镍基粉末高温合金[4,6,7]。Honeywell公司将其应用在微型喷气式发动机上。Alloy10合金的γ′相溶解温度约1182℃，γ′相含量约为55%，成型工艺为氩气雾化粉末（$\phi \leqslant 75\mu m$)，在1093℃，103.4MPa下热等静压3h，然后再在1107℃将盘坯以挤压比6∶1进行挤压，最后等温锻造成盘坯。

热处理是粉末冶高温合金制备的最后一道关键技术。其参数的选择决定了合金最终的组织与性能。一般在低于γ′相溶解温度进行固溶处理，得到细晶组织，屈服强度和疲劳性能好；而在γ′相溶解温度以上进行固溶处理，得到粗晶组织，蠕变强度高和裂纹扩展速率低。如对Alloy10合金分别在1163℃、1182℃和1200℃进行固溶处理，得到的对应晶粒度分别为11、8和5级。

由于Alloy10合金属于高强型粉末高温合金，因此通常在溶解温度以下固溶处理，然后淬火（如油淬），得到细晶组织和尺寸细小的γ′相，保证合金具有足够高的屈服强度和良好的疲劳性能。但是这种热处理工艺导致合金的裂纹扩展抗力较差。

NASA格林研究中心详细研究了在三种不同固溶温度处理下（分别为1163℃，1182℃和1200℃）合金的高温疲劳裂纹扩展性能，并相应调整了合金中Nb和Ta的含量，分析了它们对裂纹扩展性能的影响。发现，在更高的固溶处理温度下，如果加上稳定化处理，合金的静态裂纹扩展速率（704℃）大大降低，改变Nb和Ta含量对裂纹扩展影响不大，而降低Nb/Ta比，裂纹扩展抗力却得到提高。相对细晶组织来说，Nb/Ta比对粗晶组织的影响更明显。

正是这项研究，论证了制备双性能 Alloy10 合金涡轮盘的可行性。也就是通过特殊热处理实现盘心细晶组织，盘缘粗晶组织，以便于满足涡轮盘实际工况需要。于是 NASA 与 Wyman-Gordon 公司展开合作，设计了适合 Alloy10 合金的双组织热处理（DMHT）工艺，制备双性能 Alloy10 合金涡轮盘。DMHT 工艺是美国 NASA 格伦研究中心发明了一种成本低的双组织热处理工艺，它是在普通热处理炉基础上，通过改进，如使用了一些特殊装置（如卡具、绝缘物质等），能够很方便地实现盘件双重组织。具体装置和原理参考文献[8,9]。随后 Ladish 公司解决了盘坯固溶处理后如何方便地进行淬火处理这一重要问题，具备了双性能粉末盘的批量生产充分条件。

图 2 为采用 DMHT 工艺制备的 Alloy10 双性能盘。盘心晶粒度 ASTM6～7，盘缘晶粒度 ASTM 10～12。通过检测 Alloy10 合金 DMHT 盘心与盘缘的性能，与采用传统热处理工艺（THT）比较发现，Alloy10 合金 DMHT 盘心具有很高的强度，比低于 γ′相溶解温度传统热处理的还要高；而盘缘部位与高于 γ′相溶解温度传统热处理几乎没有差别，但蠕变性能要比后者更好；对裂纹扩展性能测试的结果得到，采用 DMHT 工艺处理的 Alloy10 合金盘缘的裂纹扩展性能比高于 γ′相溶解温度传统热理稍差，可能的原因一个进行 DMHT 处理之前，进行了低于 γ′相溶解温度处理，另一个可能原因是进行 DMHT 工艺处理之后，在进行淬火处理之前有时间延误。

图 2　双性能 Alloy10 盘
Fig. 2　Dual properties Alloy10 disk

对 Alloy10 合金研发的出发点就是得到一种高强度粉末高温合金，如果通过高于 γ′相溶解温度固溶处理采用适当的速度冷却时发现淬裂比较严重，这种现象甚至在一些小盘件中也比较容易出现。为此 NASA 格林研究中心与美国 GE 发动机公司和 P&W 公司联合开发出了 ME3 高级涡轮盘合金，也称 René104 合金[10~12]。在 ME2 合金的基础上，通过调整合金中难熔元素的含量，降低了 γ′相溶解温度，γ′相含量更多，克服了在高于 γ′相溶解温度固溶处理快冷容易淬裂这一问题，大大改善了合金的力学性能。ME3 这种新型合金可以使发动机工作于 760℃高温，因此大大提高了发动机效率，延长了涡轮和压气机的使用寿命。据估 ME3 高级涡轮盘合金的使用寿命是现有材料使用寿命的 30 倍左右。它也被选择制备用在 600～700℃范围内工作时间更长的大型盘件材料。

Ladish 公司利用 DMHT 工艺对 ME3 进行实验处理，同样取得了成功。结果是盘缘部位获得了晶粒度 ASTM6～7（45～32μm）的粗晶组织，盘心部位晶粒从热处理前的 ASTM14（3μm）缓慢长大为 ASTM12（6μm），仍然保持了细晶组织。对 ME3 合金的 DMHT 盘性能检测结果表明盘缘屈服强度略高于采用高于 γ′相溶解温度传统热处理；但蠕变抗力优于后者；盘心屈服强度略低于采用低于 γ′相固溶温度传统热处理，但疲劳抗力优于后者。

NF3 是美国开发的可以用于 760℃以上操作温度下一种镍基高温合金，是制造发动机高压涡轮盘的极佳材料[13]。成型工艺为真空感应熔炼母合金，氩气雾化粉末（φ≤100μm），挤压后锻造成型。该合金常采用的热处理工艺为 1200℃固溶处理，吹风冷（或油淬）至室温，760℃时效 8h。

由于在更高温度下使用，对合金的蠕变性能要求更为苛刻，相对于第二代的 René88DT 合金来说，NF3 合金的静态裂纹扩展速率和蠕变寿命都有了很大提高，但比 CH98 合金，其静态裂纹扩展速率稍低，不过蠕变寿命却是 CH98 合金的 4 倍。值得注意的是，对于在高温工作相对短时间的发动机涡轮盘来说，蠕变性能要比静态裂纹扩展速率重要得多。

另外，改善合金的性能，除了希望调整成分得到最佳成分之外，通过合适的热处理优化显微结构也是一项重要内容。为了保证合金得到优异的综合性能，通过高于 γ′相溶解温度固溶处理后快冷得到粗晶和细小尺寸的 γ′相是个必要的途径。但是，这种情况下盘件的淬裂几率较高，如何降低甚至避免淬裂正成为工艺技术中的一个难点。就 Alloy10、ME3 和 NF3 三种合金，Gayda J 等人通过模拟热处理研究了它们的淬裂趋向，发现，随着固溶处理温度从 1138℃升高到 1204℃，合金的淬裂几率从 0 增加到约 50%。但是，如果固溶处理温度较低（1188℃），ME3 合金的淬裂几率最高，但在更高的固溶温度下处理（1204℃）ME3 合金却是最低的。而如果在各自下处理，ME3 合金的淬裂频率也是最低，不到 10%，而 Alloy10 和 NF3 达 40%。这说明，相对合金化学成分，固溶温度是影响淬裂最重要因素，而 γ′溶解温度又决定于合金成分，因此，如何调整合金成分来降低淬裂倾向至关重要。ME3 相对于 Alloy10 和 NF3 合金 γ′溶解温度更低，所以在更高的固溶温度下处理其淬裂倾向有了明显的降低。这个结果说明，如设计 ME3 合金一样，在设计更新一代合金时，可以通过提高合金化程度降低 γ′溶解温度，以达到既能提高合金强度也可以降低淬裂频率的目的。

先进 LSHR 镍基超合金是 NASA 格伦研究中心在 Alloy10 和 ME3 合金基础上，优化合金成分而开发出来的[14]。对 Alloy10 来说，Nb/Ta 的比大于 2∶1，因为更多 Nb 元素的加入可以提高合金的拉伸强度，而对于 ME3 合金，元素 Ta 的含量几乎是 Nb 的 3 倍，所以该合金具有更好的静态裂纹扩展抗力；而 LSHR 合金则强调 Nb/Ta 比的平衡，从而保证了获得更加优异的性能。该合金的 γ′溶解温度约 1160℃。表 2 是 LSHR 合金采用不同热处理工艺及对应的晶粒度。

表2　LSHR 合金所采用不同的热处理工艺及对应的晶粒度
Table 2　The corresponding grain grade of LSHR alloy performed by the different heat treatments

Heat treatment		Grain size	
		Bore	Rim
Subsolvus	1135℃(2.5h)/oil cooling/aging(815℃/8h)	11(8μm)	11.3(7.3μm)
Supsolvus	1171℃(2.5h)/fan cooling	7.1(31μm)	6.8(34μm)
DMHT	1135℃(2.5h)/1191℃(1h)/ oil cooling/ aging(815℃/8h)	12	5

性能检测结果，采用高（低）于 γ′相溶解温度传统热处理制备的合金综合性能优于 ME3 和 Udimet720，而采用 DMHT 工艺得到的盘心屈服强度比传统的低于 γ′相溶解温度处理后的还要高，盘缘强度也高于采用传统的高于 γ′相溶解温度处理后的强度，这主要是由于在进行 DMHT 工艺处理之前预先进行了细晶处理的结果。

表 3 总结了 Alloy10、ME3 和 LSHR 三种合金不同热处理下 704℃拉伸性能。从表 3 可见，采用高（低）于 γ′溶解温度传统热处理的强度相差较大，但是采用 DMHT 工艺处理则相差不大，这是因为一般对合金盘坯进行 DMHT 工艺处理前或之后要进行低于 γ′相溶解温度固溶处理，而这步处理弥补了盘缘和盘心部位的强度差别，避免了"弱连接"现象，并且在保证盘缘性能的基础上，可以使盘心性能进一步提高。

表 3　Alloy10、ME3 和 LSHR 合金在不同热处理下 704℃的拉伸性能

Table 3　The tensile properties at 704℃ of Alloy10，ME3 and LSHR
alloy performed by different heat treatments

Alloy	Heat treatment	$\sigma_{0.2}$	UTS/MPa	EI/%
Alloy10	Sub solvus	1207.5	1400.7	9
	Sup solvus	1035	1345.5	16
	DMHT/Bore	1214.4	1428.3	10
	DMHT/Rim	1062.6	1366.2	10
ME3	Sub solvus	1086	1304.1	16
	Sup solvus	1026.7	1302.0	17
	DMHT/Bore	1076.4	1200.6	14
	DMHT/Rim	1090.2	1338.6	18
LSHR	Sub solvus	1171.8	1331.8	11
	Sup solvus	1005.3	1329.4	16
	DMHT/Bore	1207.5	1373.1	6
	DMHT/Rim	1097.1	1366.2	7

第三代 NRx 系列粉末高温合金是法国研制的，其中对 NR3 和 NR6 合金研究最多。NR3 合金是法国宇航研究院（ONERA）和斯奈克玛（SNECMA MOTEURS）公司在 N18 基础上开发的，它的成分设计特点是降低了 Mo 元素含量，避免了 TCP（Topologically close-packed）相高温长时间工作下晶内和晶间析出。加入了 0.33% 的难熔金属 Hf，全面提高了合金性能。γ′相含量50% ~ 55%，γ′溶解温度1205℃，密度为 8.105g/cm^3[15]。其成型工艺过程为真空感应熔炼母合金，氩气雾化粉末（$\phi \leqslant 75\mu m$），热压（低于 γ′溶解温度），热挤压（挤压比7：1）和等温锻造成型。NR3 合金的标准热处理工艺为：1175℃/4h($R_c \approx$ 100K/min) + 700℃/24h + 800℃/4h/Air cooling。

NR6 合金也属于 NRx 系列，相比于 NR3 合金，用 W 部分取代了 Mo，γ′相含量为 45.3%，密度 8.29g/cm^3。成型与热处理工艺与 NR3 基本相同。比较于 N18 合金，NR3 和 NR6 合金的性能有了明显提高，使得在 650℃以上温度下使用组织更稳定，主要是避免了像在 N18 合金中容易生成的 TCP 相，这是由于两种新型合金的成分进行了优化。

其他的新型高性能粉末高温合金还包括 CH98，KM4 和 SR3 等[16,17]。CH98 属于高强型粉末高温合金，其 γ′相含量达 60%。研究发现，在该合金中加入一定量的 W 和 Nb 元素，可以提高其拉伸强度和蠕变性能，通过中间稳定化处理，在不影响蠕变性能的前提下，还能进一步提高合金的热加工性能。另外，KM4 合金通过调整 Nb 和 Ti 的含量不加入其他难熔金属来获得更多的冷却 γ′（≈55%），而 SR3 则有更高的 Ti 和更低的 Al 含量，

并加入了适量的 Hf 元素，以提高合金的强度，其 γ′相含量约为47%。通过研究热处理对两种合金性能的影响发现，对合金在时效前进行稳定化处理能够显著影响合金的拉伸强度和静态裂纹扩展抗力，SR3 合金的蠕变性能也会因微观结构的改变而变化，但是对 KM4 合金影响却不明显，其蠕变性能更依赖于合金成分。

4　高性能粉末高温合金研究方向

粉末高温合金的发展已经进行了近40年，在生产工艺逐渐趋于成熟的条件下，今后一系列性能更为优异的合金也将被相继开发出来，今后具体发展方向可分为以下几个方面。

4.1　粉末制备

粉末的制备包括制粉和粉末处理。目前，主要制粉工艺包括氩气雾化（AA）和等离子旋转电极法（PREP）都在积极改进，尽量降低粉末粒度和杂质含量。沿着制造超纯净细粉方向发展。另外，对粉末进行真空脱气和双韧化处理，提高压实盘坯的致密度和改善材料的强度和塑性，也是一个重要的研究内容。

4.2　热处理工艺

热处理工艺是制备高性能粉末高温合金的关键技术之一，由于在淬火过程中开裂问题经常发生，因此，如何选择合适的淬火介质或者合理的冷却曲线降低淬裂几率是热处理过程中的重要技术环节。如可以选择比水、油或盐浴更佳冷却速度的喷射液体或气体快冷，以及采用两种冷却介质匹配形成高温区冷却速度慢低温区冷却速度快的冷却曲线，还有可以采用二级盐浴冷却等，希望从根本上消除淬火开裂问题，得到低变形、无开裂的高性能粉末高温合金。

4.3　计算机模拟技术

计算机模拟技术现在逐渐成为粉末高温合金工艺中非常重要的研究内容。目前，在欧美等国，计算机模拟技术在粉末盘生产的全过程中都得到了应用。如利用计算机模拟预测淬火过程的应力分布及温度场分布情况，优化设计合金成分、热等静压包套、锻造模具等，随着粉末高温合金技术的不断发展，计算机模拟技术的应用将会越来越广泛。

4.4　双性能粉末盘

双性能粉末盘的特点是具有剪裁结构的双重组织，可以满足涡轮盘实际工况需要，大大提高涡轮盘使用寿命。因此，制备双性能涡轮盘对研制高推重比先进航空发动机是非常重要的。而双性能盘的制备技术复杂，工艺难以掌握，所以，如何完善双性能粉末盘的制备工艺将是今后各国研究的重点。

5　结束语

由于粉末高温合金被首选用作高推重比航空发动机涡轮盘材料，具有重要的战略意义，因此各国对这方面的研究都比较重视。本国自从20世纪70年代末开展了粉末高温合金的研究以来，也取得了长足的进步。已经进行了 FGH95 和 FGH96 两代合金的研制，其中，第三代800℃以上粉末高温合金的预研已经立项。但就目前来说，本国在涡轮盘材料和结构设计上与国外的差距依然很大。为了满足国内发动机的迫切需求，应当在参照国外先进制备工艺的基础上，加大对大型先进设备的引进与投入，争取实现跨越式发展，早日实现本国高性能粉末盘的工程化应用。

参 考 文 献

[1] 张义文. 俄罗斯粉末高温合金[J]. 钢铁研究学报，1998，10(3)：74-76.

[2] 邹金文，汪武祥. 粉末高温合金研究进展与应用[J]. 航空材料学报，2006，26(3)：244-250.

[3] 胡本芙，陈焕铭，金开生，等. FGH95高温合金的静态再结晶机制[J]. 中国有色金属学报，2004，14(6)：901-906.

[4] 张义文，上官永恒. 粉末高温合金的研究与发展[J]. 粉末冶金工业，2004，14(6)：30-43.

[5] 国为民，张凤戈，张莹，等. 镍基粉末高温合金的组织、性能与成型和热处理工艺关系的研究[J]. 材料导报，2003，17(3)：11-15.

[6] Telesman J, Kantzos P, Gayda J, et al. Microstructure variables cont rolling time-dependent crack growth in a P/M superalloy[A]. Green K A, Pollock T M, Harada H, et al. Superalloy, 2004[C]. Warrendale: TMS, 2004: 215-224.

[7] Gayda J. Alloy10: A 1300 ℉ Disk Alloy[R]. Washington: NASA/TM-210810, 2001.

[8] Gayda J, Furrer D. Dual-microstructure heat treatment[J]. Advance Materials & Process, 2003, (7): 36-40.

[9] Gayda J, Gabb T P, Kantzos P T. Heat treatment devices and method of operation there of to produced dual microstructure superalloy disks[P]. US Patent: 6660110B1, 2003-12-09.

[10] Gabb T P, Telesman J, Kantzos P T, et al. Effect of high temperature exposure on fatigue life of disk[A]. Green K A, Pollock T M, Harada H, et al. Superalloy, 2004[C]. Warrendale: TMS, 2004. 269-274.

[11] Mourer D P, Williams J L. Dual heat treat process development for advanced disk applications[A]. Green K A, Pollock T M, Harada H, et al. Superalloy, 2004[C]. Warrendale: TMS, 2004. 401-408.

[12] Gabb T P, Ellis D L, Kenneth M, et al. Detailed microstructure characterization of the disk alloy ME3[R]. Washington: NASA/TM-213066, 2004.

[13] Mourer D P, Huron E S, Bain K B, et al. Superalloy optimized for high-temperature performance in high pressure turbine disk[P]. US Patent: 6521175B1, 2003-02-18.

[14] Gayda J, Gabb T P, Kantzos P T. The effect of dual microstructure heat treatment on an advanced nickel-base disk alloy[A]. Green K A, Pollock T M, Harada H, et al. Superalloy, 2004[C]. Warrendale: TMS, 2004: 323-330.

[15] Locq D, Caron P, Raujol S, et al. On the role of tertiary γ' precipitates in the creep behavior at 700℃ of a PM disk superalloy[A]. Green K A, Pollock T M, Harada H, et al. Superalloy, 2004[C]. Warrendale: TMS, 2004: 179-188.

[16] Gayda J. The effect of tungsten and niobium additions on disk alloy CH98[R]. Washington: NASA/TM2212471, 2003.

[17] Schirra J J, Reynolds P L, Huron E S, et al. Effect of microstructure (and heat treatment) on the 649℃ properties of advanced P/M Superalloy disk materials[A]. Green K A, Pollock T M, Harada H, et al. Superalloy, 2004[C]. Warrendale: TMS, 2004. 341-350.

（原文发表在材料工程，2007，(2)：49-57.）

双性能粉末高温合金涡轮盘的研究进展

胡本芙　田高峰　贾成厂　刘国权

（北京科技大学材料科学与工程学院，北京　100083）

摘　要　粉末高温合金由于在高温条件下表现出一系列优越的性能而成为制造高推重比航空发动机涡轮盘等热端部件的首选材料，特别是近年来对具有双晶粒组织的双性能涡轮盘不断深入的研究，使粉末高温合金应用前景更加乐观。本文论述国内外双性能粉末高温合金涡轮盘的研究进展，重点分析在制备中面临的问题，并对国内研制双性能涡轮盘提出建议。

关键词　航空发动机　双性能涡轮盘　粉末高温合金　双重组织

Development in Double-Properties Turbine Disk of P/M Superalloy

Hu Benfu, Tian Gaofeng, Jia Chengchang, Liu Guoquan

（School of Materials Science and Engineering, University of Science and Technology Beijing, Beijing, 100083）

ABSTRACT：P/M superalloys become first-choice material for high performance applications such as turbine disks used for high thrust-weight ratio aeroengine due to the superior high temperature properties. In recent years, because of the in-depth research on double properties turbine disk with duplex structure, the prospect in application of P/M superalloy will be more hopeful. The development of double properties turbine disk applied in domestic and abroad aircraft was summarized, the encounter problems in the study were analyzed with emphasis, some suggestions for improvement on double properties turbine disk were also proposed.

KEYWORDS：aeroengine, Double properties turbine disk, P/M superalloy, Duplex structure

　　涡轮盘是航空发动机热端的关键部件之一，通常在540~840℃工作，因而要求材料具有优良的力学性能和热加工性能，镍基粉末高温合金由于在高温下表现出一系列优异的性能，有效保证发动机的可靠性和耐久性，所以成为制造先进航空发动机高压涡轮盘等关键热端部件的首选材料[1,2]。随着航空发动机推重比的提高，先进发动机涡轮前工作温度已高达1750℃左右，这需要合金材料具有较高的承温能力和性能稳定性。航空发动机用涡轮盘，盘心部位（轮毂）工作温度低，但它相应的要受到涡轮轴的扭转作用，需要细晶组织以保证足够的拉伸强度和疲劳抗力；盘缘部位（轮缘）要承受的工作温度高（因为它接近高温气体通道），所以需要粗晶组织保证足够的持久、蠕变和抗疲劳裂纹扩展性能，这样就要求涡轮盘件的不同区域具有不同晶粒尺寸的显微组织，以获得相应的力学性能，双性能涡轮盘就是具有双晶粒组织（盘心细晶组织，盘缘粗晶组织）的新一代涡轮盘。由于双性能粉末盘的特点是符合涡轮盘的实际工况条件，充分发挥材料的性能潜力，因此，应用前景十分诱人。目前，世界上几个先进工业国家，如美国、俄罗斯和日本等已经掌握生产双性能涡轮盘的技术，制造工艺皆不相同，其中美国在这方面的研究居于世界领先地位。

1　研制双性能粉末盘的回顾

根据涡轮盘的实际工作状况，各个部位处在不同的温度下，并承受不同程度的应力。因此，要延长其使用寿命，在涡轮盘结构设计中通常有两种途径可以选择：一种是增加盘件的厚度，降低局部应力水平，保证涡轮盘在高温作业下合金材料显微组织的稳定性，但是这种方法与发动机设计原则相悖，人们更希望减轻涡轮盘重量而获取高的发动机推重比，显然并不可取；另外一种途径就是制备双性能涡轮盘，这种方法不仅可以减轻盘件的重量，优化涡轮盘结构设计，还能充分挖掘材料的性能，因此是一种行之有效的途径。在发动机研制领域具有强大实力的美国从 1977 年实施双性能粉末盘的研究计划，但由于制造工艺复杂、难度大，并从发动机安全可靠性考虑，直到 1997 年，采用双重热处理工艺（Dual Heat Treatment，DHT）制造的 DIP IN100 双性能粉末盘才在第四代战斗机 F22 的 F119 发动机上使用，并显示出强大的生命力[3]。另外，英国、俄罗斯、日本，包括中国在内的少数国家也都开展了双性能粉末盘的研究工作，并取得不同程度的成果，但还未见实际应用报道。

2　双性能粉末盘合金的制备

双性能粉末盘的关键问题是制备工艺技术，这也是影响应用的主要原因。双性能粉末盘按结构可分为两种类型：单一合金双性能粉末盘和双合金双性能粉末盘。

双性能粉末盘的研制最初从双合金双性能粉末盘开始，即通过特殊的加工方式将两种不同的合金连接在一起制造而成，要求盘缘部位合金具有良好的蠕变和裂纹扩展抗力，盘心部位合金具有较高的拉伸强度和低周疲劳抗力。双合金双性能粉末盘制备的工艺难点是如何将两种合金（盘缘和盘心部位所选择的合金）连接在一起，而不出现严重"弱连接"问题，从而使连接区避免成为涡轮盘破裂根源。制备工艺包括超塑性锻造、HIP 或扩散连接、锻造增强连接以及喷射成形等。美国、俄罗斯和日本在这方面开展了不少研究工作。表 1 是美国采用超塑性锻造工艺制造的双合金双性能盘[3,4]。这个技术要求两种合金可塑性好，且方便加工，适用于制造形状简单的涡轮盘，不过两种合金通过锻造形成的连接区容易出现"弱连接"现象。这个区域对高温下使用的涡轮盘合金材料来说是个潜在危险。

表 1　双合金双性能粉末盘

Table 1　Double properties turbine disk consisting of two alloys

Rim	SR3/KM4/HK-36/LC A stroloy SR3/KM4/René88DT	René88DT	AF115	PA101 LC A stroloy	KM4	MarM247
Bore	René 95	KM2	KM2/HK44 IN100/René95	MERL76	SR3	U720

80 年代后期，美国尝试采用喷射成形的方法制备双性能盘。喷射成形工艺作为制造金属材料的一种新技术最早始于 60 年代初，1974 年，经英国 Osprey Metal 公司进一步发展成"Osprey Process"的喷射成形技术。后来美国通用公司用它生产镍基高温合金[5]，并通过设备和技术改进尝试制造双性能盘。该方法可以有效避免两种合金连接区域形成缺陷（如氧化层、连接不致密等），但是该工艺操作难度大，设备复杂，它的技术关键是保证喷射成形的连续性[6]。

俄罗斯对双性能粉末盘制备的主导工艺是采用 HIP 扩散连接。日本采用 HIP 成形 + 超塑性锻造工艺制造双合金双性能粉末盘。比如轮毂采用 TMP-3 合金，轮缘采用 AF115 合金，氩气雾化制备上述两种合金粉末，分别 HIP 成形，然后进行超塑性锻造，成功制造出 ϕ400mm 的双性能粉末盘[7]。

另外一类就是单一合金双性能粉末盘，它是采用特殊方式在一种合金上实现双晶粒组织。如通用公司使用选择性热机械处理工艺制备 AF115 合金双性能盘，HIP 成形后，盘心部位通过锻造获得细晶组织，盘缘部位不锻造仍然保持 HIP 态粗晶组织。但是这种方法仍会造成锻造部位与未锻造部位之间力学性能上的"弱连接"，而且未锻造的盘缘部位也不可避免地存在有热诱导孔洞、收缩等缺陷，这些缺陷和连接区容易加速盘件破裂。

目前制造单一合金双性能粉末盘应用较多的是双重（梯度）热处理。即使用特殊加热装置对合金进行热处理，实现双晶粒组织。根据晶粒尺寸与性能之间的关系（图1），要实现双重组织双性能，盘心部位的晶粒度（ASTM）应在 8 ~ 12 级，盘缘部位的晶粒度（ASTM）约 3 ~6 级。因此，在热处理过程中，盘缘部位的温度应高于 γ' 相溶解温度，盘心部位应低于 γ' 相溶解温度，从而保证不同部位获得不同的晶粒组织。可见，在采用双重热处理工艺制备单一合金双重组织双性能盘时，热处理参数的选择是实现盘件不同区域理想晶粒尺寸的关键。其中，盘缘部位的温度容易控制，直接暴露在温度（高于 γ' 溶解温度）事先设定好的热处理炉中即可，加热方式有蒸汽加热和感应加热等；感应加热效率高，敏感性好，但对设备要求高；而盘心部位温度的控制相对较难，人们设计了很多不同的方法达到目的。如在盘心上下部位分别放置绝热块，把盘心连同绝热物质一起放到绝热箱内，然后再对绝热箱内通循环的冷却气体，气体通过盘件中间预制的孔冷却盘心部位，

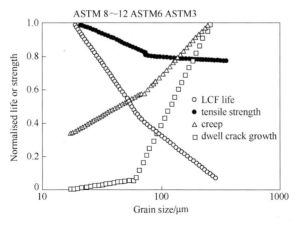

图 1　晶粒尺寸和性能之间的关系

Fig. 1　Relationship between grain size and properties

也可以直接通入气体进行冷却，这种方法便是双重热处理工艺。图 2 为采用 DHT 工艺处理的盘件内的温度梯度。

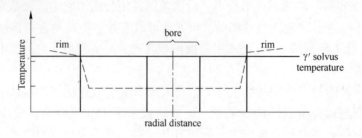

图 2 盘件的温度梯度

Fig. 2 Thermal gradient of DHT disk

P&WA 公司利用该工艺制备了 DTP IN100 合金的双性能粉末盘，并得到实际应用。另外，美国还对 René95、Astroloy、U720 和 René104[8]等合金进行试验，都成功实现了双重组织。但以上方法工艺复杂，操作难度大，而且一次只能制备一个盘件，因此成本比较高。

美国 Pratt & Whitney 公司的细晶热处理工艺是目前已见报道中已经获得应用的工艺，该工艺的特点是对整个细晶组织盘件的轮缘部位进行选择性感应加热以使晶粒粗化。该工艺的控制精度要求很高，要求有特殊的电控设备和相应的软件控制系统，目前还未见该工艺的详细介绍。

为了降低生产成本，提高工艺的可操作性，美国的 NASA 格林研究中心研发了一种低成本制备双性能粉末盘的新工艺，称为双重组织热处理工艺（Dual microstructure heat treatment，DMHT）[9]。它基于普通热处理炉，使用一些特殊装置实现传统的一系列热处理工艺。图 3 是该工艺的简易装置图。该装置包括一个绝热箱，其中盘心被特殊物质包住，被封在绝热箱内，盘缘部位则完全暴露在炉中，盘缘和盘心部位各有一个监测温度的热电偶，将整个装配放在已经加热到超过 γ′ 相溶解温度的炉子中，由于盘缘完全暴露在炉中，所以它将很快被加热到与炉子相同的温度，而盘心由于被封在绝热箱内，热传递需要一定

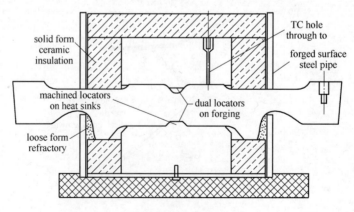

图 3 DMHT 装置

Fig. 3 DMHT setup

时间，那么当处在盘心部位的热电偶监测到达到设定的温度时（低于 γ′溶解温度），将整个装置从炉中移开，然后冷却，这样就实现了盘缘和盘心部位温度的不同，得到具有不同晶粒尺寸的显微结构。

　　DMHT 工艺发明出来后，NASA 与 Ladish 等公司密切合作，首先对 P/M ME209 合金一些尺寸较小的盘件进行试验，得到了较为理想的双晶粒组织，后来又经过对形状较复杂的一批盘件试验论证，证实了该工艺的先进性和实用性。图 4 显示 DMHT 处理后 ME209 合金盘件的剖面图及不同部位对应的显微组织。其中盘缘、盘心和过渡区的平均晶粒尺寸（ASTM）分别为 4.92，11.70 和 11.07[10]。

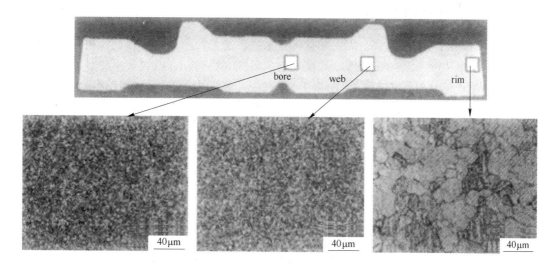

图4　ME209 合金双性能盘的剖面图及不同部位的显微结构

Fig. 4　Profiles and microstructure at rim, web and bore of ME209 double porperties disk

　　随后，美国相继对 Alloy10，ME3 和 LSHR 等第三代粉末高温合金涡轮盘进行 DMHT 试验，都成功实现了双重组织[9,11,12]。表 2 示出典型第三代合金采用的 DMHT 工艺以及盘缘和盘心部位对应的晶粒度。这种工艺和 DHT 工艺一样都存在一个共同的问题，即在完成加热盘件后如何在允许时间内完成淬火处理。可喜的是 Ladish 公司发明了一种自动超冷却设备，很好地解决了这一问题，通过试验验证取得了满意效果，使双性能粉末盘的批量生产具有可行性，也为其实际工业化应用铺平了道路。

　　采用热处理方式制备单一合金双性能粉末盘不会出现双合金双性能盘那样的"弱连接"区域，但是唯一不足是将受到本身合金性能的限制。

表2　第三代单一合金双性能粉末盘热处理工艺及盘缘和盘心部位对应的晶粒度

Table 2　DMHT process for double properties disks produced by the third generation superalloys and grain size at bore and rim locations

Alloy	Heat trement	Grain size（ASTM）	
		Rim	Bore
Alloy10	DMHT/ subsolvus heat treatment（1163℃）/ fan cooling aging treatment（760℃/16h）/ air cooling	6～7	12

续表 2

Alloy	Heat trement	Grain size (ASTM)	
		Rim	Bore
ME3	DMHT/ subsolvus heat treatment (1132℃) / oil cooling (45s) aging treatment (816℃/8h) / air cooling	6 ~ 7	12
LSHR	Subsolvus heat treatment DMHT/oil cooling (45s) /aging treatment (816℃/8h) air cooling	5	12

3　双性能粉末盘的研究方向

制备高性能的粉末高温合金需要的技术含量高，工艺要求严格，因此，可以利用计算机模拟技术提高生产工艺的可靠性、经济性与灵活性。目前，在欧美等国，计算机模拟技术在粉末盘生产的全过程中都得到了应用。如利用计算机技术进行成分优化设计，等温锻造成形过程的计算机模拟，以及建立热处理数学模型，用来准确预测合适力学性能的热处理工艺，找到显微组织与性能之间的关系等。另外，利用计算机模拟技术可以辅助设计锻造模具、热等静压包套设计等。对于双性能粉末盘来说，由于要得到两种不同的晶粒组织，因此，利用计算机技术预先模拟盘件在进行双重组织热处理过程中盘件各部位的温度分布状况以及制定合适的工艺参数（如保温时间、绝热块厚度、冷却气流量等）等方面都是非常必要的。

一般情况下，根据对盘心和盘缘部位性能的要求不同，在进行盘件淬火处理时，习惯上希望盘心部位冷却的较快，而在盘缘部位则刚好相反。然而，事实上，无论对于盘缘还是盘心部位，进行较快的冷却对全面提高盘件的性能都是有好处的。因此，在对盘坯进行固溶处理后都是希望选择冷却能力比较强的介质进行淬火。但是高的冷却速度必然造成高的热应力而诱发盘件淬火开裂或严重变形，特别对盘件不同部位具有不同晶粒组织的双性能盘来说，问题更为突出。一种方法是开展先进热处理技术的研究，如选择比水、油、风冷及盐浴更佳的冷却速度的淬火介质或者两种淬火介质匹配形成高温区冷却慢、低温区冷却快的冷却曲线，或者某部分用喷射液体或气体快冷或用改变风扇的转速达到快冷和慢冷结合，以及采用二级盐浴冷却等，期望从根本上消除淬火开裂问题。另外一种比较可行的办法就是通过计算机模拟预测淬火过程的应力分布情况，从而用改变淬火坯件外部形状调整应力分布以减少淬裂几率。我国目前在"盘件热处理数学模型的建立"、"等温锻造过程的数值模拟"等方面开展了研究工作，如利用 ANSYS 模拟高温合金粉末盘在不同冷却条件下的温度场、应力场及形变量的情况，对涡轮盘在淬火后控制盘件残余应力使盘件达到足够的力学性能具有重要意义。另外，还采用 Marc AutoForge 软件对粉末高温合金涡轮盘的锻造过程进行数值模拟，有利于锻造模具设计的改进。特别是最近开展的双性能粉末盘双晶粒组织的梯度热处理温度场的模拟，对我国加快实现双性能粉末盘从预研到工程化实用将产生很大的促进作用。

4　结束语

双性能涡轮盘制备是高推重比航空发动机必备的关键技术之一，但是由于研制时间短，包括美国在内的几个先进工业国家的制备技术尚不成熟。尽管在 90 年代，已有少量双性能涡轮盘被应用在发动机上，但制造工艺仍然需要改进和完善。NASA 发明的 DMHT 工艺是制备双性能涡轮盘的一个重要途径。在我国，由于对粉末盘的研究起步较晚，这一领域的研究水平与国外先进工业国家差距很大。特别是目前客观要求材料向高性能化、多功能化、复合化、智能化和低成本化的新材料研制转移，我国更应当加快推进航空发动机关键材料的研发。

参 考 文 献

[1] 陈焕铭，胡本芙，张义文，等. 飞机涡轮盘用镍基粉末高温合金研究进展[J]. 材料导报，2002，16 (11)：17-19.

[2] 胡本芙，陈焕铭，李慧英，等. FGH95 高温合金的静态再结晶机制[J]. 中国有色金属学报，2004，14(6)：901-906.

[3] 张义文，上官永恒. 粉末高温合金的研究与发展[J]. 粉末冶金工业，2004，14(6)：30-43.

[4] KRUEGER D D, BARDES B P, MENZIESS R G, et al. Dual alloy turbine disk [P]. US Patent, 5161950, 1992-11-10.

[5] 李祖德，李松林，赵慕岳. 20 世纪中、后期的粉末冶金新技术和新材料 (1)：新工艺开发的回顾 [J]. 粉末冶金材料科学与工程，2006，11(5)：253-261.

[6] Thomas F S, Charlton N Y. Method of forming dual alloy disks. US Patent [P], 5077090, 1991-12-31.

[7] Osamu T, Nobuo K, Seiya F, et al. PM nickel-base superalloy dual property disks produced by superplastic forging[J]. Metal Powder Report, 1991, 46(3)：31-35.

[8] Mourer D P, Williams J L. Dual heat treat process development for advanced disk applications[A]. Superalloy, 2004[C]. Green K A, Pollock T M, Harada H, et al. TMS, Warrendale, PA, 2004：401-408.

[9] Gayda J, Furrer D. Dual-microstructure heat treatment[J]. Advance Materials & Process, 2003, (7)：36-40.

[10] Joe Lemsky. Assessment of NASA dual microstructure heat treatment method for multiple forging batch heat treatment[R]. NASA GRC, Cleveland, 2004.

[11] Gayda J, Gabb T P, Kantzos P T. The effect of dual microstructure heat treatment on an advanced Nickel-base disk alloy[A]. Superalloy, 2004[C]. Green K A, Pollock T M, Harada H, et al. TMS, Warrendale, PA, 2004：323-330.

[12] Gayda J, Gabb T P, Kantzos P T. Mechanical properties of a superalloys disk with a dual grain structure [R]. NASA GRC, Cleveland, 2003.

（原文发表在航空材料学报，2007，27(4)：80-84.）

涡轮盘用高性能粉末高温合金的优化设计探讨

胡本芙　田高峰　贾成厂　刘国权

（北京科技大学材料科学与工程学院，北京　100083）

摘　要　从成分和组织两个方面分析近年来国内外涡轮盘用粉末高温合金的优化设计过程，总结新的合金化途径对合金力学性能的影响规律，探讨合适的热处理工艺对获取最佳显微组织的重要，并为国内开展新型高性能粉末高温合金优化设计提出建议。

关键词　航空发动机　涡轮盘　粉末高温合金　优化设计

Optimization Design of the High Performance Powder Metallurgy Superalloy for Turbine Disk

Hu Benfu, Tian Gaofeng, Jia Chengchang, Liu Guoquan

（School of Materials Science and Engineering，University of Science and Technology Beijing，Beijing，100083）

ABSTRACT：Optimization design of powder metallurgy superalloys for turbine disks in recent years were analyzed from the compositions and microstructures，the affecting laws about new ways of alloy on the mechanical properties were summarized，and the importance of obtaining the best microstructure through the ideal heat treatment was discussed. Some suggestions were also proposed for optimizing design new high performance powder metallurgy superalloys.

KEYWORDS：aeroengine，turbine disk，powder metallurgy superalloy，optimizing design

20 世纪 60 年代初，采用粉末冶金工艺生产的高温合金—粉末高温合金由于具有无宏观偏析、晶粒细小、组织均匀和热加工性能好等优点，很快成为高推重比航空发动机涡轮盘等关键热端部件的首选材料[1,3]。经过近 40 年的发展，粉末高温合金已历经三代研制过程。目前，美、俄罗斯、英和法等国已研发出系列粉末高温合金并建立了自己的合金体系，如美国的 René（95，88DT，104）和法国的 NRx 系列等。随着发动机推重比的提高，粉末高温合金的设计工作温度从 650℃ 增加到 750℃ 以上，相应合金的高温性能，特别是损伤容限性能得到很大的提高，如图 1（a）所示。从 1974 年研制成功的 IN100 合金到 2006 年得到应用的 René104（ME3）合金，在 650MPa，经 1000h 断裂的温度提高了 50℃，相对于前两代合金，第三代合金具有更高的蠕变强度和更低的疲劳裂纹扩展速率［FCGR，见图 1（b）］，使涡轮盘的热时寿命得以大幅度延长[4]。

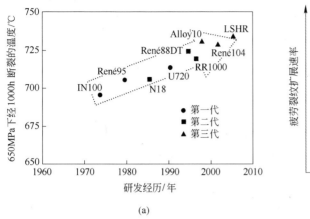
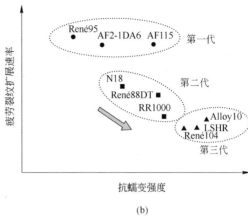

图1 粉末高温合金的发展

Fig. 1 Development of powdermetallurgy superalloy

（a）高温强度的发展；（b）抗蠕变性能的发展

　　新一代合金优异的综合性能归功于成分的优化设计和制备工艺的合理制定。本文作者通过分析国外三代粉末高温合金的研制过程，探讨合金化规律和显微组织对合金力学性能的影响，希望对我国涡轮盘用新型粉末高温合金的研发起到一定的借鉴和指导作用。

1 合金成分的优化设计

　　到目前为止，已公开的涡轮盘用粉末高温合金牌号近20种，表1给出了三代典型粉末高温合金的名义成分。从表1中可以看出，合金的化学成分复杂，所包含的元素种类较多，每种合金所应用的元素不同，含量也略有差别。由于每种元素的特征和它对合金析出相稳定性的影响程度不同，导致合金性能有一定差别。总体上，第三代合金的合金化程度更高，元素的添加比例更合理，从而使合金的性能有了整体而全面提高。

表1 三代典型粉末高温合金的成分（质量分数/%）

Table 1 Compositions of the three generations of representative powder mentallurgy superalloy

	合 金	Cr	Co	Mo	W	Nb	Al	Ti	Ta	Hf	C	B	Zr	Ni
	Astroloy	15.0	17.0	5.3	—	—	4.0	3.5	—	—	0.06	0.03	—	余量
	MERL-76	12.4	18.6	3.3	—	1.4	0.2	4.3	—	0.35	0.05	0.03	0.05	余量
	EP741NP	9.0	15.8	3.9	5.5	2.6	5.1	1.8	—	0.25	0.04	<0.015	<0.015	余量
第一代	René95	14.0	8.0	3.5	3.5	3.5	3.5	2.5	—	—	0.150	0.010	0.05	余量
	Waspaloy	19.5	13.5	4.3	—	—	1.3	3.0	—	—	0.08	0.06	—	余量
	APK-1	15.0	17.0	5.0	—	—	4.0	3.5	—	—	0.03	0.02	0.04	余量
	N100	10.0	15.0	3.0	—	—	4.7	5.5	—	—	0.15	0.02	0.06	余量
	U720	17.9	14.7	3.0	1.25	—	2.5	5.0	—	—	0.035	0.033	0.03	余量

续表1

合 金		Cr	Co	Mo	W	Nb	Al	Ti	Ta	Hf	C	B	Zr	Ni
第二代	U20Li	16.0	15.0	3.0	1.25	—	2.5	5.0	—	—	0.025	0.018	0.05	余量
	AF115	10.7	15.0	2.8	5.9	1.7	3.8	3.9	—	0.75	0.05	0.02	0.05	余量
	N18	11.5	15.7	6.5	0.6	—	4.35	4.35	—	0.45	0.15	0.15	0.03	余量
	René88DT	16.0	13.0	4.0	0.7	2.1	3.7	—	—		0.03	0.015	0.015	余量
第三代	RR1000	15.0	18.5	5.0	—	1.1	3.0	3.6	2.0	0.5	0.027	0.015	0.06	余量
	Alloy10	11.5	15	2.3	5.9	1.7	3.8	3.9	0.75		0.03	0.02	0.05	余量
	NR3	11.8	14.65	3.3			3.65	5.5	—	0.33	0.024	0.013	0.052	余量
	NF3	10.5	18.0	2.9			3.6	3.6	2.5		0.03	0.03	0.05	余量
	René104	13.0	20.6	3.8	2.1	0.9	3.4	3.7	2.4		0.05	0.025	0.05	余量
	LSHR	12.7	20.8	2.74	4.37	1.45	3.48	3.47	1.65		0.024	0.028	0.049	余量

研制涡轮盘用新型粉末高温合金最需要关注的是在不断提高的工作温度下合金仍具有优良的综合性能，这就需要从镍基高温合金的三种基本强化手段即固溶强化、析出相强化和晶界强化进行考虑，在进行合金成分优化设计时，应围绕上述强化手段选择合金元素或调整其添加量以达到最佳的强化效果。而根据对合金性能的要求，掌握合金元素的添加原则，了解合金元素之间的相互关系以及对合金性能的贡献大小，找到它们之间最佳的匹配关系，是合金成分优化设计的关键。下面分别就以上三种强化手段探讨新型合金的元素添加原则及成分添加范围，并结合我国研制的第二代涡轮盘用 FGH4096 合金，借助热力学计算软件 Thermo-Calc 分析和预测化学成分对析出相的影响规律，为新型合金的成分优化提供理论依据[5]。

1.1 固溶强化

Co 和 Cr 是固溶强化的主要元素，从表 1 中可以看到，两者添加量一般都超过 10%，特别是 Co，能与 Ni 形成连续置换固溶体强化 γ' 相，变成（Ni,Co)$_3$(Al,Ti)，可以提高合金的高温性能。Harada H 等人研究发现，高的 Co 含量可以使合金在更高温度下具有高的强度和抗蠕变性能[6]。因此，第三代合金添加更多量的 Co（一般大于 18%）。而且高含量的 Co 还可以降低 γ' 相固溶温度，如 René104 合金中 Co 含量达到 20.6%，γ' 相固溶温度为1157℃，比 Alloy10 合金的降低约 20℃，可以提高热处理工艺的灵活性，并减少热诱导空洞（TIP）的产生[7]。

Cr 在镍基高温合金中最主要的作用是增加抗氧化和耐蚀能力，但过多的 Cr 会降低合金的高温强度，在新合金设计中人们有意识地降低 Cr 的含量。SMC 国际镍合金集团在研制 U720Li 时，将原来的 U720 合金中 Cr 含量从 18% 降低到 16%；英国罗-罗公司在设计RR1000 合金时加入 15% 的 Cr，而 René104 合金 Cr 含量仅为 13%，这可能是为避免高温下容易形成有害相如 σ 相的原因[8]。

从提高 γ' 相的稳定性、合金的高温强度以及防止高温 TCP 相的析出考虑，增 Co 降 Cr 是现在设计新合金的一个发展趋势。

Mo 和 W 也是重要的固溶强化元素，通过加强固溶体中的原子间结合力，减缓合金元素的高温扩散速度，增加扩散激活能，进而减慢基体软化速度。根据维加德定律，元素的维加德系数强烈依赖于其在周期表中的位置，由于 Mo 相对 W 在 γ 相中有更大的维加德系数[9]，因此将引起 γ 相更大的点阵常数和弹性模量变化，导致 Mo 对固溶体强化效果更为有效。从表 1 中看出，每一种合金均加有不同量的 Mo。另外，增加 Mo 的含量可以提高合金的强度，以 Astroloy 合金为例，随着 Mo 含量从 0 增加到 20%，屈服强度提高约 500MPa[10]。罗-罗公司在设计 RR1000 时就加入了 5% 的 Mo，法国斯奈克玛（SNECMA）公司在 20 世纪 80 年代中期研制的 N18 合金中的 Mo 含量更是达到 6.5%；但并不是所有的合金都要添加了 W 元素，Gayda J 等人在研究 W 对 CH98 合金性能的影响中发现，添加 W 对合金塑性和静态裂纹扩展速率影响不大，但可以提高合金的屈服和拉伸强度，尤其可以显著提高合金的蠕变强度[11]，因此，高温抗蠕变型 AF115 和 Alloy10 合金中 W 含量均达到约 6%。但是 W 对合金的缺口敏感性影响很大。SNECMA 公司在设计 N18 合金中研究了加入 Mo 和 W 的相对比例对合金性能的影响，发现在和 Mo 含量一定时（W + Mo 为 3%），随着 W 含量的增加，合金的缺口敏感性剧烈增加，而断裂寿命仅略微增加[12]，因

此在 N18 合金中加入了更多的 Mo（6.5%）以代替 W；研究还发现，Mo 在 γ′相和 γ 基体之间分配比是 W 在它们之间的两倍，而 W、Mo 都能部分进入 γ′相中，对 γ′相的反向畴界（APB）能有影响，所以，从固溶强化和相间元素分配来看，追求添加 Mo、W 最佳的相对比例是新型粉末高温合金成分优化设计的重要内容。

在添加固溶强化元素时也应考虑它们对碳化物形成的影响。图 2 给出的是 FGH4096 合金中添加元素对 $M_{23}C_6$ 型碳化物析出量的影响。

从图 2 中可以看到，除 C 外，对 $M_{23}C_6$ 析出影响最大的是 Cr，但是当 Cr 含量超过 13% 之后，随 Cr 含量增加，碳化物析出量

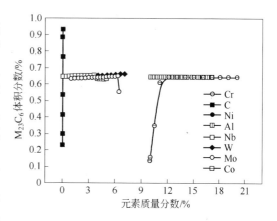

图 2　FGH4096 合金中不同元素含量
对 $M_{23}C_6$ 碳化物的影响

Fig. 2　Variation of the volume fraction of $M_{23}C_6$
with the content of elements in FGH4096 alloy

变化不大；其次是 Mo 和 W，值得注意的是当 Mo 的含量增大到一定值后，碳化物的含量迅速下降，这可能与 μ 相的析出有关。

1.2　γ′相强化

γ′相是镍基高温合金中的主要强化相，其体积分数和固溶温度，与 γ 基体之间的错配度、结合强度以及稳定性都受到合金元素不同程度的影响。图 3 是不同元素对 FGH4096 合金中 γ′相的影响。

从图 3 中得到在一定范围内，随着合金元素含量增加，γ′相体积分数和固溶温度均呈增加趋势；对 γ′相影响最大的前三种合金元素依次是 Al、Ti 和 Nb，这是因为 Al 和 Ti 是 γ′相的主要形成元素，而 Nb 主要进入 γ′相。Jones J 等研究也得到 Ti、Nb 和 Al 是影响合金强度最大的前三种合金元素[10]。

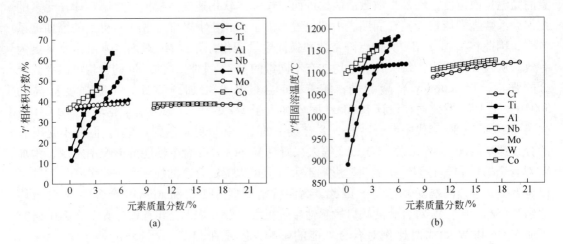

(a)　　　　　　　　　　　　(b)

图 3　FGH4096 合金中不同元素含量对 γ′相析出量（a）和固溶温度（b）的影响

Fig. 3　Variation of the volume fraction and solvus temperature of
γ′ with the content of elements in FGH4096 alloy

　　图 4 为 Al + Ti 含量对 γ′相体积分数和固溶温度的影响。由图 4 发现，增加 Al、Ti 总量可明显提高 γ′相体积分数，而 γ′相固溶温度随体积分数的增加也升高。第一代合金因追求高强度而 γ′相体积分数普遍较高，第三代合金强调强度和损伤容限性能的平衡，γ′相体积分数通常在 40% ~ 55% 之间。

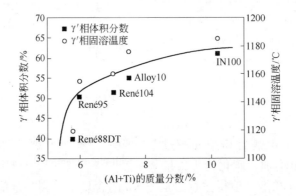

图 4　Al + Ti 含量对 γ′相体积分数和固溶温度的影响

Fig. 4　Variation of the volume fraction and solvus temperature of
γ′ phase with the content of Al + Ti

　　镍基高温合金的高温强度除取决于 Al、Ti 加入总量外，还与 Ti 与 Al 的比值有关。Ti 作为 γ′相形成元素，置换部分 Al，可以提高 γ′相晶格参数和反相畴界面能，造成位错运动更加困难；另外还可以减少 Al 的溶解度，促进 γ′相析出。根据 Jones J 等人的研究结论，Ti 对合金的强化效果明显优于 Al，所以在高强型合金中习惯加入了更多的 Ti 以代替 Al，但是加入过量 Ti 在高温冷却时容易从基体中析出 η-Ni$_3$Ti，它呈大块片状分布在晶界上，导致合金性能降[13]。因此，合适的 Ti 与 Al 添加比例对获得理想的合金性能非常重要。图 5 是 FGH4096

合金中 Ti 和 Al 含量的比值对 γ′ 相体积分数和固溶温度的影响（Ti + Al 为 5.8%）。

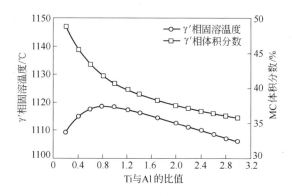

图 5　Ti 与 Al 含量的比值对 γ′ 相体积分数和固溶温度的影响

Fig. 5　Variation of the volume fraction and solvus temperature of γ′ phase with the Ti/Al

从图 5 中得到，随着 Ti 与 Al 的比值增加，γ′ 相体积分数（760℃）一直降低，即加入的 Ti 越多，γ′ 相体积分数越小，这表明要获得一定体积分数的 γ′ 相，必须首先保证 Al 元素的添加量。当比值较大时，尽管可以获得更高的合金强度，但导致 γ′ 相稳定性低，长期时效有强烈地转化为 η 相（Ni3 Ti）的趋势；逐渐减小比值，可使得合金取得较好的热强度和热稳定性。另外，γ′ 相固溶温度随着比值的增大先升高后降低，在约为 1 时，γ′ 相固溶温度最高，表明在高温条件下 γ′ 相稳定性最好。Jones J 等研究了 Ti 与 Al 含量比值对 Astroloy 合金强度的影响，发现随着比值的增大（Al + Ti 总量一定），合金的屈服强度和抗拉强度都是增大的，但是当比值大于 1 时，合金的屈服强度继续增加，而抗拉强度则降低。为此，在第三代合金中，尤其注重了 Ti 和 Al 元素的添加平衡（见表 1）。最近，NASA 格林研究中心在设计 LSHR（Low Solvus, High Refractory）合金时也证实了比值在 1 ~ 1.06 之间最合适。不过，如果为了片面追求高的 γ′ 相体积分数而加入过量的 Al，也会导致合金性能的下降。如在设计 RR1000 合金时发现，过度添加 Al 会促进 γ 基体内 Cr 的富聚，增加形成 TCP 相的倾向性[14]。

综上所述，Al 和 Ti 两种元素加入总量控制在 6% ~ 10%，Ti 与 Al 比值约为 1，γ′/γ 间的低错配度，可确保 γ′ 相优良的高温稳定性，对设计工作温度 800℃ 以上的第四代合金十分必要。

Nb 和 Ta 是进入 γ′ 相的主要元素，对 γ′ 相的强化和稳定性均有重要影响。Radavich J 等近年研究了 EP741NP 合金中 Nb 对 γ′ 相和合金高温性能的影响[15]。发现 Nb 的作用体现在两点：Nb 大部分进入 γ′ 相，可以促进形成更多体积的 γ′ 相，导致 EP741NP 合金的 γ′ 相固溶温度较高（1180℃）；其次，Nb 增大 γ′ 相的 APB 能，提高合金的高温强度，这点和 Ti 的作用基本相似；但是过多加入 Nb 会提高合金的缺口敏感性，也会严重损坏合金氧化性能，导致高温条件下 FCGR 增大。GE 公司在 1983 年研制 René88DT 时，考虑到 René95 合金有高含量的 Nb 且裂纹扩展速率快，为此，将 Nb 含量下调到 0.7%，这使新合金的裂纹扩展速率降低 50%；N18 合金没有添加 Nb，Ti 与 Al 的比值设计为 1，不仅没有损失屈服强度，而且疲劳裂纹扩展抗力有一个量级的改善[12]。

　　Ta 是近年来引起人们特别关注的一种合金元素。Ta 和 Nb 一样，除部分与 C 结合生成 MC 外，几乎都进入了 γ′相。由于 Ta 的原子半径较大，其维加德系数仅次于 Hf 和 Zr[10]，因此，可以明显增加 γ′相点阵常数，提高 γ′相的强化效果。Ta 的加入也被认为是第三代粉末高温合金提高裂纹扩展速率抗力的重要因素。20 世纪 90 年代中期，NASA 联合 GE，P&W 公司制定了开发用于高速民用运输机的发动机计划（简称 EPM 计划），其中一项任务就是研制可以用于 704℃ 以上损伤容限性能优良的粉末高温合金[16]，Ta 对合金裂纹扩展速率的影响正是在该项研究中被注意到。发现加入 Ta，既不影响合金塑性，又可以提高合金的蠕变强度，最重要的是可以明显降低 704℃ 的保时疲劳裂纹扩展速率，但是在设计 RR1000 合金时发现，加入过量的 Ta 却又降低合金的裂纹扩展抗力，因此，Ta 的添加被控制在 2.15% 以内[14]。

　　Nb 与 Ta 的比值也是高性能粉末高温合金成分优化设计的一个重要组成部分。Telesman J 在 Alloy10 合金中研究了 Nb 与 Ti 之比对合金性能的影响，发现随着比值的增大，合金的屈服和抗拉强度都增大[17]，这个结论和 Jones J 等采用人工神经网络预测的 Nb 比 Ta 对合金的强化效果更显著是一致的。图 6 给出了以 René104 合金为例，Nb 与 Ta 比值对 γ′相和 MC 体积分数的影响。

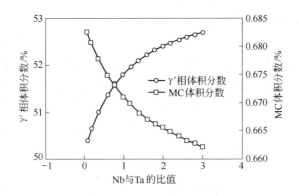

图 6　Nb 与 Ta 的比值对 γ′相和 MC 的体积分数的影响
Fig. 6　Variation of the volume fractions of γ′ and MC with the Nb/Ta

　　由图 6 可看到随着 Nb 与 Ta 的比值从 0.1 增大到 3，γ′相体积分数从 50.4% 增加到 52.7%，γ′相固溶温度也从 1157℃ 增高到 1175℃，但 MC 的体积分数却是逐渐减少的，这说明，Nb 与 Ta 的比值既影响 MC 量也影响 γ′相量，进而影响 Ta 和 Nb 在合金相中的分配。LSHR 合金是 NASA 格林研究中心在 Alloy10 和 René104 合金基础上，通过优化合金成分而开发出来的。对于 Alloy10，Nb 与 Ta 的比值大于 2，因为加入更多 Nb 可以提高合金的抗拉强度，而对于 René104 合金，Ta 的含量几乎是 Nb 的 3 倍，该合金具有更好的静态裂纹扩展抗力；而 LSHR 合金则强调 Nb、Ta 加入的平衡（Nb 与 Ta 比值约为 0.9），从而保证了获得更加全面优异的性能。因此，合理地选择 Nb 与 Ta 比值，并深入研究其作用机理也是在设计新型合金中值得重视的问题。

1.3　晶界强化

　　晶界作为高温合金的薄弱环节，从来都是合金设计中重点考虑的环节。从表 1 中可以看到，所有的合金中都含有不同量的 C、B 和 Zr，这些晶界微量元素偏聚到晶界处，可以提高晶间结合力、强化晶界，从而提高合金的蠕变强度、塑性和低周循环疲劳（LCF）寿命。然而，研究发现当这些元素添加过量时，则促进碳（硼）化物的析出，合金的上述性能并没有得到进一步提高。如 Garosshen T J 等研究了在 Ni-19Co-12.5Cr-5Al-4.4Ti-3.3Mo（%）合金中添加 C、B 和 Zr 元素量对其力学性能的影响[18]。发现当添加 0.02% 的 B、0.05% 的 Zr 和 0.003% 的 C 时，在 732℃、655MPa 下合金的断裂寿命从 0.1h 提高到 69h；然而，继续添加 C 到 0.06%，寿命没有进一步提高，当添加 B 超过 0.02% 时，寿命还略微减少。Gabb T 等对 KM4 合金的研究也得到，在相同的测试环境下，低 B(0.014%) 合金的 LCF 寿命是高 B(0.027%) 的二倍[19]，这主要是因为添加过量的 B 会导致晶间 $(Cr, Mo)_3B_2$ 的析出，从这点推断 B 对晶界的强化效果并不是由于硼化物的形成。另外，添加微量的 B 还可以降低在650℃下合金的 FCGR。Jain S K 等研究了 U720Li 合金中 C 含量一定时（0.025%），不同的 B(0~0.04%) 和 Zr 含量(0.035%~0.070%) 对合金性能的影响。发现适当增大 B 或 Zr 元素添加量有利于 LCF 寿命提高，当 B 和 Zr 同时加入时，合金的性能最好[20]。Lemarchand D 等使用场离子显微镜和原子探针技术，检测了 C、B 和 Zr 在 N18 合金中的化学成分，探讨了晶界元素分布规律，得到在其研究的合金中 C、B 和 Zr 的含量分别为 0.075%、0.083% 和 0.018%，同时证实了 B 元素相当大的偏聚到 γ/γ′晶粒边界，局部浓度提高 10 倍。C 主要存在于 Cr 富聚 $M_{23}C_6$ 碳化物中[21]。

由此得到，为改善合金晶界状态，提高晶界强度，在合金中加入适量的晶界微量元素 B、Zr 或稀土元素如 Ce 等是必要的。图 7 为 FGH4096 合金晶界处形成的 Ce 的氧化物及能谱分析。由图 7 可以看到，在晶界处形成 Ce 的化合物，从而净化了晶界，进而提高晶界的强韧化效果。

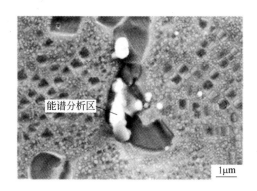
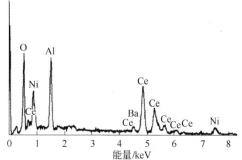

图 7　FGH4096 合金中 Ce 的氧化物及能谱分析

Fig. 7　Oxides and EDX spectrum of Ce in FGH4096 alloy

新型合金中的成分设计 C、B 和 Zr 的含量倾向增大，有利于形成其高熔点化合物，提高阻止晶粒长大倾向性，对双晶粒热处理工艺制度的制定有一定帮助。Hf 作为一种特殊的元素，在第一代合金设计中就被充分注意到（见表 1），主要是因为它有很大的原子半径，维加德系数也是最大的，因此可以明显增加 γ′相或 γ 相的点阵常数以强化合金。然而在很多研究中发现，Hf 不仅可以进入 γ′相或 γ 相中，还可以与 O_2 结合，净化晶界，可以促进包含有 Mo、Ti、Cr 等碳化物的形成，强化晶界，因此，Hf 在镍基合金基体中广泛分布，全面提高合金性能。Radavich J 等在研究包含 Hf 的 EP741NP 合金中还发现，在 γ′ 相开始析出时 Hf 是进入 γ′ 相中，但是在低温下又回溶到 γ 相中，保留在 γ′ 和 γ 两相中。这个现象值得进一步探讨，有利于今后在设计新合金中掌握加入 Hf 的数量以及分配规则[15]。

2　合金组织的优化设计

镍基高温合金的性能取决于显微组织，主要指晶粒度和 γ′ 相分布。许多研究已经表明晶粒度大小对合金性能有非常显著的影响，如在 U720 合金中研究得到[22]，细晶可以获得高的合金强度和 LCF 寿命，如平均 19 μm 的晶粒的室温强度约为 1200MPa，比平均 360 μm 的晶粒的高 200MPa；粗晶对蠕变和损伤容限性能提高有利，在 700℃、690MPa，平均 360 μm 晶粒的断裂寿命是 19 μm 晶粒的 3 倍，相似的结论在 NR3 和 René104 合金中也被获得。值得注意的是这种优势在高温和低应力情况下更明显[23]。K. R. Bain 等研究了 U720 合金中晶粒度对 FCGR 的影响。发现，在更高的温度下，细晶组织的 FCGR 比粗晶的高 2 个数量级[24]。因此，为获得合金优良的综合性能，必须保证理想的晶粒尺寸，通常 30 ~ 50 μm 较为合适。近年来，通过特殊工艺制备单一合金双晶粒组织涡轮盘（盘缘为粗晶组织、盘心为细晶组织）备受关注。它的关键是在盘件不同部位形成温度梯度，盘心温度低于 γ′ 相固溶温度，获得细晶组织；盘缘则高于 γ′ 相固溶温度，获得粗晶组织。这种盘件符合涡轮盘实际工况条件，可以充分发挥材料的性能潜力，提高发动机的推重比，具有很大的应用潜力[25,26]。图 8 为采用 NASA 格林研究中心开发的双重组织热处理（DMHT）制备的 LSHR 合金双晶粒组织盘及盘心和盘缘对应的晶粒尺寸。

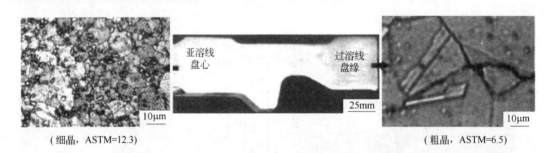

（细晶，ASTM=12.3）　　　　　　　　　　　　　　（粗晶，ASTM=6.5）

图 8　LSHR 合金双晶粒组织盘及盘心和盘缘对应的晶粒尺寸

Fig. 8　LSHR DMHT disk and microstructure of disk bore and rim

DMHT 工艺经过在第三代合金反复实践，逐渐成熟、完善，Ladish 公司发明的自动超冷却设备，加快了双晶粒组织盘工业化批量生产的进程[27]。DMHT 工艺已经成为第三代粉末高温合金的标准热处理工艺，这就要求新型合金要具有良好的晶粒尺寸控制性，便于实施双重组织热处理，使合金优良的高温性能得以最终体现和完全发挥。

镍基高温合金的高温性能取决于 γ′ 相的析出强化效果，包括 γ′ 相的形态、尺寸、数量和分布。在镍基粉末高温合金的显微组织中，通常能观察到三种不同类型的 γ′ 相，如图 9 所示。

除晶界上存在的初始 γ′ 相外，晶内还有二次 γ′ 相和三次 γ′ 相，其中二次 γ′ 相是在固

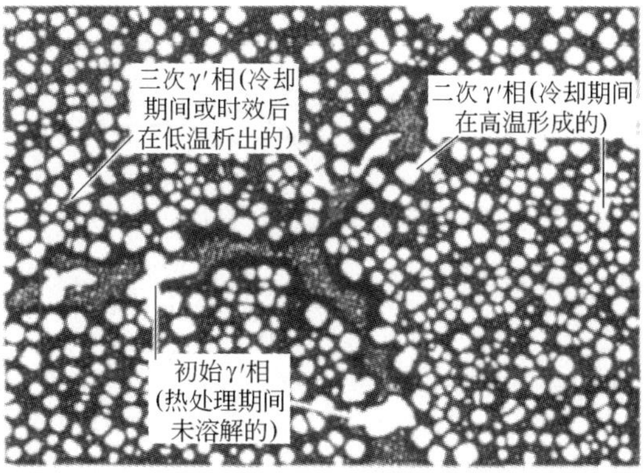

图9　镍基粉末高温合金中 γ′相分布示意图

Fig. 9　Schematic illustration of the distribution of the γ′

phase in a nickel-base powder metallurgy superalloy

溶处理冷却过程中析出的，而三次 γ′相则指在冷却过程后期析出以及时效过程中补充析出的。给涡轮盘合金提供最优良性能的组织是在 γ 基体上具有两种尺寸、双峰分布的 γ′相[28,29]。二次 γ′相析出强烈依赖于冷却速度，特别对于过固溶线温度热处理来说，二次 γ′相更是占到 γ′相总量的 60% ~ 80%，因此，选择合适的冷却（淬火）介质至关重要，同时对随后三次 γ′相的析出也有一定影响。最近很多研究发现合金的蠕变性能高度敏感于三次 γ′相的尺寸和体积分数，这就对今后开发先进的热处理技术提出一个挑战，那就是如何选择冷却介质或优化冷却途径（曲线）达到 γ′相尺寸合理匹配和分布，尤其是经过时效处理后获得理想的三次 γ′相以保证合金优异的蠕变强度，这对设计使用温度在 800℃ 以上的新型合金非常重要。如 RR1000 合金在冷速低于 60℃/min 时有双峰 γ′相分布，当冷速高于 60℃/min 时能抑制三次 γ′相形成，导致仅有一种尺寸的 γ′相析出；经 800℃ 时效处理，含双峰 γ′相分布的组织中观察到 γ′相 Ostwald 粗化过程，而在单峰分布 γ′相中观察到 γ′相长大到临界尺寸后发生分裂，使组织得到进一步细化[30]。Jackson M P 等对 U720Li 合金的热处理制度进行了调整，经 700℃/24h 时效处理，获得合金理想的性能，对应三次 γ′相平均尺寸 40nm，使弱耦合位错对切割产生最大的 APB 能[31]。因此，合适的 γ′相尺寸分布对应合金最大的强度和优良韧性，因为位错容易在这些尺寸不同的 γ′相周围发生切割/弓弯机制，而其所需要的应力是反比于质点间的距离。总之，通过合理的热处理寻求晶粒大小与基体 γ′相分布之间的平衡是优化新型合金组织的重要内容。

3　粉末高温合金的研发趋势

第三代 René104 合金成功应用在 GP7200 发动机上，得以装备在空客 A380、波音 787 等大型客机上，使粉末高温合金的研制呈现加速发展势态。国外，工作温度 800℃ 以上的第四代合金的研制已纳入日程，总体上，所设计的新型合金具备"三高一低"的特点，即高的工作温度、高的强度、高的相稳定性和低的疲劳裂纹扩展速率，如图 10 所示。

通过在 René104、LSHR 等第三代合金的基础上进一步进行成分和组织优化，就新合

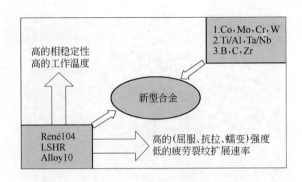

图10　新型粉末高温合金的设计

Fig. 10　Design of new powder metallurgy superalloy

金的成分优化而言，合金元素的添加原则可考虑以下搭配范围：$18\% < w(Co) < 25\%$，$10\% < w(Cr) < 15\%$，保证 W 和 Mo 相对比例，总量不少于5%，W 可略大于 Mo；$w(Al + Ti)$ 为6% ~ 10%，Ti 与 Al 的比值为0.9 ~ 1.1，$1\% < w(Nb) < 2.1\%$，Nb 与 Ta 的比值为0.8 ~ 1.2；适当提高 C、B 和 Zr 含量，添加微量 Hf 或稀土元素。根据前面分析，对于三代合金的显微组织，有下列一些明显的发展趋势：

（1）γ' 相的体积分数不追求过大，保持在40% ~ 55% 之间；

（2）控制合适的固溶冷却速率，获得两种尺寸的双峰分布的 γ' 相；

（3）晶界上 γ' 相的聚集分布区域要得到控制，趋向更加合理分布；

（4）合适的晶粒尺寸，平衡合金的屈服强度/疲劳裂纹抗力（与晶粒尺寸均成反比关系）和蠕变强度/疲劳裂纹扩展抗力（和晶粒尺寸成正比关系）。

4　结束语

随着时代的发展，技术的不断进步，研制一种新型粉末高温合金已从过去试验方法落后、研究周期长、耗资巨大走向计算机仿真模拟设计与重点的科学实验相结合，使新合金的研制过程大大加快。如美国研制的 Rene88DT 合金仅用了四年时间，完成达23组成分设计，并成功把合金推向工业化生产。目前，我国在粉末高温合金设计方面基本走的还是仿制之路，为尽快赶上工业发达国家，必须抛弃单纯试验验证法，而应当走利用先进技术手段计算机模拟筛选成分和科学实验验证相结合、理论和实践相结合的合金优化道路。

参 考 文 献

［1］胡本芙，刘国权，贾成厂，等. 新型高性能粉末高温合金的研究与发展，材料工程，2007，（2）：49-57.

［2］Borofka J C，Tien J K，Kissinger R D. Powder metallurgy and oxide dispersion processing of superalloys// Tien J K，Caulfied T. Superalloys，Super composites and Superceramics. San Diego：Academic Press，1989：237-284.

［3］Ferguson B L. Aerospace applications，in ASM Handbook Volume7：Powder Metallurgy，6th Edn（Materials Park，OH：ASM International），1997：646-656.

［4］Gabb T P，Telesman J. Characterization of the temperature capabilities of advanced disk alloy ME3. NASA

GRC, Cleveland, NASA/TM-2002-211796.

[5] Sundman B. Thermo-Calc user guide, Div. Computational Thermodynamics, 1993, KTH Stokholm.

[6] Gu Y F, Harada H, Cui C, et al. New Ni-Co-base disk superalloys with higher strength and creep resistance. Scripta Materialia, 2006, 55: 815-818.

[7] Gayda J, Kantzos P, Miller J. Quench crack behanior of nickel-base disk superalloys. NASA GRC, Cleveland, NASA/TM-2002-211984.

[8] Furrer D, Fecht H. Ni-based superalloys for turbine discs. Journal of Metals, 1999, 51: 14-17.

[9] Nash P. Phase Diagrams of Binary Nickel Alloys (Materials Park, OH: ASM International, 1991).

[10] Jones J, Mackay D J C. Neural networkmodeling of themechanical properties of nickel base superalloys// Kinger R D, Deye D J, Anton D L, et al. Superalloys, Warrendale, PA: The Minerals. Metals and Materials Society (TMS), 1996: 417-424.

[11] Gayda J, Gabb T P. The effect of tungsten additions on disk alloy CH98. NASA GRC, Cleveland, NASA/TM-2003-212474.

[12] Ducrocq C, Lasalmonie A. Honnorat Y1 N18: a new damage tolerant P/M superalloy for high temperature turbine discs// Reichman S, Duhl D N, Maurer G, et al. Superalloys, Warrendale, PA: The Metallurgical Society, 1998: 63-72.

[13] 冶军. 美国镍基高温合金. 北京: 科学出版社, 1978.

[14] Hardy M C, Zirbel B, Shen G, et al. Developing damage tolerance and creep resistence in a high strength nickel alloy for disc applications// Green K A, Pollock T M, Harada H, et al. Superalloy, 2004. Warrendale, PA: The Minerals, Metals and Materials Society (TMS), 2004: 83-90.

[15] Radavich J, Carneiro T, Furrer D, et al. The effect of Hafnium, Niobium, and heat treatment on advanced powder metallurgy superalloys// Proceeding of the eleventh international symposium advanced superalloys production and application, Shanghai, China, 2007: 114-124.

[16] Huron E S, Bain K R, Mourer D P, et al. The influence of grain boundary elements and microstructures of P/M nickel-base superalloys// Green K A, Pollock T M, Harada H, et al. Superalloy, Warrendale, PA: The Minerals, Metals and Materials Society (TMS), 2004: 73-82.

[17] Telesman J, Kantzos P, Gayle J, et al. Microstructural variables controlling time-dependent crack growth in a P/M superalloy// Green K A, Pollock T M, Harada H, et al. Superalloy, Warrendale, PA: The Minerals, Metals and Materials Society (TMS), 2004: 215-224.

[18] Garosshen T J, Tillman T D, McCarthy G P. Effects of B, C and Zr on the structure and properties of a P/M nickel-base superalloy Metallurgical Transactions A, 1987, (18): 69-77.

[19] Gabb T, Gayda J. The effect of boron on the low cycle fatigue behavior of disk alloy KM41 NASA GRC, Cleveland, NASA/TM-2000-210458.

[20] Jain S K, Ewing B A, Yin C A. The development of improved performance P/M Udimet 720 turbine disks// Pollock T M, Kissinger R D, Bowan R R, et al. Superalloys, Warrendale, PA: The Minerals, Metals and Materials Society (TMS), 2000: 785-794.

[21] Lemarchand D, Cadel E, Chambreland S, et al. Investigation of grain boundary structure segregation relationship in N18 nickel-based superalloy. Philosophical Magazine A, 2002, (82): 1651-1669.

[22] Williams J C, Starke E A. Progress in structural materials for aerospace systems. Acta Materialia, 2003, (51): 5775-5799.

[23] Locq D, Caron P, Raujol S, et al. On the role of tertiary gamma prime precipitates in the creep behavior at 700℃ of a powder metallurgy disk superalloy// Green KA, Pollock TM, Harada H, et al. Superalloy, Warrendale, PA: The Minerals, Metals and Materials Society (TMS), 2004: 179-188.

[24] Bain K R, Gambone M L, Hyzak J M, et al. Development of damage tolerant microstructures in Udimet 720// Reichman S, Duhl D N, Maurer G, et al. Superalloy, Warrendale, PA: The Metallurgical Society, 1988: 13-22.

[25] Mourer D P, Williams J L. Dual heat treatment process development for advanced disk application// Green K A, Pollock T M, Harada H, et al. Superalloy, Warrendale, PA: The Minerals, Metals and Materials Society (TMS), 2004: 401-408.

[26] 胡本芙, 田高峰, 贾成厂, 等. 双性能粉末高温合金涡轮盘的研究进展. 航空材料学报, 2007, 27 (4): 80-84.

[27] Lemsky J. Assessment of NASA dualmicrostructure heat treatment method utilizing ladish supercooler cooling technology. NASAGRC, Cleveland, NASA/CR-2005-213574.

[28] Karthikeyan S, Unocic R R, Sarosi P M, et al. Modeling microtwinning during creep in Ni-based superalloys. Scripta Materialia, 2006, 54: 1157-1162.

[29] Viswanathan G B, Sarosi P M, Whitis D H, et al. Deformation mechanisms at intermediate creep temperatures in the Ni-base superalloy René88DT. Materials Science and Engineering A, 2005, 400/401: 489-495.

[30] Mitchell R J, Hardy M C, Reuss M P, et al. Development of γ′ morphology in P/M rotor disc alloys during heat treatment// Green KA, Pollock TM, Harada H, et al. Superalloy, Warrendale, PA: The Minerals, Metals and Materials Society (TMS), 2004: 361-370.

[31] Jackson M P, Reed R C. Heat treatment of UD IMET 720Li: the effect of microstructure on properties. Materials Science and Engineering A, 1999, 259: 85-97.

(原文发表在粉末冶金技术, 2009, 27(4): 292-300.)

镍基粉末高温合金中 γ′相形态不稳定性研究

胡本芙[①]　刘国权[①,②]　吴　凯[①]　田高峰[①]

（①北京科技大学材料科学与工程学院，北京　100083；
②北京科技大学新金属材料国家重点实验室，北京　100083）

摘　要　较系统地研究了低错配度 FGH98I 和 FGH96 合金在热处理条件下 γ′相的形态演化行为。结果表明：γ′相的形态失稳形式可归纳为 γ′相分裂和 γ′相不稳定长出形态，γ′相分裂主要是 γ/γ′相间弹性应变场的各向异性和溶质元素富集相互作用造成，而形状不规则的不稳定长出形态主要是由于基体或晶界局部溶质原子浓度（或过饱和度）变化导致 γ′相的非平衡性生长，讨论了 γ′相分裂和不稳定长出形态同时发生现象，及不连续脱溶析出导致扇形结构的形成机理。

关键词　镍基粉末高温合金　γ′相　析出　错配度

Morphological Instability of γ′ Phase in Nickel-based Powder Metallurgy Superalloys

Hu Benfu[①], Liu Guoquan[①,②], Wu Kai[①], Tian Gaofeng[①]

（①School of Materials Science and Engineering, University of
Science and Technology Beijing, Beijing, 100083；
②State Key Laboratory for Advanced Metals and Materials, University of
Science and Technology Beijing, Beijing, 100083）

ABSTRACT：The morphological evolution and its regularity of γ′ precipitates in the low mismatch alloys powder metallurgy（P/M）FGH98I and FGH96 under different heat treatment conditions were studied systematically. The results show that the morphological instability of γ′ phase can be summarized as the splitting and unstable protrusion. The splitting of γ′ is caused by the interaction of anisotropic elastic strain field between γ′ phase and γ matrix which is rich in solute atoms. While the irregular morphology of unstabe protrusion is mainly due to the concentration changes of solute atoms in the matrix or in the local places along grain boundaries, leading to the non-equilibrium growth of γ′ phase. The coexist phenomenon of splitting and unstable protrusion, the formation mechanism of fan type structure induced by discontinous precipitation are discussed respectively.

KEYWORDS：nickel-based P/M superalloy, γ′ phase, precipitation, mismatch

作为镍基粉末冶金（Powder Metallurgy，P/M）高温合金中的主要强化相 γ′［其化学

当量式为 $Ni_3(Al,Ti)$]，是有序金属间化合物。在制备镍基粉末高温合金中通常采用热处理工艺技术，从过饱和固溶体 γ 相中析出 γ' 相。而合金的高温强度主要来自 γ' 相的析出强化。因此，γ' 相的尺寸、分布、体积分数和形态对合金的力学性能具有重要影响。尽管世界各国冶金学者都不断研究和揭示 γ' 相的析出强化规律，但到目前为止，γ' 相的析出强化行为仍是研究的热点，其重要原因是 γ' 相析出过程非常复杂和特殊，它的析出温度之宽，析出速度之快，以及它和合金基体（γ 相）间的合金元素分配，相互动态变化行为，特别是 γ' 相形态不稳定等都是值得系统深入研究的课题。

近年来，许多研究者[1~12]对固态中 γ' 相形态稳定性进行了研究。Khchaturyan 等[10]研究了高温合金中立方 γ' 析出相在长期时效过程中的形态演变：随着 γ' 相尺寸增加，γ' 相形态从立方形→蝶形→板状重叠立方排列（double of plantes）→八重小立方体形排列（octet of Cubes），并从应变诱发能量变化的角度对这种 γ' 相形态不稳定性做了理论分析。Qiu[3]研究指出，固态中由于析出相与基体点阵错配产生弹性应变能，而 γ' 相的形态变化的原因正是由内界面能和弹性应变能相互作用的结果。Yoo[11]研究指出，镍基高温合金中圆形 γ' 相形态不稳定的原因是，析出相以扩散控制方式向过饱和的母相长大，造成析出相的内界面不稳定，即点扩散效应（point effect of diffusion）导致析出相形态发生变化。Radis 和 Schaffer 等[12]在商用成熟的 U720Li 合金经连续固溶冷却过程中对 γ' 相的形貌观察发现 γ' 相从球形变为立方形以及非共格树枝晶结构的 γ' 相形态。

从上述这些研究结果可知：研究不同热处理工艺对 γ' 相从稳定形态发生偏离，出现各种 γ' 相形态变化有着重要的理论和实践意义。但上述结果更多从能量学方面研究 γ' 相形态变化，还缺乏系统的科学实验与过程的动力学分析相结合的相关报道。本文研究了热处理固溶冷却速率对 γ' 相形态变化的影响，揭示 γ' 相形态不稳定性的机理。

1　实验材料及方法

实验选用新型自行设计的第三代镍基粉末高温合金 FGH98I（最高使用温度 815℃），其化学成分（质量分数/%）为 C 0.04，Cr 12.90，Co 20.80，Mo 2.64，W 3.85，Al 3.57，Ti 3.53，Nb 1.50，Ta 1.65，B 0.027，Zr 0.043，Hf 0.2，Ni 余量。FGH96 合金则选用近似 Rene88DT 合金的常规化学成分。固溶处理冷却实验在 Gleeble-1500 热模拟试验机上进行，将 FGH98I 和 FGH96 合金试样分别在 1191℃ 和 1150℃ 固溶 5min，然后分别以 10.8，4.3，1.4，0.4 和 0.1℃/s 的冷却速率冷至室温。扫描电镜（SEM）观察试样采用电化学抛光和电解侵蚀，电解抛光试剂为 10% HCl + 90% CH_3OH，电压为 25~30V，时间为 15~20s；所用电解侵蚀电压为 2~5V，时间为 2~5s。透射电镜（TEM）用薄膜样品用电解双喷方法制成，双喷液为 10% $HClO_4$ + 90% CH_3COOH，电解电压为 50~70V，电解电流为 30~50mA，电解温度控制在 -25~10℃（液氮冷却）。

2　实验结果与分析

图 1 为在 1191℃ 固溶处理 5min 后以不同速率冷却至室温的 FGH98I 合金的 SEM 显微组织如图 1 所示。由图可见，随冷却速率增加，晶内晶界 γ' 相形貌、尺寸和形态均有明显变化，晶界宽度明显变细。随冷却速率减小，晶内 γ' 相的形状由简单的圆形向复杂形态变化。借助文献 [13] 中 U720Li 合金建立的 γ' 相析出连续冷却转变温度（TTT）曲线形式，

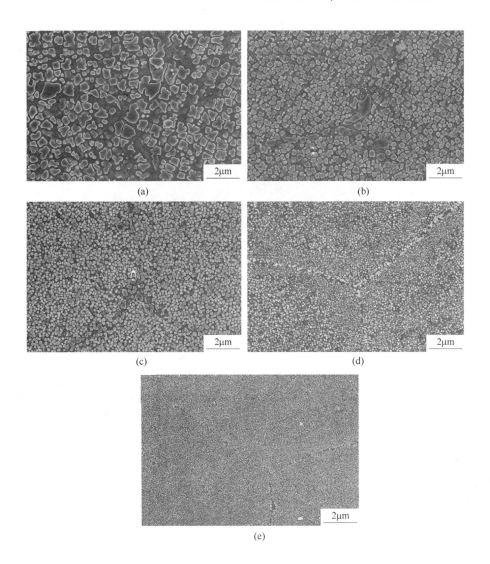

图 1 1191℃固溶处理 5min 后以不同速率冷却至室温的 FGH98I 合金的 SEM 显微组织

Fig. 1 SEM microstructure of FGH98I superalloy cooled to room temperature

with rates 0. 1℃/s(a)，0. 4℃/s(b)，1. 4℃/s(c)，4. 3℃/s(d)，

10. 8℃/s(e) after solution at 1191℃ for 5min

把本实验中冷却速率、γ′相析出温度和 γ′相形态变化数据相结合，建立起 FGH98I 合金在过溶解度曲线时 γ′相 TTT 曲线，如图 2 所示。

从图 2 可知，在过固溶处理冷却过程中脱溶析出的 γ′相的形态变化与冷却速率密切相关。当冷却速率为 10. 8℃/s 时，因冷速很快，过冷度亦很大，固溶体溶质元素过饱和度高，γ′相形核密度大。在此冷却条件下，γ′相形态主要受各向同性界面能支配，所以 γ′相形态以圆形为主，且 γ′相与 γ 相处在点阵共格状态。当冷却速率降低到 4. 3℃/s 时，固溶体过饱和度降低，形核密度也降低。在此冷却条件下，由共格 γ′相造成的畸变应力场重叠[14]而产生的 γ′相间共格弹性相互作用应变能增加，γ′相析出受各向异性应变能支配，

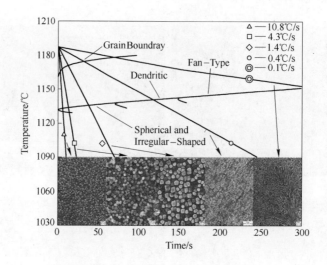

图 2　FGH98I 合金 γ′相析出连续冷却转变温度（TTT）曲线

Fig. 2　Time temperature transformation curve（TTT）of γ′ phase precipitation

for FGH98I P/M superalloy（insets show morphologies of γ′ phase

corresponding to cooling rates）

γ′相择优在〈110〉取向优先长大，形成立方形 γ′相和形状不规则的 γ′相（包含蝶形）。当冷却速率继续降低时（1.4 和 0.4℃/s），合金元素有充分的时间参与扩散，γ′相发生分裂并出现不规则形态。

　　Cha 等[9]以及 Jackson 和 Reed[15]研究指出，立方 γ′相在长大过程中沿〈110〉晶向有很高的化学驱动力，其长大速率大于低化学驱动力的〈100〉晶向，结果立方 γ′相在 4 个〈100〉晶向形成凹形沟槽，并导致弹性应变能围绕凹形沟槽的边缘集中分布。而此理论通过相场模拟计算得出[9]：分布在凹形沟槽区域的弹性应力场可强烈诱捕其周围固溶体中 γ 相中的溶质原子，与弹性应力场富集的溶质原子相互作用，促使 γ′相发生局部溶解，导致 γ 相浸入，分割 γ′相，成为 γ′相形态不稳定分裂的起始点。随着凹形曲率半径的增大，γ 相沿着〈100〉晶向逐渐浸入 γ′相凹形沟槽中，引发 γ′相分裂，逐渐形成二、四立方体状（doublet of plantes）或八重小立方体状（octet of cubes）的 γ′相组态。图 3 给出了 FGH96 合金中 γ′相分裂过程各阶段的实验结果。应当指出，图 3 仅表示单一 γ′相规律性分裂过程，实际上更多观察到的是 γ′相得到各种不规则的分裂形态。这是由于 γ′相析出的形状和分布排列的改变使 γ′相内最大晶格畸变的分布位置不同[15]，造成 γ′相分裂起始点位置不同，致使 γ′相分裂出现多样不规则形态。

　　当冷却速率继续降低时（0.4℃/s），在这一慢冷过程中，足够高的固溶元素饱和度（由溶质元素浓度梯度造成）将导致点扩散效应[16~18]（或称微观扩散）和弹性应变效应，两者共同作用造成了 γ/γ′相界面的不稳定，使得 γ′相的分裂和 γ′相不稳定长出（unstable protrusion）同时进行，导致 γ′相析出相呈类枝晶（octoden-drites or dendritic）状形态，更多的呈现像碟状的树枝晶雏形如图 2 中插图所示。图 4 给出 FGH96 合金不同阶段不稳定长出的、带有许多凸起的类枝晶状 γ′相形貌。通过 TEM 观察发现，这种不稳定长出与立方形 γ′相沿〈111〉晶向择优生长有所差别，这些凸起可以从 γ′相母相的任何部位形成与 γ′

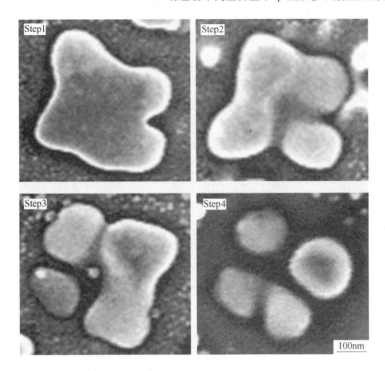

图3　FGH96 合金中不同阶段 γ′相分裂形态

Fig. 3　The splitting morphologies of γ′ phase at different
steps in for FGH96 P/M superalloy

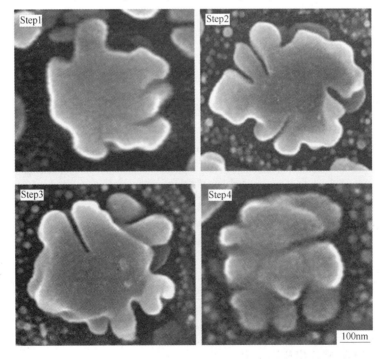

图4　FGH96 合金中不同阶段不稳定长出的相类枝晶状 γ′相形貌

Fig. 4　Dendrite-like shape of unstable protrusion γ′ phase at diffrent steps in FGH96 P/M superalloy

相母相之间不存在相界面。当冷速为 0.1℃/s 时，几乎无过冷度时，在 FGH98I 合金晶界处出现大量近似扇形（fan-type structures）结构的 γ′相如图 2 中插图所示。

图 5 给出 1.4℃/s 冷速时 FGH98I 合金扇形组织的典型形貌，经过 TEM 观察和结合 EDS 分析，扇形中手指状枝晶具有超点阵标准衍射斑点，是冷却过程析出的二次冷却 γ′相（图 5b），并与 γ 相基体保持立方-立方取向关系，枝晶 γ′中均富 Al、Ti、Ta 和 Ni，而贫 Co、Cr、Mo 和 Co，相邻 γ 相中富 Cr、W 和 Mo。从扇形 γ′相的形貌观察可知：γ′相枝晶长大可以垂直于晶界也可沿晶界两侧边界延伸，每个枝晶迁移速度不同而延伸不齐，γ′相枝晶沿晶界优先长大可造成晶界弯曲。尽管晶界扇形的形态几乎相似，但其尺寸和密度有很大差异。表 1 给出扇形结构的尺寸、间距在不同冷速下的测量值。显然，随着冷速降低，扇形数量增加（或变宽），即缓慢冷却有利于 γ′扇形结构的出现，扇形枝干将比两边生长略快。这种形态的 γ′相在一些低错配度合金如 U720Li、RR1000、Astroloy 和 GH4742 均被观察到。

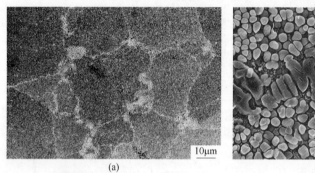 

图 5 以 1.4℃/s 冷却的 FGH98I 合金扇形组织的典型形貌

Fig. 5 Low(a) and high(b) magnified typical morphologies of fan-type structures in FGH98I P/M superalloy coled at a rate 1.4℃/s

表 1 不同冷速下扇形结构尺寸、间距的测量值

Table 1 Measured values of sizes and γ and γ/γ′ spacing of fan-type structures in FGH98I alloy at different cooling rates

Cooling rate/℃·s^{-1}	Average size（size range）/μm	Average spacing（spacing range）/μm
0.1	12.35（3.82~19.73）	1.62（0.54~4.16）
0.4	6.20（1.6~13.98）	0.86（0.22~2.11）
1.4	2.52（0.88~7.72）	0.56（0.17~1.37）
4.3	0.895（0.46~2.03）	0.305（0.18~0.8）
10.8	0.608（0.315~1.11）	0.206（0.096~0.367）

3 讨论

3.1 γ′相分裂和不稳定长出相协发生

大量实验观察结果可知：γ′相形态失稳形式常常是很多单一颗粒 γ′相在发生分裂同

时，也发生不稳定长出形态。特别是在慢冷时或高温时效时，γ′相发生分裂又会发生不稳定长出，但不稳定长出 γ′相（凸起）肯定不会再发生分裂，因为它与基体已失去共格，不会产生点阵错配引发弹性应变能。

γ′相不稳定长出形态是由于基体内局部溶质原子浓度变化导致 γ′相的非平衡性生长，如立方形 γ′相也有尖瓣状凸起，球形 γ′相长成"花椰菜"形状等[19]。实际上，在很多合金中观察到枝晶状 γ′相，均可视为不稳定长出现象。通过 FESEM 的微观组织观察，如图 6 合金中有许多凸起的花瓣状 γ′相，表明它们可以从 γ′母相上任何部位形成和长出，并未受弹性应变能控制，故可认为不稳定长出和 γ′相与基体之间的晶格错配度无关。

镍基粉末高温合金热处理后常观察到 γ′相不稳定长出现象。根据 Yoo[11] 和 Mullins 等[18] 提出的局部点扩散效应认为：若 γ 基体具有足够过饱和度，γ′相上凸起在向基体长出时，相对凹界面有更大的化学驱动力，结果凸起处 Al、Ti 溶质原子越发集中，甚至凹处 Al、Ti 原子也发生上坡扩散迁移或补充到凸起处，这样凹处界面向 γ 基体迁移速度缓慢，而微小变形形成的凸起则被加速，向外继续长大，最终导致 γ′相形态失稳。图 7 给出 γ′相凸起长大示意图。γ′相形成凸起的临界半径 R_c 可用下式表示[18]：

$$R_c = 2T_p/S$$

式中　T_p——毛细管常数；
　　　S——基体过饱和度。

由上式可知，基体过饱和度越大，能形成凸起临界尺寸越小。所以基体处于过饱和度状态对 γ′相不稳定长出有重要影响。

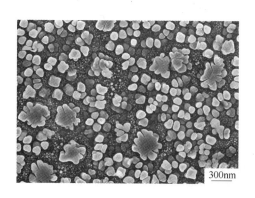

图 6　固溶后以 1.4℃/s 冷却的 FGH96
合金中 γ′相形貌

Fig. 6　Morphology of γ′ phase in FGH96 P/M
superalloy cooled at a rate 1.4℃/s

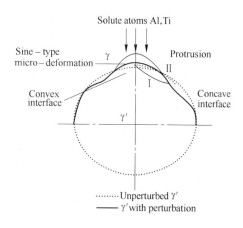

图 7　γ′相凸起形成示意图

Fig. 7　Schematic diagram of unstable
perturbation of γ′ phase

实验中观察到，很多 γ′相既有分裂又有不稳定长出现象，正如图 4 所示那样。分裂和不稳定长出都是 γ′相形态失稳的表现。γ′相分裂是弹性应变能起主要作用，而 γ′相不稳定长出则主要受基体过饱和度决定，两者与 γ′相析出尺寸都有一定关系，γ′相分裂和不稳定长出之间有何直接关系，目前尚不清楚，需要进一步深入研究。

3.2 γ′相扇形结构与冷却速率

实验发现，晶界 γ′ 相扇形结构对冷却速度敏感，是一种具有胞状析出特征的过冷的 γ′ 相形态特殊结构，如图 8 所示为不同冷速下 γ′ 相扇形结构形态的组织形貌。

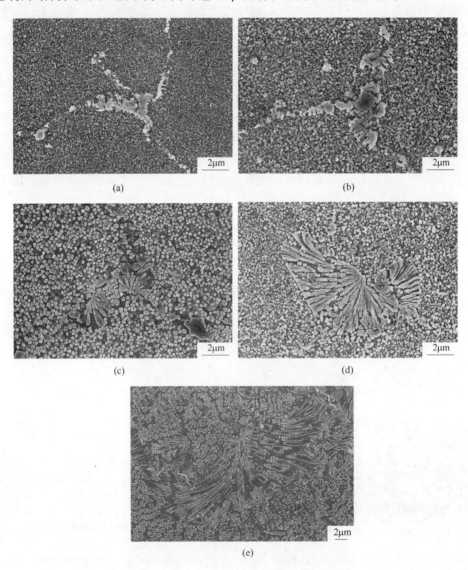

图 8　不同冷速时 FGH98I 合金 γ′相扇形组织形貌

Fig. 8　Morphologies of γ′ phase with fan-type structures for FGH98I

P/M superalloy cooled from at diffrent cooling rate

(a) 10.8℃/s；(b) 4.3℃/s；(c) 1.4℃/s；(d) 0.4℃/s；(e) 0.1℃/s

从表 1 可知：扇形中 γ′ 和 γ 两相的间距随冷却速率和过冷度降低而增加，其尺寸、密度、体积分数随着冷却速率不同而发生变化，扇形相形态相似，在晶界或三角晶界处发达。实验发现冷却速率不同扇形根部的合金元素含量发生变化。表 2 为不同冷却速率时扇形根部的 EDX 分析结果。从表中所测得的数据可知，慢冷（0.4℃/s）扇形根部 Al（17.12%）、Ti（5.55%）要高于快冷（10.8℃/s）Al（12.19%）、Ti（5.18%）含量，冷却速率越慢对扇形形态的形成和发展越有利。

表2 不同冷却速率时扇形根部的 EDX 分析结果

Table 2 EDX analysis results of fan-type γ′ root at diffrent cooling rates

（atomic fraction %）

Cooling rate /℃·s^{-1}	Al	Ti	Cr	Co	Ni	Zr	Nb	Mo	Hf	Ta	W
0.4	17.12	5.55	5.38	13.40	52.96	0.62	1.65	1.60	0.00	1.73	0.00
10.8	12.19	5.18	11.64	18.19	45.32	1.09	2.05	2.73	0.79	0.83	0.00

关于 γ′相扇形结构形成机理，Mitchell 等[20]研究提出，γ′扇形结构的形成起源于碳化物，硼化物或晶界大尺寸 γ′相等非均匀形核地点。而本实验对扇形的扇根部和枝晶 γ′相成分测定证明，它们与晶内析出 γ′成分相似，只不过是以定向方式长大。仅在过冷度和冷速的一个特定的区域内形成，而支配晶界 γ′相扇形的形成应是晶界 Al、Ti 元素浓度梯度[21,22]。实验观察表明，大部分 γ′扇形是在晶界处开始形成的，因晶界处原子排列混乱，混合熵很高，合金元素扩散通道多，合金元素迁移速度快，结构无序和处于高能的晶界发生脱溶析出克服的能量较低，有利于 γ′相扇形优先出现。可应用 Hamid 和 Assadi[23]比较成熟的非经典形核理论来解释。合金脱溶过程是由扩散过程控制，当脱溶析出达到一定临界冷却速率时，脱溶过程热力学上不会出现正的形核功。此时任何已存在的小尺度短程有序结构或化学元素成分偏聚区都可作非经典形核及扩散控制的脱溶析出的晶核，并能够无阻力长大，发生所谓突发式脱溶形核，析出或分解。实验也发现合金晶界处，存在 Al、Ti 不均匀的小尺度偏析区，它可以作为 γ′相的优先形核位置。高温区形成的大尺寸 γ′相中Al、Ti 含量要高于低温形成的细小 γ′相的 Al、Ti 含量，即 γ′相中存在 Al、Ti 浓度梯度。而晶界处 Al、Ti 又可进行短距离扩散，先期高温形成扇枝干的 γ′相中 Al、Ti 等 γ′相形成元素可向低温析出低浓度 Al、Ti 的 γ′相中作短距离扩散，从而导致低温形成的 γ′相长大伸向 γ 相中，使高温形成的扇形枝干 γ′相中 Al、Ti 发生定向扩散，新生 γ′相不断向 γ 相中生长，一旦在晶界处形成 γ′相向晶界垂直生长时，其取向混乱，完全由晶界处的浓度梯度决定。当 γ′相向晶界对面生长时其周围 γ 相中 Al、Ti 贫化，而 Cr、Co、Mo 等元素富集进而有利于 γ 相形成，而其相邻周边 Al、Ti 又发生富集，有利于 γ′相继续沿浓度梯度方向延伸，结果呈现出 γ′相与 γ 相间的形态。造成沿原枝干方向不断扩展和展宽的扇形结构。其次固溶冷却速率影响 γ′相中 Al、Ti 的扩散程度，当慢冷时，在晶界形成扇形 γ′相核心，由于合金元素扩散充分，γ′相扇形结构发达。快冷时，导致 Al、Ti 合金元素扩散困难，γ′相扇形结构不发达，形态呈收缩形态但其形核位置不变［见图8(a)、(b)］。

4 结论

（1）低错配度的镍基粉末高温合金中强化相 γ′相的形态失稳是一种过冷组织形态，它对固溶冷却速率敏感。

（2）溶质元素与弹性应变场相互作用时，自溶解释放弹性应变能导致 γ′相分裂。当基体具有足够大的溶质元素过饱和度时会引发点扩散效应，造成相界面不稳定性，进而导致 γ′ 相形态失稳。

（3）γ′ 相扇形结构是一种胞状析出结构，其形成具有择域特性，晶界上不同尺度的成分偏聚区都可以作为 γ′ 相扇形结构核心，γ′ 相展宽和长大受 Al 和 Ti 合金元素的扩散控制。

参 考 文 献

[1] Doi M, Miyazaki T, Wakatsnki T. Master and Eng, 1984, 67: 247.

[2] Doi M, Miyazaki T, Wakatsnki T. Master and Eng, 1985, 74: 139.

[3] Qiu Y Y. J. of Alloy and Compounds, 1998, 270: 145.

[4] Leo P H, Lowengrub T S. Acta Mater. 2001, 49(16): 2761.

[5] Lee J K, Theoretical and Applied Fracture Mechanics, 2000, 33: 207.

[6] Yang A M, Xiong Y H, Liu. L. Sci and Tech of Aolvanced Matericals, 2001, 2: 105.

[7] Banerjee D, Banerjee R, Wang. Y. Scripta Mater, 1999, 41(9): 1023.

[8] Li D Y, Chen L Q. Aeta. Mater, 1999, 47(1): 247.

[9] Cha P R, Yeon D H. Chung. S H. Scripta Mater, 2005, 52: 1241.

[10] Khachaturyan, A G. Semenovskaya. S. V. Acta Metall, 1988; 36(6): 1563.

[11] Yoo Y S. Scripta Mater, 2005, 53(2): 81.

[12] Radis R, Schaffer M. Superalloy 2008, TMS warrendale, PA. 2008: 829.

[13] Furrer Du. Scripta Master. 1999, 40(11): 1215.

[14] Qiu Y Y. Acta Mater, 1996, 44(12): 4969.

[15] Jackson M P, Reed R C. Mater Sci Eng A, 1999, 259(1): 1241.

[16] Hazotte A, Grosdidier T, Denis S. Scripta Mater, 1996, 34(4): 60.

[17] Gerold V, translated by Wang P V et al. Material Science and Technology: Solid Structre. Beijing: Science Press, 1998: 184.

   (Gerold V 著，王佩璇等译. 材料科学与技术丛书: 固体结构. 北京: 科学出版社，1998: 184)

[18] Mullins W W, Sekerka R F. J Appl Phy, 1963, 34(2): 323.

[19] Ricks R A, Porter A J, Ecob R C. Acta Metall, 1983, 31: 43.

[20] Mitchell R J, Preuss M, Tin S, Hardy M C. Mater Sci Eng A, 2008, 473: 158.

[21] Staron P, Kampmann R. Acta Mater, 2000, 48: 701.

[22] Staron P, Kampmann R. Acta Mater, 2000, 48: 713.

[23] Assadi H, Schroes J. Acta Mater, 2002, 50: 89.

（原文发表在金属学报，2012，48(3): 257-263. ）

新型镍基粉末高温合金 γ′相扇形组织形成以及演化行为研究

胡本芙[①] 刘国权[①,②] 吴 凯[①] 胡鹏辉[①]

（①北京科技大学材料科学与工程学院，北京 100083；
②北京科技大学新金属材料国家重点实验室，北京 100083）

摘 要 对新型镍基粉末高温合金 FGH98I 进行不同工艺热处理，采用场发射扫描电镜和透射电镜等研究了合金中扇形组织的形成和演变。结果表明，FGH98I 合金中扇形组织是由手指形二次 γ′相枝晶和其间的 γ 基体组成，其形成具有择域特性，高度过饱和晶界的成分偏聚区可作为非均匀形核核心，通过自身浓度梯度扩散控制其长大、发展。标准时效处理使扇形组织长大和粗化，高温时效处理使扇形 γ′相发生形态失稳，逐渐变成低能状态的稳定立方形状 γ′相。

关键词 镍基粉末高温合金 扇形组织 冷却速度 时效处理

Morphological Changes Behavior of Fan-type Structures of γ′ Precipitates in Nickel-based Powder Metallurgy Superalloys

Hu Benfu[①], Liu Guoquan[①,②], Wu Kai[①], Hu Penghui[①]

（①School of Materials Science and Engineering, University of
Science and Technology Beijing, Beijing, 100083;
②State Key Laboratory for Advanced Metals and Materials, University of
Science and Technology Beijing, Beijing, 100083）

ABSTRACT: The variety and complexity of γ′ phase morphological changes in heat treatment process of nickel-based P/M superalloy, which contains high volume percentage γ′ strengthening phase, is one of hot issues which material researchers focused on γ′ phase morphological changes have important effect on the strength, toughness, high-temperature creep and fatigue property of alloy. Based on the research of heat treatmeat process in the thirdly nickel-based P/M superalloy (FGH98I), the researcher find that there are γ′ fan-structure in solution heat treatment at different cooling rates, and follow-up treatment have obvious influence on γ′ fan-structure morphology. Therefore, it is necessary to research scientifically and penetratingly on the formation conditions, formation mechanism, and the effects of different heat treatment process of γ′ fan-structure which exist as a kind of special organization morphology. The formation and evolution of fan type structure in a new type Ni-based P/M superalloy FGH98I was studied by means of field scanning electron microscope (FESEM) and transmission electron microscope (TEM). The results show that the fan-type structure in alloy FGH98I consists of finger-shaped γ′ dendrites and the γ matrix between them. It forms only in a selection area characteristic, nucleates inhomogeneously in the chemical segregation area at different scales on highly supersaturated grain boundary and develops by own concentration gradient diffusion. The standard aging makes the fan type structure growing up and coarsening. The γ′ fingers become unstable, transforming into stable cubic shape γ′ in low-energy state after high-temperature aging.

KEYWORDS: Ni-based P/M superalloy, fan-type structure, cooling rate, aging treatment

含有高体积百分数 γ′ 相强化相的镍基粉末高温合金，在热处理过程中 γ′ 相形态变化的多样性和复杂性，历来都是冶金材料研究者关注的热点问题之一。镍基高温合金经不同工艺热处理后，可使 γ′ 相具有不同形态，如：圆形、立方形、树枝晶形以及大尺寸的立方形 γ′ 相发生分裂呈现二重、四重或八重立方体组态等[1~3]，γ′ 相的形态变化对合金的强度、韧性以及高温蠕变和疲劳性能有重要的影响[4,5]。早在 70 年代末，Larson 等[6]在粉末高温合金 Astroloy 合金中发现似胞状生长并形成簇针状的扇形形态的 γ′ 相，因其形似扇子被称为 γ′ 相扇形组织（Fan-type structure）。后来 Furrer 等[7,8]在 U720Li 合金也发现 γ′ 相扇形组织受冷却速率控制，在特定过冷度和冷却速率（≤0.12℃/s）下才可形成。近年来，Mitchell 等[9]在 RR1000 合金中发现 γ′ 相扇形组织的形核是以含 Hf 微量相 MC 碳化物或硼化物为核心非自发形核和长大，γ′ 相扇形的生长可导致弯曲晶界形成，可以明显改善合金热变形塑性。同样的实验结果在 Lu 等[10,11]研究的 GH474 合金中也得到证明。

本文作者在研究第三代新型镍基粉末高温合金（FGH98I）热处理时发现[12]，固溶热处理的不同冷却速率下均存在 γ′ 相扇形组织，并且后续热处理对其形态也有明显的影响。因此在以 γ′ 相强化的镍基粉末高合金中 γ′ 相扇形组织作为一种特有的组织形态的存在，有必要进行系统深入的研究。尽管有许多文献对此现象进行了说明，但直至目前，关于 γ′ 相扇形组织的形成条件和形成机理，不同热处理工艺对其影响等重要问题，至今还没有合理的解释和报道。

本文结合第三代镍基粉末高温合金双性能涡轮盘研制和开发，采用双组织热处理（DMHT）工艺[13,14]过程中形成的 γ′ 相扇形组织演化以及影响因素和形成机理进行系统研究和讨论。

1　实验及方法

实验材料为新型镍基粉末高温合金（FGH98I），主要合金元素组成为（质量分数/%）：C 0.048，Cr 12.92，Co 20.83，Mo 2.64，W 3.85，Al 3.57，Ti 3.53，Nb 1.51，Ta 1.65，B 0.027，Zr 0.043，Hf 0.2，Ni 余量。母合金采用真空感应炉熔炼，等离子旋转电极（PREP）方法制粉，采用振动筛分和静电分离相结合的方法除去夹杂。使用 50 ~ 150μm 的粉末装入包套并封焊后，采用热等静压（HIP）固结成型，然后经等温锻造获得细晶盘坯。

实验试样取自锻态盘坯并分为 2 组，第 1 组在 1190℃ 固溶处理 2h 并以 0.1、0.4、1.4、4.3 和 10.8℃/s 的冷速冷却，第 2 组在上述过固溶处理后进行高温固溶处理 1135℃ 高温固溶处理 2h（空冷），2 组试样最后均在 815℃ 时效处理 8h（空冷）。

用于显微组织观察的试样需进行侵蚀和抛光处理，化学侵蚀剂为 $CuSO_4 + HCl + H_2O$，电解抛光试剂为 20% H₂SO₄ + 80% CH₃OH。采用 SUPRA-55 场发射扫描电子显微镜（SEM）及其配备的能谱（EDX）观察合金中 γ′相扇形组织形貌，并进行组成元素测定和图像分析，以定量不同冷速下扇形组织的尺寸和体积分数，为减少误差每个冷速下至少 20 个 γ′相扇形组态进行测量。扇形组织的长度（L）和间距（S）可以从每个扇形组织中获得，扇形组织尺寸和体积百分数采用 Image-proplus 软件来进行测量与统计。

2　实验结果

2.1　γ′相扇形组织特征

在不同冷却速率下，合金试样中均观察到 γ′相扇形组织存在。图 1 给出典型 γ′相扇形组织形貌特征。由图 1 可清楚看出，γ′相扇形组织是由手指状的二次 γ′相和其间的 γ 相组成的胞状形态，这种 γ′相呈扇形状的组态，它既不是胞状组织也不是两相共晶组织，有以下特征：

（1）往往在晶界、原颗粒边界（PPB）和残留枝晶界处形成，形貌均很相似，但随冷却速率不同其尺寸、密度和体积分数有很大差异见图 1(a)；

（2）手指状二次 γ′相具有标准超点阵衍射斑点，与 γ 基体相无明显的取向关系；

（3）手指状 γ′相大致垂直于晶界呈非对称生长，其长度参差不齐，也可沿晶界边界向两侧延伸，导致晶界从平面内界面成为回旋弯曲状界面见图 1(a)、(b)；

（4）手指状 γ′相与 γ 相的两相邻间距随冷却速率的降低而增大；

（5）经 EDX 测定，手指状二次 γ′相中富 Al、Ti、Ta、Ni，贫 Co、Cr、Mo，与晶内二次 γ′相成分相同，而且手指状根部和尖部 Al、Ti、Ta、Ni 成分存在差异，晶界处成分不均匀性支配和影响 γ′相的长大。

(a)　　　　　　　　　　　　　　　(b)

图 1　不同冷速处理下 FGH98I 合金中 γ′相扇形的组织形貌

Fig. 1　SEM images of typical fan-type structures in FGH98I alloy at cooling rate of 1. 4℃/s（a）and 0. 4℃/s（b）

2.2　固溶冷却速率与 γ′相扇形组织

图 2 为 FGH98I 合金不同冷却速率时的 γ′相扇形形貌。从图 2 可知，γ′相扇形往往在

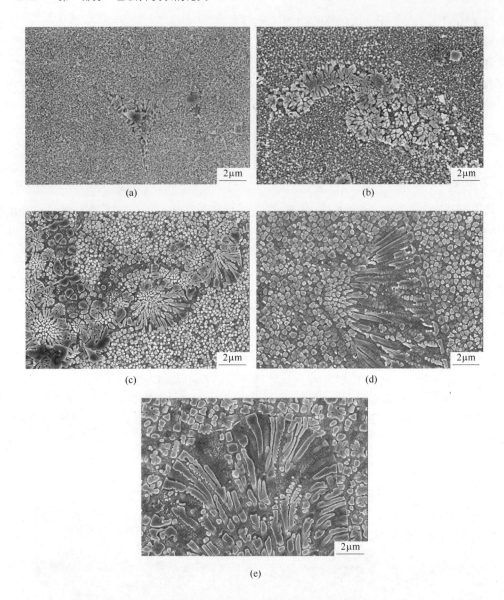

图 2　FGH98I 合金不同冷却速率时的 γ′相扇形形貌

Fig. 2　SEM images of fan-type morphologies in FGH98I alloy at cooling rates of 10.8℃/s(a)，4.3℃/s(b)，1.4℃/s(c)，0.4℃/s(d)and 0.1℃/s(e)

晶界上形成，特别是在三角晶界位置处 γ′相扇形更易发展。随着冷却速率的降低，γ′相扇形更加开放和发达，形态相似，但尺寸和面积分数均增加，这是由于扇形中手指状二次 γ′相长度和相互间距明显增大导致的。同时可以看出，γ′相扇形的形核地点并没发现其他析出物存在，冷却速率减少更有利于扇形组织的生长。表 1 为通过 Gauss 拟合获得的合金在不同冷却速率下 γ′相扇形组织的尺寸、间距和面积百分数。由表 1 可知，随着冷却速率降低，扇形中 γ′相长度、间距和面积百分数增大。可见，γ′相扇形组织的各参数是随冷却速率的不同而变化。

表1 在不同冷却速率下 FGH98I 合金中 γ′相扇形组织的尺寸、间距和面积百分数

Table 1 Measured size, space and area fraction of fan-type
structure in FGH98I alloy at different cooling rates

Cooling rate/℃·s⁻¹	Aerage length(length range)/μm	Aerage space(space range)/μm	Area fraction/%
0.1	14.40(2.1~37.1)	0.97(0.27~2.74)	7.93
0.4	6.3(1.0~8.7)	0.78(0.14~1.58)	5.52
1.4	3.24(0.36~7.47)	0.42(0.14~1.58)	2.05
4.3	0.84(0.25~1.33)	0.25(0.08~0.68)	0.85
10.8	0.72(0.21~1.22)	0.18(0.06~0.36)	0.74

2.3 标准时效热处理后 γ′相扇形组织

对不同冷速下形成的试样在850℃，8h 进行时效处理，所得试样中 γ′相扇形组织如图3 所

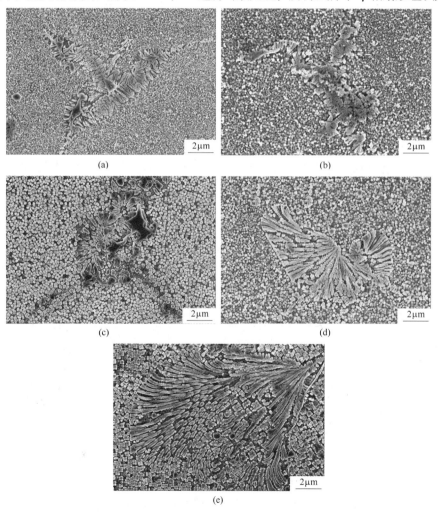

(a)

(b)

(c)

(d)

(e)

图3 FGH98I 合金在不同冷却速率下经时效处理（850℃，8h）后的 γ′相扇形组织形貌

Fig. 3 SEM images of fan-type morphologies in FGH98I alloy after aging treatment (850℃, 8h)
at cooling rates of 10.8℃/s(a), 4.3℃/s(b), 1.4℃/s(c), 0.4℃/s(d) and 0.1℃/s(e)

示，表 2 给出时效处理不同冷速下合金 γ′相扇形组织的各表征参数。由图 3 和表 2 可知，与时效前相比，在各冷速下 γ′相扇形组织手指状二次 γ′相均发生粗化，而且随着冷速的降低 γ′相粗化效果更明显，面积分数有所增加（如冷速为 10.8℃/s 时，面积分数为 0.89%；而冷速为 0.1℃/s 时，面积分数增大为 9.47%），而 γ′相扇形形貌并未发生明显变化，但发现手指状二次 γ′相发生形态失稳，出现节状断裂而细化。如慢冷（0.1℃/s）时，节断的 γ′相时效过程中发生形态呈长方形或正方形，并按原来手指状定向排列成筏形。

表 2　FGH98I 合金不同冷速下时效处理（850℃，8h）后的 γ′相扇形组织尺寸、间距和面积百分数

Table 2　Measured size, space and area fraction of fan-type structure in FGH98I alloy after aging treatment（850℃，8h）at different cooling rates

Cooling rate/℃·s⁻¹	Aerage length(length range)/μm	Aerage space(space range)/μm	Area fraction/%
0.1	15.34(9.57 ~ 20.33)	1.10(0.46 ~ 1.90)	9.47
0.4	6.74(3.56 ~ 9.54)	0.674(0.27 ~ 1.82)	6.25
1.4	3.71(0.44 ~ 9.15)	0.608(0.15 ~ 1.45)	2.75
4.3	1.072(0.797 ~ 1.755)	0.309(0.126 ~ 0.489)	1.15
10.8	0.754(0.319 ~ 1.474)	0.16(0.059 ~ 0.363)	0.89

2.4　高温时效处理后 γ′相扇形组织

在过固溶热处理后再进行 1135℃高温时效处理后，γ′相扇形组织形貌如图 4 所示。由图 4 可看出，高温时效后，随着冷却速率的降低，γ′相扇形组织形态发生更明显变化。较快的冷速下（10.8 和 4.3℃/s）γ′相扇形呈收缩形态，扇形特征消失，成为晶界大尺寸 γ′相；而较慢冷速下（0.1、0.4 和 1.4℃/s）γ′相扇形发生明显形态失稳，手指状 γ′相发生细化，呈立方状 γ′相见图 4(c)，特别是 0.1℃/s 冷速下的 γ′相扇形变化可明显地看出，手指状二次 γ′相开始是在原位上发生分断而呈竹节状，其边缘逐渐收缩成按一定方向排列的立方状 γ′相见图 4(e)。显然，γ′相扇形组织可以通过高温时效使其发生形态失稳，由粗大 γ′相组织形态变成稳定的细小立方状形状，这种形态的演变行为可能促发新的思路，即通过控制 γ′相扇形的细化得到稳定的低长大速率的 γ′相。

3　讨论

从上述实验结果可知，γ′相扇形组织会在一定的过冷度和过饱和固溶体内形成，具有择域特性。γ′相扇形组织的形核是非均匀形核，通过扩散控制其长大和粗化。下面就 γ′相扇形组织的形成机理以及其形核-长大-粗化过程进行分析和讨论。

3.1　γ′相扇形组织形核

近年来，Mitchell 等[9]在 RR1000 合金中发现，γ′相扇形组织中的手指形二次 γ′相可以在含 Hf 的碳化物或硼化物上非自发形核。本研究偶尔也发现含有 Ti、Ta 和 Nb 的一次碳化物和残留原粉末颗粒边界上出现 γ′相扇形。不过以异质相为非自发形核的核心，必须与 γ′相在结构上相似，成分相近，才有利于 γ′相的形成。而在 FGH98I 合金中发现的 γ′相扇形组织形核位置并不局限于微量异质相。上述实验结果表明，FGH98I 合金在固溶冷却

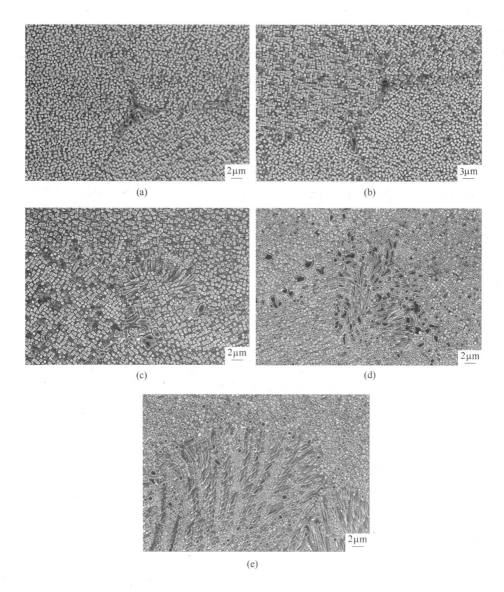

图4　FGH98I 合金不同冷却速率下高温时效（1135℃，2h）后 γ′相扇形组织

Fig. 4　SEM images of fan-type structures in FGH98I alloy after aging

treatment（1135℃，2h）at cooling rates of 10. 8℃/s(a)，

4. 3℃/s(b)，1. 4℃/s(c)，0. 4℃/s(d) and 0. 1℃/s(e)

时，不同冷却速率下均观察到 γ′相扇形组织，特别是在多晶界相遇的三叉晶界点位置上，形成的 γ′相扇形组织十分发达，可见，晶界处是 γ′相扇形开始形成的优先场所。

众所周知，当合金固溶冷却至 γ/γ + γ′两相区时，由于晶界先于晶内处在过饱和状态，晶界区原子无序排列，混合熵很高，已存在的局部小尺度短程序结构或合金元素偏聚区可作为非均匀形核地点[15,16]，成为脱溶析出相的核心，发生脱溶析出反应而形成析出相。而晶界的高度饱和度使得析出相快速长大，直到冷却温度低于晶内析出相固溶温度时，晶内均匀形核开始，晶内析出相大量析出，晶界析出相形核和长大才得到终止。其次，实验结果还表明，作为脱溶析出反应源，往往三角晶界区域是形成 γ′相扇形组织的优先场所，这是因为三角晶界处能量高，容易发生晶界迁移，而不连续析出反应的特征是伴随晶界迁移，即胞状析出反应发生仅局限于那些不易被钉扎的晶界，才有利于发生脱溶析出反应[17]，这可能就是 γ′相扇形组织的形成具有择域性特征的原因。

3.2　γ′相扇形组织的发展

γ′相扇形组织的发展应包括两部分：即作为枝晶的手指形二次 γ′相的长大和单个枝晶源分枝权的发展见图 1(b)。手指形的枝晶二次 γ′相的生长决定于冷却时，晶界处发达的过饱和 γ 相基体中的 Al 和 Ti 的浓度梯度[16,18]，由于 γ′相析出是发生在一个温度范围内，不同温度区间析出的 γ′成分是不同的，即所谓 γ′相家族（γ′-family）中 γ′相成分是有差异的[19]。实验也发现，高温区形成的 γ′相中 Al 和 Ti 含量要高于低温形成的 γ′相中 Al 和 Ti 含量，所以不同温度区间形成的 γ′相中 Al 和 Ti 浓度是不同的，导致 γ′相中存在 Al 和 Ti 的浓度梯度（如图 5 中 FGH98I 合金 γ′相扇形组织长大时溶质流动的方向示意图所示。A 处是先期高温形成扇形枝干 γ′相向低温析出 γ′相中作短距离扩散的溶质流动方向，而 B 处为高度过饱和晶界处基体 γ 相向扇形枝干 γ′相扩散溶质流动方向）。表 3 为 FGH98I 合金固溶处理后不同冷却速率下的 γ′扇形相中 Al 和 Ti 含量。从表 3 中可看出，当冷速为 0.1℃/s 时，组成扇形中手指形 γ′相的根部（高温区形成）Al + Ti 含量值（9.90wt%）比枝晶顶部（低温区形成）Al + Ti 含量值（24.29wt%）低，而当冷速为 4.3℃/s 和 10.8℃/s 时，手指形 γ′相枝晶顶端比枝晶根部有更低的 Al + Ti 值。这说明冷速较快时 γ′相枝晶向过饱和固溶体 γ 相中生长时，Al 和 Ti 原子来不及得到枝晶根部高浓度 Al 和 Ti 原子的补充，γ′相扇形形成受阻。而当冷速较慢时，γ′相扇形枝晶生长，需要枝晶根部高浓度 Al 和 Ti 原子短距离扩散使枝晶顶端生长得到 Al 和 Ti 原子补充，γ′相枝晶不断向 γ 相中生长延伸。

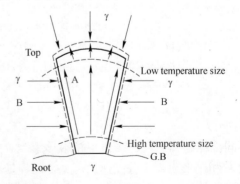

(A) The arrow show the flow direction of sloute short – distance diffusion from the previous formed γ′phases at high temperature to γ′phases formed at low temperature with in the branches of fan – type structure

(B) The diffusion from supersaturated matrix γ phase to fan – type γ′phase

图 5　FGH98I 合金 γ′相扇形组织长大示意图
（箭头指向溶质扩散流动方向）

Fig. 5　Schematic diagram on growth of fan-type structure in alloy FGH98I

Carrows show the flow direction of diffusion of solute

表 3   FGH98I 合金固溶处理不同冷却速率下 γ′扇形相 Al, Ti 含量值

Table 3   Content of Al, Ti in fan-type structure for FGH98I alloy under different

cooling rates after solution treatment   (mass fraction/%)

Cooling rate/℃·s^{-1}	Top(质量分数/%)(Al + Ti)	Root(质量分数/%)(Al + Ti)
0.1	24.29(18.58 + 5.71)	9.90(5.90 + 4.00)
0.4	13.70(8.91 + 4.87)	10.30(6.09 + 4.12)
1.4	12.13(7.10 + 5.03)	11.72(6.48 + 5.24)
4.3	8.97(5.27 + 3.70)	13.08(8.29 + 4.97)
10.8	9.92(5.63 + 4.29)	23.30(17.43 + 5.89)

实验还发现, γ′相扇形组织中手指形二次 γ′相与相邻 γ 相固溶体并无惯习面, 也没有明显晶体学取向关系。所以, 在手指形 γ′相的边缘有非常高的应变梯度[11], 同时在 γ′相附近存在 Al 和 Ti 贫化区, 而相毗邻的 γ 相中 Al 和 Ti 富集, 这样, 在手指形枝晶的 γ′相周边的应变梯度驱动下, Al 和 Ti 加速向贫 Al 和 Ti 区扩散, 促使次生 γ′相垂直于枝晶不断向 γ 相中生长, 导致 γ′相枝晶干长出分叉的 γ′相, 出现图 1(b)中手指状二次 γ′相长成锯齿状次生小尺寸枝晶的现象, 这一试验结果与 Doi[20]等的结论一致。

3.3   γ′相扇形组织的粗化

从图 4 中可以清楚看出, 不同冷却速率下经高温时效或长期时效 γ′相扇形发生明显的形态失稳。为了研究 γ′相扇形的形态失稳特征, 图 6 给出 γ′相扇形失稳的不同阶段。图 6 (a)为固溶冷却速率为 0.4℃/s, 油淬至 600℃再冷至室温时 γ′相扇形组织形貌。可以明显看出, γ′相枝晶上的分叉枝晶发达, 扇形状态仍完整保持, 但经 1150℃, 2h, A.C. 高温时效后, γ′相枝晶的次生分叉枝晶发生溶解消失见图 6(a), 提高 γ 相的 Al 和 Ti, 随后冷却伴随大量三次细小 γ′相在 γ′相枝晶间区析出而同时晶内 γ′相发生粗化见图 6(b)。图 6 (c)则看出手指状 γ′相扇形形态基本消失, γ′相呈现长方形或正方形状, 分布在原来 γ′相扇形地方, 此时 γ′相是处在低能稳定状态。γ′相扇形粗化过程是由手指枝晶状二次 γ′相先发生局部溶解 (分支叉处), γ′相边缘变成锯齿状, 进而造成枝晶分断并伴随三次 γ′相高密度析出, 同时分断 γ′相枝晶变成长方形或正方形沿枝晶方向排列。众所周知, 通常析出相的粗化要遵循传统经典的 LSW (Lifshitz-Slyozov-Wagher) 熟化理论[21,22]。一般地, 粗化过程是小尺寸粒子发生溶解大粒子长大, 以降低系统总界面能, 而析出相总体积分数保持不变, γ′相扇形的形态演化符合 LSW 理论粗化过程。

4   结论

(1) FGH98I 合金中的 γ′相扇形组织是由手指形二次 γ′相枝晶和其相间的 γ 相基体组成, 其形态的尺寸、间距和面积百分数敏感于合金固溶冷却速率。

(2) 晶粒界是 γ′相扇形组织优先形核场所, 不被钉扎的晶界, 易形成 γ′相扇形组织。

(3) 高度过饱和度的晶界处小尺度的成分偏聚区是 γ′相扇形组织的非均匀形核地点, 通过自身浓度梯度扩散长大, 垂直于晶界呈非对称生长。

(4) γ′相扇形组织在高温时效处理后发生形态失稳, 沿枝晶干发生分断后, 渐变成低

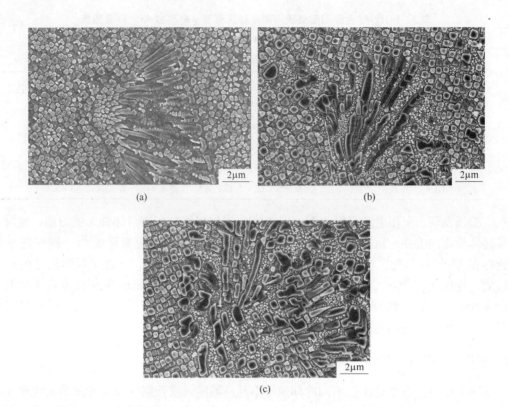

图6 FGH98I合金固溶冷速为0.4℃/s时经1150℃高温时效2h后
再经870℃低温时效8h后γ′相扇形组织不同演化阶段

（a）枝晶分叉处发生局部溶解；（b）枝晶间析出三次γ′相，晶内γ′相粗化；（c）γ′扇形形态消失

Fig. 6　Different evolutionary stages of fan-type structures in FGH98I alloy after high-temperature aging
（1150℃, 2h）treatment and low-temperature aging treatment（870℃, 8h）at cooling rate of 0.4℃/s

（a）partial solubilization in the sit of dendrite branch；（b）precipitation of spherical tertiary γ′ in the zone between
of dendrites and γ′ coarsening in inter of grain；（c）disappearance of fan-type secondary γ′

能的立方形γ′相，增加了γ′相的稳定性。

参 考 文 献

［1］ Kaufman M J, Voorhees P W, et al. Metallu and Mater Trans A, 1989, 20A(11): 2171.

［2］ Calderon H A, Kostora G, et al. Mater Sci and Eng, 1997, A238(1): 13.

［3］ Minoru D, Toru M, Teruyaki W. Mater Sci and Eng, 1984, A67(2): 249.

［4］ Via P C, Yu J J. Transaction of Nonferrous Metal Society of China, 2005, 15(93): 90.

［5］ Jackson J J, Donachie M J. Metal and Mater Trans A, 1977, 8A(8): 1615.

［6］ Larson J M. Volin T G, Larson F G. In: Braun J D, Arrowsmith H W, McCall J L, eds, Microstructural
Science, 1997, 5: 209.

［7］ Furrer D U. Scripta Mater, 1999, 40(11): 1215.

［8］ Furrer D U. In: CSM, BISC, eds, Proc 11h Int Symposium on Advanced Superalloys-Production and Appli-
cation. Shanghai: the Chinese Society for Metals, 2007: 192.

［9］ Mitchell R J, Li H Y, Huang Z W. J Mater Process Tech, 2009, 209: 1011.

［10］ Lu X D, Deng Q, Du J H, Qu J L, Zhuang J Y, Zhong Z Y. J Alloy Compd, 2009, 477: 100.

［11］ Lu X D, Du J H, Deng Q, Zhong Z Y. J Alloy Compd, 2009, 486: 195.

［12］ Wu K, Liu G Q, Hu B F. J Univ Sci Tech Beijing, 2009, 31(6): 722.

［13］ Lemsky J. NASA/CR-2004-212950.

［14］ Gabb T P, Gayda J. NASA/TM-2005-213649.

［15］ Hamid A, Schroers J. Acta Metall, 2002, 50: 89.

［16］ Staron P. Acta Metall, 2000, 48: 701.

［17］ Williams D B, Butler E P. Inter Mater Revi, 1981, 26: 153.

［18］ Staron P, Kampmann R. Acta Metall, 2000, 48: 713.

［19］ Mitchell R J, Preuss M. Mater Sci and Eng, 2008, A473: 158.

［20］ Doi M, Miyazaki T. Mater Sci and Eng, 1985, 74: 139.

［21］ Lifshitz I M, Slyozov V V. J Phys Chem Solids, 1961, 19: 35.

［22］ Wagner C. Z Electrochem, 1961, 65: 581.

（原文发表在金属学报，2012，48(7)：830-836.）

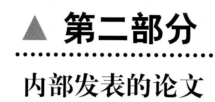

▲ 第二部分
内部发表的论文

氩气雾化黏结粉末的形成和组织特征分析

胡本芙

（北京钢铁学院材料系 014 课题组）

1982 年 9 月

前言

不同的制取粉末方法获得不同粉末颗粒的形貌，不同的粉末形貌对压制和成形的影响国外已进行了一些研究[1,2]。例如：Kear 用 SEM 对氩气雾化的 IN100 合金粉末进行观察，并讨论了过热度对凝固组织黏附形式的影响，但是，合金粉末的形貌除了外观不同以外，更重要的是凝固组织的影响，特别是任何制粉方法所获得的粉末中都不可避免的有一定比例的黏结粉存在，黏结粉的凝固组织状态怎样，具有什么特征，在热处理过程中与球状粉有什么不同？无疑研究这些问题对加强粉末质量的管理和控制粉末质量，改进合金性能都是有益的，本文就是通过对进口粉末 René95 和国产粉末 FGH95 凝固黏结的组织进行分析，探讨生产工艺和对合金性能会产生怎样影响。

1　合金成分及实验方法

1.1　合金成分

实验用进口粉末 René95 和国产粉末 FGH95 的化学成分如表 1 所示。

表 1　René95 粉末和 FGH95 粉末的化学成分（质量分数/%）

元　素	C	Cr	Co	Mo	W	Nb	Al	Ti	B	Zr	Ni
René95	0.064	14	8	3.50	3.50	3.50	3.50	2.50	0.01	0.050	余
FGH95	0.087	13.08	8.62	3.40	3.35	3.48	3.46	2.60	0.011	0.04	余

1.2　实验方法

用金相及 SEM 方法对经氩气雾化法（AA 法）生产不同粒度两种粉末进行观察对比，对黏结处的组织状态进行成分分析。

为了研究在 HIP 温度下黏结粉末颗粒的相析出特点，分别对两种粉进行 1000℃/5h；1080℃/5h；1120℃/3h；1150℃/7h 的真空淬火处理，并用金相和二级碳复型技术分别进行组织观察；应用电子探针测定黏结粉末颗粒界面处化学成分。

所用粉末粒度在 –140～+360 目之间，共分为四个粒度级分别进行观察对比。

2 实验结果及分析

2.1 黏结粉末颗粒的比例及粒度曲线

对 René95 和 FGH95 粉末颗粒进行 SEM 观察其结果表明：两种粉末颗粒基本上是球形的，但比较而言，René95 粉末颗粒的球形更加完整，所占比例也比 FGH95 大如图 1 所示，在 René95 中观察到的完美的球形颗粒在 FGH95 中几乎是不存在。颗粒表面光滑，致密。

图 2 为 FGH95 粉末颗粒概貌，总的倾向是 FGH95 粉末中黏结颗粒较多，而且黏附物的形状也不如 René95 粉末黏附物规则，用金相方法对分级的两种粉末测定其黏结颗粒所占比例，其结果如曲线所示见图 3。

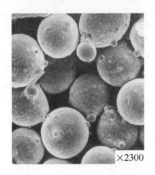

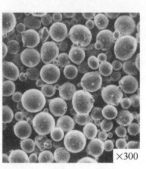

图 1　René95 中球形颗粒（−360 目）　　　图 2　FGH95 粉末颗粒概貌（−200 +300 目）

由图 3 曲线可以看出：FGH95 粉末中黏结颗粒的比例大于 René95 粉末，而且，两种粉末其黏结颗粒的比例均随粉末颗粒直径减小而降低，也就是说，在细粉末中黏结颗粒较少。

若把两种粉末使用的粒度组成进行分析，可得出图 4 曲线形式；进口粉出现两个峰值，而国产粉只有一个峰值。再对比粉末粒度曲线和黏结比例曲线可以得出：FGH95 粉末中黏结颗粒所占比例远远大于 René95 粉末，而在较粗颗粒中黏结颗粒的比例又比较大。这样，在等量的两种粉末中，国产的 FGH95 粉末中的黏结颗粒数将大大高于 René95，显然，会严重影响粉末的流动性和松装密度，影响产品的最终性能。

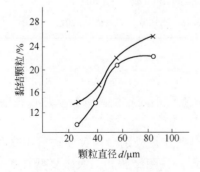

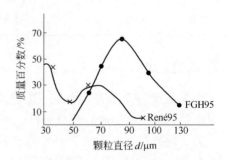

图 3　René95(下)和 FGH95(上)　　　　图 4　René95 和 FGH95 粉末的粒度曲线
　　　粉末中黏结颗粒的比例

2.2　两种粉末中的表面黏结形式

2.2.1　René95 粉末中主要黏结形式

黏结比例固然起作用，然而哪种黏结形式也应该有一定作用，现把在大量观察的基础上，存在的几种具有普遍性的黏结形式分类如下：

（1）卫星式黏结。这种形式的黏结在粉末的黏结中占有最大比例，其黏结特点是大颗粒已经完全凝固（或半凝固状态）而小颗粒尚未完全凝固，与大颗粒相碰撞后，急冷凝固并发生黏结，因而大颗粒均具有完整的球形，如图5所示。

（2）包复式黏结。包复式黏结也是占比例较大的另一种黏结形式见图6，其特点是可看到一层薄而均匀的金属包复在大的球形颗粒上，有时还可以把已形成的卫星式小颗粒一并包入，显然，这种包复形式是由于熔融状态金属液片飞溅到已经完全凝固的颗粒上，由于冲撞力和熔融金属的流动性使液态金属均匀包裹住球形颗粒，也有些包复层是不规则的，甚至会在同一颗粒上发生多层包复，此种包复层可称为结疤式黏结，结疤式黏结的黏附物，在与大颗粒碰撞时，一般已经是半凝固的黏糊状态，冷却迅速，黏糊状的黏附物来不及流动即已凝固，因而其表面极不平整见图7，包复的黏附物可以是很小的一部分，有的则将整个颗粒包复。

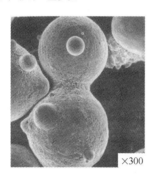

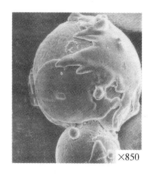

图5　René95 粉末中卫星式黏结（-140 +200 目）　　　图6　René95 粉末中包复黏结（-140 +200 目）

（3）突起状黏结。突起状黏结是一种不常发现的黏结形式，但它由于形状奇异，对压实和流动性有较大影响。其特点是在完整的球形颗粒上粘有角状突起物。该类型黏结形状往往是一块较大的黏糊状金属与完全凝固的球形颗粒撞击而成（图8）。

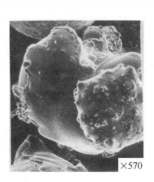

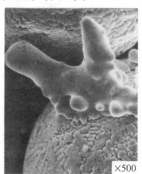

图7　René95 中的结疤式黏结（-140 +200 目）　　　图8　René95 粉末中突起状黏结（-140 +200 目）

（4）葫芦状黏结。葫芦状黏结其特点是两个大小相差不多的欲凝固的颗粒黏结在一起，在黏结处有较明显的黏结细颈而黏结颈处的表面组织与颗粒表面是有差异的。在颗粒外表面是枝晶组织，而颈部则是较粗大的近似等轴的晶粒。显然，这种黏结形成过程：两个半凝固的流动性尚好的糊状液滴，碰撞在一起而后同时冷却，但在颈处具有较大的冷却速度，因而形成等轴组织。

上述葫芦形黏结在粉末体中占有相当的比例，它对性能影响是不可忽视的。

2.2.2　FGH95 粉末中黏结形式

在国产 FGH95 粉末中也存在着与上述 René95 粉末中同样的黏结形式见图 9。

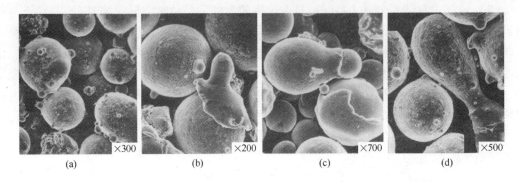

图 9　FGH95 粉末中的几种黏结形式

（a）FGH95 卫星式黏结（−140 + 200 目）；（b）FGH95 包复式黏结（−360 目）；
（c）FGH95 突起式黏结（−200 + 320 目）；（d）FGH95 葫芦式黏结（−300 + 300 目）

值得指出的是 FGH95 粉末的表面黏附物是十分不规则的，即使是卫星式黏结也是十分杂乱的，甚至在小卫星颗粒上还粘有更小的颗粒，至于包复式黏结中的结疤状黏附则更加粗糙。具有表面多重包层，这比 René95 来得多。

彗星式颗粒黏结在 FGH95 中也是比较典型的一种，其特征是头部有一球形状颗粒，与体积较大的未凝固熔滴发生黏结，在随后下落过程中拉成条状尾巴，整个颗粒形状成慧星形见图 10。

在 FGH95 还发现为数不少的残缺不全的颗粒见图 11，这种形貌可能是由颗粒之间相互碰撞而造成的碎裂所致，残缺的圆口呈月牙形，显然不是脆性碎裂，而是液滴还呈半凝

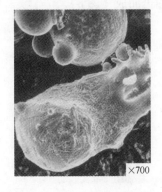

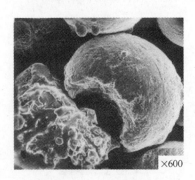

图 10　FGH95 粉末中彗星式黏结（−200 + 300 目）　　图 11　FGH95 粉末中残缺颗粒（−140 + 200 目）

固状态发生碰撞。

2.3 黏结颗粒的内部冷凝组织状态观察

不同的外观黏结形式必然会造成不同的组织结构，所以，研究黏结体的内部组织状态并与 HIP 后组织相联系，对改进合金性能，必然带来益处。

卫星式，包复式和葫芦式黏结是在两种粉末中占比例最大的三种黏结形式，通过金相显微组织观察内部结构可以分成两种类型：即两黏结颗粒之间有明显的黏结界面和无明显黏结界面。

卫星式和葫芦式两种黏结形式中包括有无黏结界面和有黏结界面，而包复式中只有一种有黏结界面。

图 12 是典型卫星式有黏结界面类型，可以看出两个球之间有明显的界面，由图 12 看出右方颗粒先凝固，而另一颗粒则是在未完全凝固时发生碰撞黏结，所以在黏结处，由于先凝固颗粒的急冷作用，使其在界面处具有细小柱状晶或细等轴晶，离边界较远处过冷度小而形成树枝晶。

图 13 是一个典型葫芦式黏结颗粒，可以看出：图 13(a)在两颗粒黏结处有从同一点发出的放射状树枝晶，同时向两个颗粒内生长，但是毕竟较小颗粒冷得快，所以表现出比大颗粒中更细小的组织，（图 13(a)）在小颗粒上还有一更小的卫星式黏结，而它是有界面的黏结，仔细观察还发现在较粒大颗粒的树枝晶间有明显的析出物分布，如图 13(b)所示。

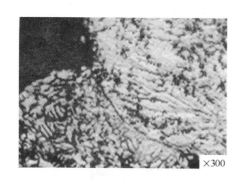

×300

图 12 FGH95 粉末黏结颗粒
有明显界面

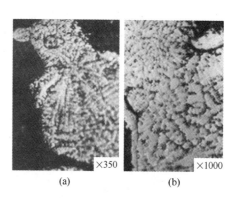

×350   ×1000
(a)   (b)

图 13 黏结颗粒无明显界面
(a) René95 粉末；(b) René95 粉末

由上可知，当两个碰撞颗粒前其中之一颗粒已经凝固时则形成有界面黏结，两个颗粒在碰撞前都处在熔融状态或半凝固状态则形成无界面黏结，这两种黏结颗粒界面处的组织是不同的。

包复式黏结大部分是属于有界面黏结，这种黏结的组织特征如图 14 所示。被包复式颗粒内部是较完整而均匀的树枝晶组织，颗粒外的均匀包层则往往是细小的柱状晶和细等轴晶。由图 14(a)、(b)可以推知：包层内的大颗粒是在包复发生之前就完全凝固，树枝晶完整，在界面处看不出包层对其组织影响，相反地，熔融的金属溅落在颗粒上由于流动性好，迅速铺展成一薄而均匀的包层，而先凝固的颗粒对于包层可以说是一块冷铁，使包层凝固时过冷度增大，组织成为细小按导热方向形成的柱状晶或等轴晶。发生多层包复（图14(b)、(a)）也成为柱状晶或细等轴晶，不过越靠近外边的包层组织越细小。多层包复可能相当不规则。层与层之间均有明显界面甚至孔洞。肯定会对产品性能带来危害，如图15给出不规则包层组织是很不均匀的。靠近先凝固颗粒包层是细晶组织，而后由于黏附物厚度很大，在包层的另一端长成粗大完整树枝晶，显然组织极不均匀。在HIP时发生再结晶组织亦不会均匀。进而导致性能不均匀，这种有界面的包复层应该尽量避免。

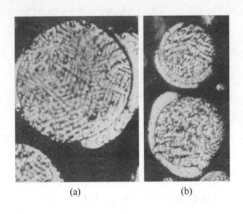

(a)　　　　　(b)

图14　包复式黏结颗粒内部组织

(a) René95 粉末；(b) FGH95 粉末

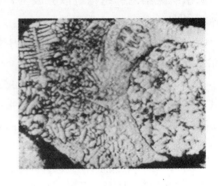

图15　FGH95 粉末多层不规则
黏结组织形态

2.4　经热处理的两种粉末黏结颗粒的内部组织

在黏结颗粒中存在着颗粒间界和无颗粒间界两种形式，而且其组织状态有很大差异。它必然在热处理或HIP过程中会造成析出状况的不同。为此，对两种粉末分别采用在碳化物最多析出温度区间进行热处理。

进口粉 René95 粉末中有间界的颗粒从 1000～1150℃ 均有沿颗粒界的碳化物析出，如图16(a)所示。在1150℃/7h处理未明显发现边界碳化物或析出相长大，如图16(b)所示。

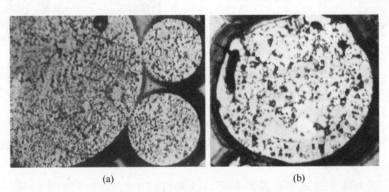

(a)　　　　　　　　　　　(b)

图16　René95 粉末热处理后有间界面的黏结颗粒组织

(a) René95 1120℃/1h 处理卫星式黏结；(b) René95 1150℃/7h 处理包复式黏结

国产 FGH95 粉末中有间界面，从 1000～1150℃ 处理均有碳化物沿边界析出，不过析出相颗粒粗大些，如图 17 所示。

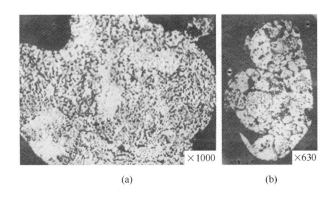

图 17　FGH95 粉末热处理后有间界面的黏结颗粒组织

（a）FGH95 1120℃/1h 处理；（b）FGH95 1150℃/7h 处理

对于两种粉末无明显颗粒间界的黏结颗粒，经热处理后析出相与内部基本无差异如图 18 所示。

图 19 是选择黏结颗粒间一半有间界，一半无间界进行二次碳复型观察进一步证实上述观察结果。

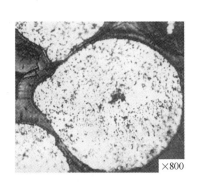

图 18　无颗粒间界面的黏结颗粒
热处理后的组织（1120℃/1h）

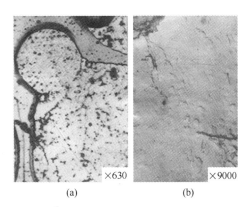

图 19　Rene95 1080℃/5h

（a）金相照片；（b）电镜碳复型

经热处理后的两种粉末对无边界和有边界的黏结颗粒进行成分分析发现：在无边界的黏结处 Nb，Ti 元素仅有微小偏聚。而且证明并无析出相析出，如图 20（a）所示结果。而在有边界的黏结界面两侧有 Nb，Ti 下降。而在颗粒界上有 Nb，Ti 的碳化物分布，如图 20（b）所示。

3　结果讨论

综观各种黏结形式，其主要形成方式可以归纳以下三种情况：

（1）两个未凝固的球形颗粒或不规则形状的金属液滴相碰撞黏结，其边界无明显间界面。

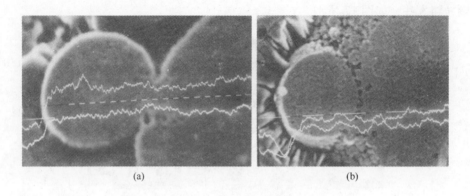

图 20　无边界和有边界黏结颗粒成分分析

（2）一个已凝固的球形颗粒与另一块处于半凝固的黏糊状金属相碰撞，有明显间界面。

（3）一个已凝固的球形颗粒与完全熔融的液态金属滴相碰撞，可以有间界面亦可不形成间界面。

可见，黏结前颗粒或黏附物的凝固程度和其运动状态是决定黏结形式的主要因素，这样在雾化过程中工艺参数控制就很重要如：熔体的过热度，黏滞性，液流直径和雾化气体压力，冷却速度，破碎作用大小以及气体在雾化筒中的流动状态等综合作用。决定了颗粒形状和黏结过程。

由于目前雾化设备的限制对喷嘴设计中的漏口直径，喷射顶角，喷射长度等难以改进，而仅就工艺参数中两个主要参数过热度，雾化气体压力加以讨论，以便有助于改进制粉工艺。

3.1　熔融金属的过热度

当雾化时金属液体的过热度不够大时，从喷嘴中流出的金属流黏滞性较大，雾化气体难以把它破碎成细小的金属液滴，造成粗大颗粒比例增加，而且金属液体黏滞性大会悬挂在喷嘴边缘，形成糊状的颤动流，这些颤动流被冲刷脱落后与其他颗粒相碰撞，则形成不规则结疤式黏结。这在国产中存在较多。若从两种粉末黏结形式和黏结比例来看 FGH95 雾化过程中过热度可能稍低，产生许多结疤式黏结，而 René95 粉末中，恰好是细球形颗粒多。而且可能由于过热度大的金属液体具有好的流动性，与已凝固的颗粒相碰撞时，可以有相对长的凝固时间。黏附物可以铺展开来，形成薄而均匀的包复层，也可以使形成无黏结界面的黏结颗粒的机会增加。组织比较均匀，无疑对性能是有好处的。René95 粉末熔体的过热度比 FGH95 稍高是造成黏结比例和黏结形成差异的原因之一。

3.2　雾化气体的压力

提高雾化气体的压力，可以使粉末颗粒尺寸减小，同时又可减小黏结颗粒的比例。

从合金热力学能量观点来看，喷流雾化是流体的动能转化成金属颗粒表面能的过程，因此，提高气体压力，可以强化对金属液流的破碎作用，使其破碎成更加细小的液滴。这样球化过程还是凝固过程所需时间都比大液滴短，在凝固前相互碰撞的机会大大减少，即使有些熔融的液态金属与已凝固的小颗粒相碰撞，由于小颗粒冷却作用有限，可以使碰撞的体积大的熔体有较长时间保持流动性，以利于危害不大的均匀薄的包复层和无明显边界的黏结形式。一般高温合金组元较多，提高雾化气体压力，加大对金属液滴的冷却作用不会使颗粒球化不完全而形成不规则颗粒，所以，通过两种粉末黏结形成的对比可以看出René95 粉末的雾化气体压力要比 FGH95 的稍高些。

3.3　黏结颗粒间界面析出相

黏结颗粒有间界面时，在 1000～1150℃热处理时，无论 René95 或者 FGH95 都有沿黏结界面分布的碳化物析出，此种碳化物为 Nb、Ti 的化合物，看来，并不是原来黏结时两颗粒表面就存在碳化物的而是黏结界面处能量高于颗粒内部提供碳化物析出的优先形核地点，从元素偏析曲线可知：在形成 Nb、Ti 的碳化物后在碳化物周围 Nb、Ti 要稍低些。所以元素有个向黏结界面扩散过程，作者推测，由于黏结界面处可能被雾化时吸附有氧，Nb、Ti 与氧有较强的亲和力，使 Ti，Nb 间界扩散，偏聚，在适当的温度热处理时有利形成碳化物，所以，热等静压时形成边界 PPB 碳化物可能氧吸附理论是有一定根据的。所以在改进雾化工艺参数时，尽量减小有间界面的黏结形式也应引起注意。

4　结论

（1）在氩气雾化的 René95 和 FGH95 粉末中，粗颗粒中黏结颗粒比例显著大于细颗粒，而 FGH95 各个粒度级黏结颗粒比例均大于 René95 粉末。

（2）接颗粒的黏结处有两类不同的显微组织。

颗粒间无明显黏结界面处组织为树枝晶和粗大等轴晶，经热处理后，其析出相和分布与颗粒内部基本无差异。颗粒间有明显黏结界面处组织为细小的柱状晶和细小等轴晶，经热处理后黏结界面是析出相的优先形核地点，导致和内部组织有明显差异。

（3）比较 René95 粉末和 FGH95 粉末黏结形式和内部组织结构可知，René95 粉末的冷凝速度更快些。所以，适当提高 FGH95 粉末雾化时的熔体过热度和气体喷射压力有助于细化颗粒和减小有间界面的黏结颗粒。

参 考 文 献

[1] Field K D, Cox A R, Fraser H L. Microstructure of rapidly solidified powders[C]// Tien J K, Wlodek S T, Morrow H Ⅲ, et al. Superalloys 1980. Metals Park, Ohio: ASM, 1980: 439-447.

[2] Kear B H, Holiday P R, Cox A R. On the microstructure of rapidly solidified IN-100 powders[J]. Metallurgical and Materials Transactions A, 1979, 10(2): 191-197.

氩气雾化粉末颗粒冷凝组织研究

胡本芙

（北京钢铁学院材料系 014 课题组）

1982 年 12 月

前言

本文着重对国产氩气雾化粉末 FGH95 和进口的雾化粉末 René95 有关冷凝组织及其组成进行研究。

一般认为松散粉末颗粒的组织对性能产生显著影响[1]，一方面雾化粉末是在高速急冷状态下凝固的，凝固后的组织是亚稳状态。在热等静压致密化过程中，由于冷凝条件不同，颗粒大小不同，组织结构有差异，有些粉末颗粒可以在未完全致密化前就发生转变（如相析出），有些粉末颗粒可能只有在致密化后才能使相变完成，所以冷凝组织直接影响致密化程度。另一方面：在热加工过程中，粉末颗粒开始致密化主要是外表面相互接触发生作用，表面凝固组织状态和变化也直接影响致密化程度，进而影响合金力学性能。

综上所述，松散粉末颗粒除其主要的物理化学性能以外，其表面冷凝组织以及在不同温度下粉末颗粒内部冷凝组织状态相变规律对热等静压工艺有直接影响，有必要深入细致研究。

1　实验步骤

1.1　两种粉末的化学组成

实验用国产氩气雾化粉末 FGH95 和进口雾化粉末 René95 的化学成分如表 1 所示。

表 1　René95 粉末和 FGH95 粉末的化学成分（质量分数/%）

合　金	C	Co	Cr	W	Mo	Nb	Al	Ti	B	Zr
FGH95	0.078	8.62	13.08	3.35	3.40	3.48	3.46	2.60	0.011	0.04
René95	0.065	8	14	3.5	3.5	3.5	3.5	2.5	0.01	0.04

两种粉末为保证其粒度一致都筛分为 −160 +320 目，进行显微组织和外观组织对比以便消除由于颗粒大小不同而造成的组织差异。

1.2　粉末的处理

粉末的外观组织观察是用 $CuSO_4$ 溶液进行深腐蚀后用 SEM 进行观察。经热处理的粉末，采用真空处理，根据文献[2]水蒸气排放温度为 100～500℃，最大排放温度为 400℃，CO_2、CO 最大排放温度 600℃，CH_4、Ar 气体在 150℃ 开始排放，且排放速度随温度升高而加快，由于条件所限，实际温度只可升到 400℃，用延长时间尽量使排气充分达到 1.8mmHg 真空度。

粉末颗粒表面碳化物相的分析，是采用电解萃取相分析方法，控制一定电流密度和时间使表面剥离层维持在 10～20μm 范围内，萃取残渣经过化学处理，烘干进行成分分析和相类型分析。

1.3 热处理制度

把经真空封焊的粉末试样，采用以下稳定化热处理工艺，尽量使相析出充分，除原始雾化粉外，用 870℃/5h，950℃/5h，1080℃/5h，1150℃/5h，1200℃/2h，皆用水淬。处理后粉末光泽好，没有任何发生氧化的痕迹。

2 实验结果

2.1 国产 FGH95 松散粉末外观形貌观察

综观 FGH95 外形以球形为主体，包括有鹅卵形、葫芦形以及一些不规则包覆球，表面隆起和卫星状黏结较多如图 1 和图 2 所示。

图 1 FGH95 粉末颗粒形貌（－200＋320 目）　　图 2 FGH95 粉末颗粒形貌（左图放大图）

2.1.1 未经热处理的原始粉末颗粒外表面组织

未经处理原始粉末外表面经深刻蚀后，明显地显示出两种组织形态（图 3），一种是树枝晶状见图 3(a)，可以看出有明显的二次晶轴，有的是放射状枝晶，由一孔为中心，向里延伸，这样的组织形式大部分由树枝晶组织构成。

另一种组织是胞状晶，它没有明显的二次晶轴，胞状晶之间有较大的空洞，胞状晶呈区域性取向，随着粉末颗粒尺寸减小，胞状晶尺寸减小，甚至出现小的等轴胞状（如图 3（b）、（c）所示）。值得注意的是：即使在很小颗粒尺寸如 －300＋320 目可以同时存在树枝晶及胞状晶，这说明颗粒由表面向内部存在不同的成分过冷度。观察颗粒外表面是很光滑的，未发现有析出物在外表面存在。图 4 经长达 40min 深腐蚀后的 5000 倍的表面情况。

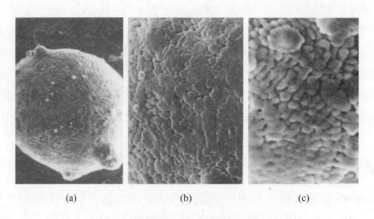

图 3　FGH95 深刻蚀后形貌

（a）树枝晶状；（b）等轴胞状；（c）胞状晶组织

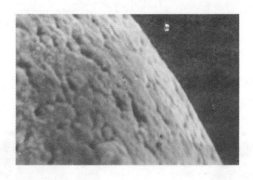

图 4　FGH95 粉末颗粒外表面

2.1.2　经不同预热处理外表面组织

经过 870℃/5h 处理颗粒外表面树枝晶和胞状晶形态无明显变化，也未见有第二相析出，而在 950℃/5h 以后，在颗粒外表面树枝晶间有些模糊，二次枝晶形状也不甚清晰，在枝晶间开始发现有第二相析出（后面电镜照片可说明），而胞状晶间无第二相析出如图 5、图 6 所示，这说明树枝晶和胞状晶都是处在亚稳状态，而树枝晶更易于发生相的转变。

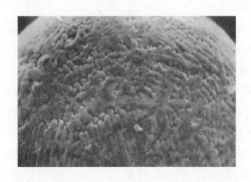

图 5　FGH95 粉末颗粒树枝晶 950℃/5h

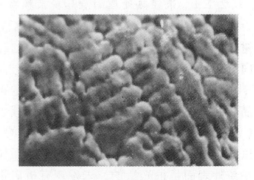

图 6　枝晶间有析出相（左图放大图）

看来1080℃/5h是明显冷凝组织发生变化温度，如图7、图8所示，树枝晶的二次晶轴完全消失，而胞状晶的轮廓还未全部消失，无论树枝晶间或胞状晶间都有第二相析出，且在晶轴上也有少量析出，照片中黑色点状物为γ′相。

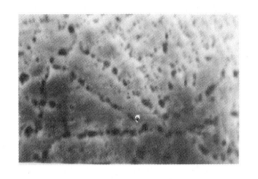 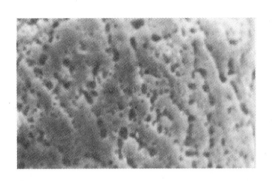

图7　FGH95粉末颗粒外表面　　　　图8　树枝晶间析出（左图放大图）
　　胞状晶间析出1080℃/5h

经1150℃/5h，树枝晶及胞状晶轮廓都消失，而且发现黑色γ′相发生聚集长大，原晶轴上析出的第二相也明显长大，如图9所示。当加热至1200℃/2h，粉末颗粒外表面边缘已开始熔化、黏结，而图10中大块白色物为碳化物相，由于局部溶化使晶体变圆，而碳化物熔点高，不发生熔化，显出其形状，布满晶体上面。

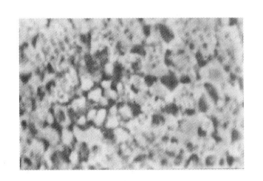 

图9　1150℃/5h树枝晶间第二相聚集长大　　　图10　1200℃/2h枝晶间已发生黏结熔化

由上述实验结果看出：氢气雾化粉末，在使用的粒度下，一般都具有树枝晶和胞状晶，经过不同温度加热，合金均匀程度发生明显变化，其变化顺序：树枝晶的二次晶轴最先消失（950℃）其次是树枝晶一次晶轴和胞状晶（1150℃），而第二相开始明显析出树枝晶早于胞状晶，从外表面上看1080℃两者都有明显析出，只不过树枝晶一次晶轴比胞状晶更明显些，可见合金外表面达到均匀化约在1080℃就已开始，而且1150℃第二相开始明显聚集长大。

2.2　国产FGH95粉末内部凝固组织观察

未经热处理的原始雾化粉末内部凝固组织由树枝晶（见图11）及胞状晶（见图12）

组成。由此可以清晰地看到在晶间有少量块状碳化物，而 γ′ 相并没有明显析出。

图 11 原始组织状态

图 12 原始组织电镜像（二次复型）

经过 870℃/5h 处理，凝固组织已有明显变化，枝晶的二次晶轴仍可以看出轮廓，但枝晶间组织已模糊不清，晶间第二相似有析出倾向，整个视场的清晰度不如原始粉末组织清楚（图 13），从电镜照片图 14，就可以看出：经 870℃ 处理内部组织在晶轴和枝晶间都有弥散的 γ′ 相均匀析出，特别值得注意的是在胞状晶间显得凸起，表明此处析出相更富集。

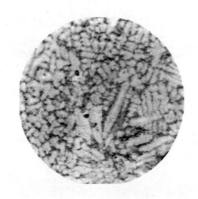

图 13 870℃/5h 粉末颗粒组织状态

图 14 870℃/5h 电镜像（二次复型）

经 950℃/5h 处理，从金相图 15 可以看出二次晶轴除个别看不见到轮廓外，大部分未消失，胞状晶开始明显消失。图 16 是其电镜碳复型，可以与 870℃ 相比，γ′ 相明显长大而且更加均匀分布，枝晶间析出与晶轴析出趋向一致。

经 1080℃/5h 处理，由金相观察（图 17）凝固组织完全消失，看不出任何树枝晶的痕迹，只是显得基体 γ′ 相有些聚集长大。组织基本均匀，由图 18 电镜照片看出基体上有不规则形状的大 γ′ 相分布，在冷却过程中又有更细小 γ′ 相析出。

在 1150℃/5h 处理，粉末颗粒组织有较大明显变化，晶粒边界笔直化，形成规则的多边晶粒见图 19，γ′ 相大部已溶解，只是在个别晶粒内，特别是小晶粒内还有未溶尽的 γ′ 相，从图 20 可以看出 γ′ 相完全变得呈圆形，不规则的 γ′ 相未见到，晶界很平直，在晶界和晶内的大块 MC 碳化物未发生溶解，因此可以说 1150℃ 是 γ′ 相大量溶解的温度，这一现

图15　950℃/5h 粉末颗粒冷凝组织

图16　950℃/5h 电镜像（二次复型）

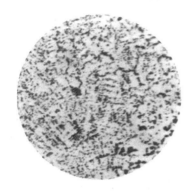

图17　1080℃/5h 粉末颗粒冷凝组织

图18　1080℃/5h 电镜像（二次复型）

图19　1150℃/5h 粉末颗粒冷凝组织

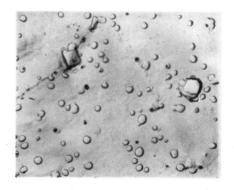

图20　1150℃/5h 电镜像（二次复型）

象对我们考虑国产粉末的热等静压参数是有重要参考价值的。

　　经1200℃/2h 处理，粉末颗粒内部基本上完全奥氏体化，只有零星碳化物分布在晶内，成分更趋向均匀。

　　由以上国产 FGH95 粉末内部冷凝组织分析可以得出（见图21）：粉末颗粒内部均匀化速度大于外表面的均匀化速度，外表面二次枝晶在950℃开始消失，而内部冷凝组织其树枝晶二次枝晶消失在1080℃，而且小颗粒组织均匀化速度大于大颗粒组织均匀化速度，这主要是内部枝晶较外表面枝晶细小，内部枝晶间距小，元素扩散所经过的距离短，内部组织成分均匀化较其外表面优先达到。

实验结果表明，粉末颗粒外表面树枝晶消失和组成均匀化比粉末颗粒内部要迟 30～50℃，所以，在考虑粉末致密化过程中，似乎应该以较大颗粒外表面树枝晶的消失和均匀化为前提，可以获得满意的理论密度（当然压力也要考虑）。

国产 FGH95 粉末中 γ' 相的明显溶解温度约在 1150℃ 左右，由图 19 可以看出，如果 γ' 相溶解不完全可以阻止晶粒迁移，阻止再结晶充分进行，在考虑热等静压温度时往往是选在 γ' 相发生明显溶解温度，由实验结果考虑，国产 FGH95 粉末热等静压温度似乎应该比国外报道该合金热等压静温度稍高些，1120～1160℃ 而且偏上限更适宜些。

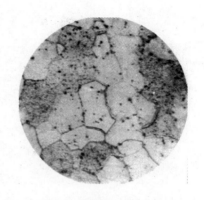

图 21　1200℃/2h 粉末颗粒
冷凝组织

2.3　进口 René95 粉末颗粒内部冷凝组织变化观察

为了寻找更适合我国条件下的雾化制粉工艺，我们对美国进口粉末进行了冷凝组织观察，以便从中提供有用的参考数据。

2.3.1　René95 粉末内部冷凝组织

同样为消除颗粒尺寸的影响，选取主要颗粒尺寸为 $80\mu m$，小颗粒约 $25\mu m$，根据热传导理论估算[3]，我们考虑在此尺寸范围内冷凝速度可以大致认为同一数量级。

René95 粉末的原始组织，总的来看树枝晶比较发达，而且枝晶细小，胞状晶相对比国产粉少些，如图 22 所示，树枝晶可以贯穿整个球体，晶轴两侧的二次晶枝间距很小，而在颗粒边缘却有一层胞状晶，其间距也很小。

从图 23 电镜下的组织观察可知，在枝晶间既有一次 MC 碳化物而且也有析出的大 γ' 相，相对比 FGH95 析出相要多些，为了更仔细观察国产 FGH95 和 René95 原始冷凝组织差异下面一组照片可以进一步说明上述的观察结果。选取同样尺寸 $80\mu m$ 直径粉末和 $25\mu m$ 直径粉末对比：图 24(a)、(b)，FGH95 枝晶间析出物比 René95 小而 René95 粉析出相

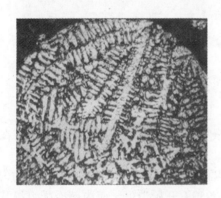

图 22　René95 粉末颗粒原始冷凝组织

图 23　René95 粉末颗粒原始冷凝组织
电镜像（二次复型）

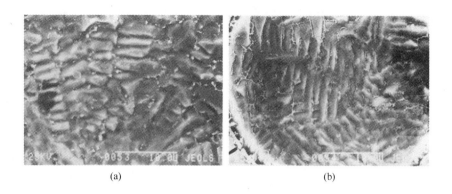

图 24　FGH95 粉末颗粒冷凝组织
（a）FGH95（80μm）；（b）FGH95（25μm）

尺寸大且主要为树枝晶组织，25μm 直径对比也说明这一点如图 25(a)、(b)所示，而且随着枝晶间距变小，析出相增多，看来树枝状的粗细较大的影响第二相的析出。

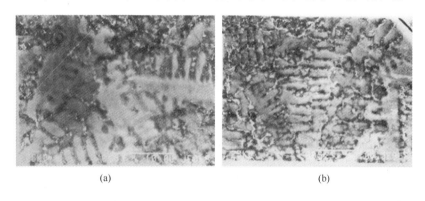

图 25　René95 粉末颗粒冷凝组织
（a）René95（80μm）；（b）René95（25μm）

　　经 870℃/5h 处理，其枝晶形态基本上无变化，但枝晶间有明显的第二相析出，二次晶轴开始消失，而至 950℃/5h 树枝晶已基本消失，同时继续有大量 γ'相析出，950℃保温 γ'相尺寸变化不大，γ'相均匀弥散分布，大块的 MC 碳化物分布在晶界和晶内。

　　如果与前面观察 FGH95 相比，René95 粉末中 γ'相来得稳定，从 870℃升至 950℃除了 γ'相析出更均匀外，尺寸基本上变化不大如图 26 和图 27 所示。1080℃/5h 加热后，由图 28 和图 29 更明显看出 René95 粉中 γ'相比较稳定（为一组 SEM 照片），显然 René95 粉中 γ'相明显聚集长大，而且数量较多，只有个别区域 γ'相有溶解倾向见图 28，而 FGH95 粉中二次析出 γ'相大部分溶解，先析出的 γ'相还保持其正方形状。

　　经 1150℃/5h 处理，René95 粉中出现比较均匀的晶粒见图 30，γ'相有明显溶解，但并不充分，晶粒界不平直，碳化物和大 γ'相分布其上，而 FGH95 粉中晶界非常平直见图 31。而晶内 γ'相明显聚集，发生溶解。

　　图 32 为 René95 粉经 1200℃/2h 处理后金相显微组织，可以看在 1200℃/2h 后无论 René95 或者 FGH95 都完全奥氏体化，个别晶粒尺寸很大，晶界平直。

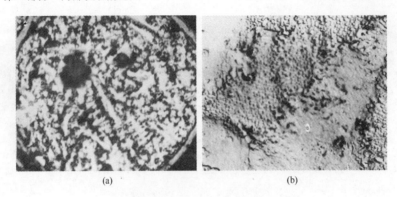

图 26 Rene95 预热处理后粉末组织状态

（a）870℃/5h 处理；（b）870℃/5h 电镜像（二次复型）

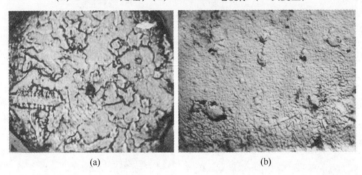

图 27 Rene95 预热处理后粉末组织状态

（a）950℃/5h 处理；（b）950℃/5h 电镜像（二次复型）

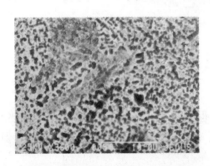

图 28 Rene95 粉末组织状态（1080℃/5h）

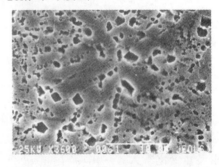

图 29 FGH95 粉末组织状态（1080℃/5h）

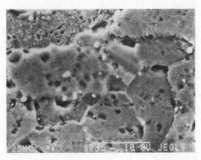

图 30 Rene95 粉末组织状态（1150℃/5h）

图 31 FGH95 粉末组织状态（1150℃/5h）

从以上冷凝组织观察来看，若与国产 FGH95 粉末冷凝组织变化对比可以得出以下初步结果：首先由内部冷凝组织来说，René95 粉末树枝晶组织发达。枝晶细小，组织均匀化或树枝晶开始明显消失温度比 FGH95 来得低，1080℃基本上晶粒化。

两种粉末中 γ′相的稳定性有明显不同 René95 粉末中的 γ′相在 1080℃还大量保留，到 1150℃ γ′相在晶粒和晶界都继续存在，由于 γ′相的钉扎其晶粒长得不大，而 FGH95 粉中 γ′相在 1150℃基本上溶解完全，而且晶粒边界平直。含碳量对 γ′溶解温度有影响，合金含碳量升高使 γ′相溶解温度有所下降，René95 合金含碳量比 FGH95 来得低，理应 γ′相溶解温度稍高。

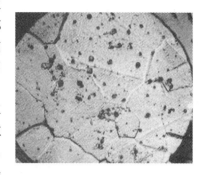

图 32　René95 粉末组织状态
（1200℃/2h）

为了更确切的测定 γ′相的溶解温度，用差热分析仪测定 René95 和 FGH95 粉末的差热分析曲线（冷却-加热），其结果于图 33 和图 34。

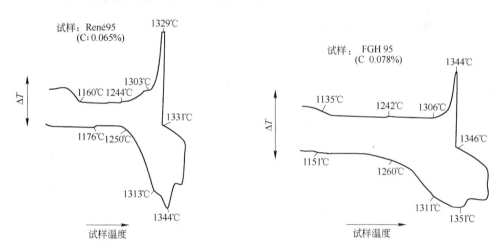

图 33　René95 粉末加热-冷却差热分析曲线　　　图 34　FGH95 粉末加热-冷却差热分析曲线

进口 René95 粉末中 γ′的溶解温度为 1160℃而国产 FGH95 为 1136℃，两者相差 30℃左右，看来两者溶解温度不同表示着 γ′相的元素组成有所差异。

其次，由差热曲线可知：两种粉末 MC 溶解温度两者相差不多，René95 中的 MC 溶解温度可能稍低一些，用电解萃取 MC 成分分析可知，René95 中 Nb 含量比 FGH95 高些，可是 C 含量低，这可能是导致 MC 溶解温度稍低的原因。

由图 33 和图 34 还可知，两种粉末的熔化温度区间 FGH95 的固相线温度比 René95 低，这是因两者含碳量不同，碳量提高，固相线温度降低，因 René95 粉末含碳量比 FGH95 含碳量低，其固相线温度也稍高些，与文献中他人试验结果是一致的[4]。

差热分析曲线熔化区形状，两者也是不同的，René95 熔化区形状比较完整，而 FGH95 粉末的熔化区形状变得各峰均不明显，即表示吸热（或者放热）反应效应是在一个比较宽的温度区间进行，实验曲线表明碳量升高，差热曲线形状畸变越大，与文献资料也是相符合的[4]。

综上所述，控制合理的含碳量不仅对 PPB 碳化物有直接影响[2]，而且也会对 γ′ 相中的元素组成有影响，进而影响 γ′ 相的析出溶解规律。

2.4 两种粉末（René95 和 FGH95）表面碳化物成分分析

在热等静压过程中，松散粉末互相接触，沿原粉末颗粒边界析出 PPB 碳化物是否与松散粉末颗粒表面存在碳化物有关，有的文献指出[5]原始粉末表面析出相可能造成 HIP 过程中 PPB 碳化物的靠背，加速 PPB 碳化物的形成，那么表面析出相是哪种类型呢？为此，我们摸索了实验方法对实验结果进行了讨论。

图 35、图 36 分别为萃取残渣后剩余的粉末颗粒表面的 SEM 形貌，表面的凹坑就是析出相经超声波振动剥离处留下的痕迹，经测量表面萃取层大约为 15～25μm，进口 René95 粉凹坑量少且尺寸小，而 FGH95 数量稍多，且尺寸大，因此两者表面碳化物数量尺寸是不同的。把分离的残渣进行 SEM 的 X 射线能谱（EDS）分析其谱线示于图 37 和图 38。

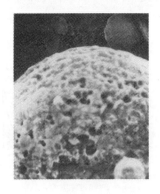

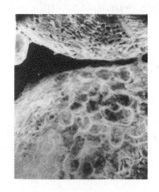

图 35　René95 粉末表面萃取后
粉末颗粒表面形貌

图 36　FGH95 粉末表面萃取后
颗粒表面形貌

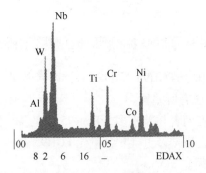

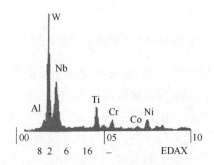

图 37　René95 原始粉末电解
萃取产物 EDS X 能谱分析

图 38　FGH95 原始粉末电解
萃取产物 EDS X 能谱分析

由能谱曲线可以看出，两种粉末的萃取物中的主要成分是 W、Nb、Ti、Cr 等碳化物形成元素，值得指出：图 37 中 Ni 峰来得较高，是由于分离碳化物时强烈搅拌使零星基体脱落所致（可以如图 38 中 Ni 峰那样可以不考虑）。

利用计算机对能谱线峰进行计算所得结果，在表 2 中给出各元素的相对百分含量，进而计算出各元素的相对原子百分比。

表 2 萃取碳化物中主要元素含量（质量分数/%）

元　素	René95	FGH95	元　素	René95	FGH95
Al	4.223	1.451	Al	12.590	5.921
W	28.791	57.00	W	12.590	39.991
Nb	45.835	31.060	Nb	39.535	36.623
Ti	8.593	7.503	Ti	14.354	17.215
Cr	13.554	2.984	Cr	20.930	6.25

由表 2 可以得知：René95 碳化物中 Nb、Cr 量比 FGH95 高，而 W、Ti 量比 FGH95 碳化物中低，所以尽管两种粉末的碳化物都可能存在 MC，即（Nb、Ti、W、Cr）C，但合金元素组成可以不同。

若把萃取残渣进而用原子吸收光谱做精细的定量分析，其结果如表 3 所给出数据。

表 3　René95 和 FGH95 碳化物分析结果

René95 粉末（0.053%C）500mg			
碳化物残渣			
元　素	元素含量	物质的量	原子分数/%
Nb	1.18	0.0127	57.47
W	0.44	0.0024	10.86
Ti	0.28	0.0058	25.34
Cr	0.06	0.0012	5.43
总量	1.96	0.0221	100
C	0.265	0.021	—
M∶C		1∶1	
FGH95 粉末（0.087%C）500mg			
碳化物残渣			
元　素	元素含量	物质的量	原子分数/%
Nb	2.99	0.0211	50.18
W	1.32	0.00724	21.9
Ti	0.48	0.01019	28.0
Cr	0.032	0.0036	0.01
总量	4.829	0.03215	98.99
C	0.435	0.0363	
M∶C		1∶1	

由表 3 中数据并设合金中所含碳量进入 MC 则碳化物组成的分子式应为：

Ren$é$95 粉末中：$(Nb_{0.57}, Ti_{0.25}, W_{0.11}, Cr_{0.05})C$

FGH95 粉末中：$(Nb_{0.50}, Ti_{0.28}, W_{0.21}, Cr_{0.01})C$

上述计算结果可以证实两种粉末中在原始状态存在着 MC′碳化物，这种碳化物是不稳定的，在热处理过程中将转化成 MC + (W,Cr)[4]。MC′型碳化物是在雾化过程中从液态凝固时析出的一次碳化物，其成分主要决定树枝晶元素偏析。

2.5 Ren$é$95 和 FGH95 粉末元素枝晶偏析

利用 SEM 上的能谱对树枝晶间与晶轴之间元素偏析进行测定，在相同的计数时间和计数率条件下记录其各峰值的计数，并用镍的计数去除借以消除每次计数不完全相同带来的误差，其结果整理如图 39 所示。

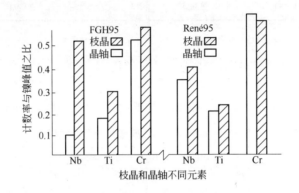

图 39　FGH95 和 Ren$é$95 粉末枝晶偏析测定

由图 39 可知，两种粉末都存在枝晶间偏析，主要元素为 Nb、Ti、Cr。Ren$é$95 的元素偏析程度比 FGH95 来得小，FGH95 中特别是 Nb 在枝晶和晶轴相差很大与前冷凝组织均匀化温度相对应，Ren$é$95 枝晶消失温度比 FGH95 来得低，其结果是相符合的，这里需要强调指出：枝晶和晶轴元素偏析程度与合金中含碳量有关，换言之，FGH95 中枝晶偏析 Nb 高可以由碳量高形成 NbC 数量多而参与对 Nb 偏析量的贡献，导致 FGH95 枝晶偏析 Nb 相差较大，而进口 Ren$é$95 碳化物中 Nb 量高，并不一定由 Nb 偏析程度决定的，而与 Ren$é$95 中含 C 量低，枝晶间形成的 NbC 数量小有关系，所以枝晶间偏析量大小只决定形成碳化物（或其他析出相）数量，而不能决定碳化物的组成元素含量。

2.6　几点看法

通过对国产 FGH95 粉末及进口 Ren$é$95 粉末颗粒分析可以得出以下结果：

（1）两种粉末颗粒都存在树枝晶和胞状组织，而进口粉中树枝晶发达而且树枝晶间距小，第二相析出物较多，枝晶开始明显消失温度比 FGH95 低。高于 1080℃ 开始晶粒化。所以，进口粉的冷凝速度并不比国产粉高。

（2）两种粉末颗粒中 γ′相溶解温度和 γ′相稳定性不同。Ren$é$95 粉中 γ′相约 1160℃，FGH95 粉末中约 1136℃，两者相差 30℃，在 1080℃ 进口粉还大量保留 γ′相，1150℃ γ′相还继续存在，而国产粉 γ′相 1150℃ 基本溶尽。两种 γ′相稳定性不同与合金中 γ′相组成和含碳量有关。

（3）两种粉末中 MC′碳化物稳定性相差不大，进口粉稍低些，化学分析表明 Nb 含量高些，C 含量低些，而国产粉中 MC′碳化物的 W 量稍高：FGH95 粉的熔化温度（固相线温度）比 René95 低，而且其熔化区形状畸变大，这些不同主要是两种粉中含碳不同。

上述一些不同的结果，虽然还不能肯定两种粉末工艺生产上一些差异点，但是，合金中的含碳量和一些元素如 Nb、Ti、Cr 元素的适当控制上下限却是非常重要的。因为它直接影响合金的冷凝速度和相组成，这一点应该开展工作研究有着重要意义。

参 考 文 献

［1］ Tien J K, Boesch W J, Howson T E, et al. P/M Superalloy technology and applications［C］// 1980 International Powder Metallurgy Conference, 22-27 June 1980, Washington, Preprint.

［2］ Aubin C, Davidson J H, Trottier J P. The influence of powder particle surface composition on the properties of a nickel-based superalloy produced by hot isostatic pressing［C］// Tien J K, Wlodek S T, Morrow H Ⅲ, et al. Superalloys 1980. Metals Park, Ohio: ASM, 1980: 345-354.

［3］ Joly P A, Mehrabian R. Complex alloy powders produced by different atomization techniques: relationship between heat flow and structure［J］. Journal of Materials Science, 1974, 9(9): 1446-1455.

［4］ Domingue J A, Boesch W J, Radavich J F. Phase relationships in René95［C］// Tien J K, Wlodek S T, Morrow H Ⅲ, et al. Superalloys 1980. Metals Park, Ohio: ASM, 1980: 335-344.

［5］ Ingesten N G, Warren R, Winberg L. The Nature and origin of previous particle boundary precipitates in P/M superalloys［C］// Brunetaud R, Coutsouradis D, Gibbons T B, et al. High Temperature Alloys for Gas Turbines 1982. Dordrecht: D Reidel Publishing Company, 1982: 1013-1027.

镍基粉末高温合金 FGH95 粉末颗粒及热等静压固结后的显微组织

胡本芙　李慧英　吴承建　章守华

（北京科技大学材料科学与工程系粉末高温合金课题组）

1987 年 9 月

粉末高温合金涡轮盘经历了 20 年的开发和研究已经运用在 Pratt-Whitney Corp. 及 G. E. Corp. 所生产的飞机发动机上[1,2]。粉末高温合金涡轮盘的优点，如材质均匀，性能优良，制造成本低廉等已为人们所认识。但是粉末高温合金的设计，制造，加工和使用中的内在规律远未被深入了解。尤其是 1980 年发生飞机事故以后，其必要性更加被人注意。我国从 1981 年开始研究粉末高温合金，在实践中认识到若要掌握其生产及使用规律，必须从研究合金的基元——粉末开始。本文将阐述化学成分与 René95 相似的国产氩气雾化的镍基高温合金 FGH95 粉末颗粒的显微组织，以及其在随后固结成型，加工处理过程中的变化。

1　研究材料及方法

FGH95 合金的化学成分与国外 René95 相似。为了研究原颗粒边界问题，也采用了含碳稍高的合金。对国外 René95 合金粉末也做了平行对比实验。合金化学成分见表 1。

表 1　FGH95 合金及 René95 合金的化学成分 （质量分数/%）

合　金	C	Cr	Co	Nb	Mo	W	Al	Ti	B	Zr	Ni
FGH95-1	0.06	13.08	8.62	3.48	3.48	3.35	3.46	2.51	0.011	0.04	Bal.
FGH95-2	0.087	13.84	9.00	3.58	3.59	3.69	3.56	2.73	0.01	0.05	Bal.
FGH95-3	0.08	13.08	8.62	3.48	3.40	3.35	3.46	2.60	0.011	0.04	Bal.
René95	0.065	12.87	7.54	3.46	3.51	3.41	3.39	2.56	0.011	0.06	Bal.

FGH95 合金是经过真空感应炉冶炼、铸锭；再经过重熔后氩气雾化成粉末。研究的粉末颗粒尺寸在 -60 ~ +320 目之间 （180 ~ 40μm） 分级研究。

热等静压制度为：（1120 ± 10）℃，105MPa，3h。为了研究 PPB 问题，特意采用高碳合金，（1080 ± 10）℃，105MPa，3h。

用光学显微镜，SEM，TEM 及 X 射线衍射分析了颗粒粉末及固结合金的显微组织。

用化学分析，俄歇能谱，EDAX 探针等分析了萃取沉淀，断口表面及薄晶体相组织的化学成分。

2　研究结果

2.1　粉末凝固的热力学参数及凝固组织

粉末颗粒的表面形貌及内部组织见图 1 和图 2。可以看到，随着粉末颗粒尺寸的减小，凝固组织由树枝晶改变为胞状晶，在极细颗粒表面较为光滑，不易腐蚀的形貌。随着粉末颗粒尺寸的减小，树枝晶的一次晶轴变细，二次枝晶臂间距减小，二次晶轴及三次晶轴越来越不发达。用图像仪测定二次枝晶臂间距与粉末颗粒尺寸的关系见图 3，并根据文献[3] 对急冷低碳 René95 合金中得出的关系式 $\lambda = 50.04 \dot{T}^{-0.38}$ 计算出 FGH95 粉末凝固过程中冷速在 $1 \times 10^3 \sim 1 \times 10^4 K/s$，见图 4。可见粉末颗粒越小，冷却速度越快，二次晶臂间距 λ 就越小。再根据热传导原理计算出不同尺寸的粉末颗粒的凝固时间 t_f；凝固过程中固液界面前液相中的温度梯度 G，固相的长大速度 R，以及凝固参数 G/R[4]。计算结果见表 2。一般认为根据凝固成分过冷原理[5,6]，G/R 值将决定凝固过程中晶体成长的方式：即随着 G/R 值的增大，结晶方式从树枝晶过渡到胞状晶，再过渡到平面晶。在我们研究的范围内，G/R 值在 1.6×10^{-2} 左右时，主要是树枝晶；当颗粒尺寸为 $-40\mu m$，G/R 为 2.58×10^{-2} 时，主要是胞状晶。

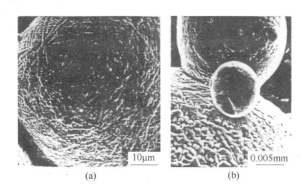

(a)　　　　　　　　　　(b)

图 1　FGH95 粉末的表面形貌

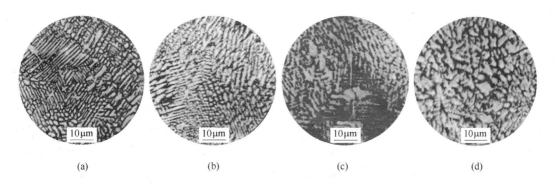

(a)　　　　　　(b)　　　　　　(c)　　　　　　(d)

图 2　FGH95 粉末颗粒内部组织

（a）　-140 +160 目树枝晶；（b）　-180 +200 目树枝晶；

（c）　-300 +320 目胞状晶；（d）　-300 +320 目胞状晶

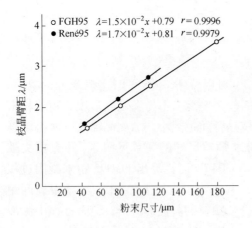

图 3　二次晶臂与颗粒尺寸

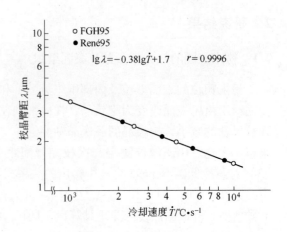

图 4　二次晶臂与冷却速度

表 2　FGH95 合金粉末凝固热学参数的计算

粒度 /目	颗粒直径 $d/\mu m$	二次臂距 $\lambda/\mu m$	冷却速度 $\dot{T}$ /K·s^{-1}	传热系数 h /kJ·(m^2·K·s)$^{-1}$	常数 B	凝固时间 t_f	长大速度 $R/\mu m·s^{-1}$	温度梯度 $G/K·\mu m^{-1}$	G/R /K·s·μm^{-2}
-60	180	3.6	1×10^3	0.159	2.7	3.6×10^{-1}	2.5×10^2	4	1.6×10^{-2}
-140 +160	110	2.5	2.6×10^3	0.255	7.3	1.4×10^{-1}	3.9×10^2	6	1.54×10^{-2}
-180 +200	80	2	4.7×10^3	0.330	13.0	7.6×10^{-2}	5.26×10^2	8.9	1.69×10^{-2}
-300 +320	44	1.5	1×10^4	0.389	27.87	3.6×10^{-2}	6.28×10^2	16.2	2.58×10^{-2}

注：$\lambda = 50.04\ \dot{T}^{-0.38[3]}$；$h = \dfrac{dG_P\rho\dot{T}}{6(T_M-T_0)}^{[4]}$；$B = \dfrac{6h(T_M-T_0)}{d\rho H}^{[4]}$；$R = \dfrac{d}{2t_f}$，$G = \dfrac{\dot{T}}{R}$。

其中：ρ 为合金密度，$\rho = 8.25\times10^3 kg/m^3$；$G_P$ 为合金比热，$G_P = 0.833 kJ/kg$；H 为凝固热，$H = 303.88 kJ/kg$；T_M 为粉末熔点，$T_M = 1343℃$；T_0 为介质温度，$T_0 = 25℃$。

2.2　粉末颗粒中的相组成

对松散粉末颗粒萃取物进行 X 射线物相分析，得知粉末中包含有 MC 型碳化物，Laves 相及硼化物都汇集于树枝晶臂间，胞晶臂间也分布有碳化物。碳化物为主要组成相，他们的形貌一定程度上随着粉末颗粒尺寸大小而变化，在 70～80μm 的颗粒中主要是规则几何状，花瓣状，树枝状；而在更细的颗粒中出现有蜘蛛网状。碳化物尺寸在三维方向的完整度也随着几何形状的变化而变化，前者的完整度最高，后者渐次变差。在大颗粒粉末中心还观察到规则碳化物堆聚现象。各种形貌的碳化物如图 5 所示。

碳化物化学成分 EDAX 分析见表 3。随着碳化物几何形貌从规则几何状过渡到蜘蛛网状，Ti + Nb 量从 82.9% 降到 36.0%；Cr + W + Mo 量从 9.8% 增到 22.9%；Co + Ni 量从 7.4% 增到 40.7%。碳化物的结构仍是面心立方，但其点阵常数从约 4.3×10^{-1} nm（4.3Å）

图5　FGH95 粉末颗粒中的碳化物

（a）块状；（b）花瓣状；（c）树枝状；（d）蜘蛛网状

改变为 $4.5 \times 10^{-1} \sim 4.6 \times 10^{-1}$ nm，可见随着 R 值的增高，液体中元素的扩散，不能保证界面上平衡的需要，导致非碳化物形成元素 Co 及 Ni 不能及时扩散离去和强碳化物形成元素 Ti 和 Nb 不能及时扩散补充。碳化物的形貌几何完整度减弱，形状趋于复杂。

表3　FGH95 颗粒中萃取碳化物的 EDAX 分析

碳化物几何形状		Ti	Nb	Ti + Nb	Cr	W	Mo	Cr + W + Mo	Co	Ni	Co + Ni
规则	质量分数/%	24.5	59.8		3.9	—	5.7		—	6.0	
	原子分数/%	36.7	46.2	82.9	5.5	—	4.3	9.8	—	7.4	7.4
花瓣	质量分数/%	13.0	73.9		4.9	3.6	—		1.8	2.8	
	原子分数/%	21.5	63.2	84.9	7.5	1.6	—	9.1	2.5	3.7	6.2
树枝	质量分数/%	11.2	51.4		8.7	8.2			4.9	15.6	
	原子分数/%	17.4	41.1	58.5	12.4	3.3	—	15.7	6.2	19.7	25.9
蜘蛛网	质量分数/%	8.66	33.2		11.8	—	11.6		20.5	15.4	
	原子分数/%	12.1	23.9	36.0	14.8	—	8.1	22.9	23.3	17.6	40.9

透射电镜及电子衍射对薄晶体的观察分析表明：硼化物 M_3B_2 往往与 MC 型碳化物伴生，在规则碳化物的边缘也发现有 Laves 相的衍射斑点。这些微量相都是在树枝晶臂间出现，可以说明在 MC 碳化物形成和集聚的过程中，化学元素发生选择性偏

析。Ti、Nb 等元素富集于碳化物中，而 Cr、Mo、W、Co、Ni、B 等元素不同程度的排斥到碳化物周围的残液中，因而容易形成硼化物如 $(Mo,Cr,Ni)_3B_2$ 及 Laves 相如 $(Co,Ni)_2(W,Mo)$ 等。

在显微组织观察中也发现有直接从液相析出的 γ'-Ni_3Al 相。

2.3　粉末颗粒的表面分析

粉末颗粒表面的组织结构及化学成分直接影响粉末固结后的合金的组织及性能。PPB（Previous Particle Boundary）就是其中突出问题之一[7~9]。因而对粉末颗粒表面分析是非常必要的。

前面已经阐述，SEM 观察到颗粒表面组织呈树枝晶或胞状晶，而且枝晶间或胞壁间可以看到有细小颗粒状的析出相。用选区电子衍射及 EDAX 分析得知，表面萃取碳化物为面心立方结构，点阵常数为 4.32×10^{-1} nm。$30\mu m$ 粉末表面的俄歇能谱分析见图 6。$120\mu m$ 粉末的分析结果与此相似。可以看出，粉末表

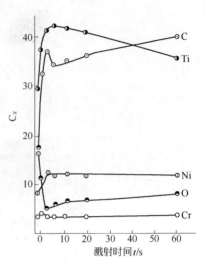

图 6　$30\mu m$ FGH95 粉末颗粒表面俄歇能谱分析

面 C、O 及 Ti 量很高，富集层较厚。这与粉末表面萃取物分析结果相符合，即存在着碳化物。粉末表面氧量高的原因可能是含氧气体的吸附，或表面有氧化膜，也可能像文献上所提到的那样，形成有氧的碳化物$Ti(C_{1-x}O_x)$。表面还发现有一层薄的氧化层。

另外用原子吸收光谱法分析另一合金粉末表面萃取相，结果是以 Nb 和 Ti 为主（含 Nb 质量分数 64.5%，Ti 原子分数 201%）的 MC 碳化物。

2.4　热等静压固结后合金的原颗粒边界（PPB）问题

在热等静压固结成型过程中出现原颗粒边界（PPB）析出物，将严重地影响合金的塑性，已成为大家关注的问题[9]。我们对 PPB 析出物的本质及其形成原因做了研究[7,8]。采用高碳 FGH95 合金经较低的热等静压温度（1080℃）后，合金在原颗粒边界上形成大量

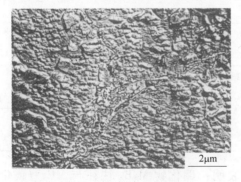

图 7　热等静压后合金中的 PPB 碳化物 TEM 像

连续成网的碳化物，其覆盖面积高达 60% ~ 70%。电子衍射确定碳化物的结构是 MC 型见图 7，电子探针表明碳化物中富集有 Nb、Ti、Zr、W 和 Mo 等元素。热等静压时形成的 PPB 碳化物在随后的 1080℃，5h 热处理时不仅不能消除，反而更加严重。此时 PPB 碳化物边缘 Nb、Ti、Zr 和 Mo 等元素的含量均比碳化物中心低，而 W 含量则高。电子衍射表明碳化物边缘有 M_6C 和 $M_{23}C_6$ 相形成。

PPB 碳化物的化学成分见表 4。热等静压后再经常规热处理后的组织见图 8。这里应该指

出，这样严重的 PPB 碳化物存在，合金在热处理淬火时将发生沿原颗粒边界开裂，必须竭力避免。如果采用 1120℃ 热等静压，PPB 碳化物问题不如 1080℃ 严重。但局部地区仍未能完全消除。

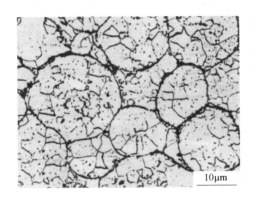

图 8　热等静压后组织形貌

(1150℃/1h，油冷 +870℃/1h，空冷 +650℃/24h，空冷)

表 4　FGH95 合金中 PPB 碳化物的 EDAX 分析

状　态	Al	W	Mo	Ti	Nb	Zr	Cr	Co	Ni
热等静压（HIP）									
基体	2.10	5.54	5.60	1.67	4.20	1.57	11.9	8.16	59.2
PPB 碳化物	3.59	11.2	7.20	5.24	8.26	6.62	9.06	5.43	43.4
HIP + 1080℃，5h									
基体	2.10	4.41	5.86	4.85	4.83	1.62	12.2	8.06	59.0
PPB 碳化物边缘	1.67	6.02	6.36	4.42	7.39	1.92	10.8	8.03	53.2
PPB 碳化物中心	0.91	4.85	9.30	12.8	15.4	7.53	7.70	5.22	36.3
HIP + 1150℃，5h									
基体	1.85	6.10	5.37	3.17	5.78	1.78	11.2	8.20	56.5
PPB 碳化物	3.07	12.6	7.74	6.65	11.2	7.50	8.12	5.40	37.7

3　讨论

对碳化物来说，我们对 René95 合金的经验，即使把凝固冷速提高到 1×10^5 K/s 以上，也未能阻止 MC 型碳化物直接从液相析出。从表 3 可以看到，在 40μm 的 FGH95 合金粉末中的 MC 型碳化物的化学组成中，Nb 和 Ti 等强碳化物形成元素未能达到平衡成分，含有过量的中强碳化物形成元素 Cr、W 和 Mo 及非碳化物形成元素 Co 和 Ni。同时粉末基体中 Nb 和 Ti 等元素处在过饱和状态。这种介稳状态的碳化物在热等静压过程中的行为，将是应该研究的。

应该注意到我们的实验表明，即使在 30μm 的粉末颗粒表面有 C、O 和 Ti 的富集，以及存在 MC 颗粒，进一步说明 MC 碳化物的不可抑制。他们在热等静压过程中将成为 PPB

碳化物的形成核心。氧在颗粒表面的富集将进一步促进颗粒内部元素向边界扩散，而基体中 Nb 和 Ti 等元素又处在过饱和的不稳状态。这样看来，细小急冷的粉末，较之粗大缓冷的粉末，在热等静压形成 PPB 碳化物的倾向性何者为大，倒是值得探讨研究的问题。

如果在热等静压以前，结合真空表面去气处理，对松散，急冷细粉进行一次预先处理，使基体中过饱和的 Nb 和 Ti 等元素就地析出，形成稳定的，均匀分布的，化学成分上接近平衡的 MC 型碳化物，可能会有力地减轻在热等静压时 PPB 碳化物的形成，同时又能利用急冷技术提高粉末颗粒内部组织的均匀性。预处理的想法曾经有人提出过[10]。

看来要避免固结合金中出现 PPB 碳化物，最根本的措施还是适当地降低合金中的含碳量和严格防止粉末颗粒表面氧的污染。

热等静压温度的选择也是控制 PPB 问题的重要因素。实验证明，1120℃ 和 1080℃ 相比，前者产生的 PPB 碳化物要轻得多，但是 1120℃ 刚低于 γ′ 相颗粒的形成。看来选择稍超过 γ′ 相固溶温度（FGH95 为 1156℃）作为热等静压温度，不但可以减轻 PPB 碳化物的严重程度，防止粗大 γ′ 相颗粒的形成，同时又不会导致 γ 相晶粒的过分粗大。

致谢

本研究中使用的 FGH95 合金粉末由冶金部钢铁研究总院提供，René95 合金粉末由航空部 621 所提供。在研究中两单位的同志给予热情的帮助，谨致以衷心感谢。

参 考 文 献

[1] Dreshfield R L, Miner R V. Effects of thermally induced porosity on an as-HIP powder-metallurgy superalloy [J]. Powder Metallurgy International, 1980, 12(2): 83-87.

[2] Anon. General electric introduces PM superalloys in its F404 engine[J]. Metal Powder Report, 1980, 35(11): 507.

[3] 王乃一. 激冷凝固镍基高温合金 René95 显微组织的研究[D]. 北京钢铁学院, 1983.

[4] Joly P A, Mehrabian R. Complex alloy powders produced by different atomization techniques: relationship between heat flow and structure[J]. Journal of Materials Science, 1974, 9(9): 1446-1455.

[5] Fleming M C. Solidification Processing[M]. New York: McGraw–Hill Book Co., 1974.

[6] Mehrabian R. Rapid solidification[J]. International Metals Reviews, 1982, 27: 185-208.

[7] 胡本芙, 李慧英, 章守华. 粉末高温合金热处理裂纹形成原因的研究[J]. 金属学报, 1987, 23(2): B95-B100.

[8] 李慧英, 胡本芙, 章守华. 原粉末颗粒边界碳化物的研究[J]. 北京钢铁学院学报(专辑2), 1987: 40-49.

[9] Ingesten N G, Warren R, Winberg L. The Nature and origin of previous particle boundary precipitates in P/M superalloys[C]// Brunetaud R, Coutsouradis D, Gibbons T B, et al. High Temperature Alloys for Gas Turbines 1982. Dordrecht: D Reidel Publishing Company, 1982: 1013-1027.

[10] Dahlén M, Fischmeister H. Carbide precipitation in superalloys[C]// Tien J K, Wlodek S T, Morrow H Ⅲ, et al. Superalloys 1980. Metals Park, Ohio: ASM, 1980: 449-454.

等离子旋转电极法（PREP）FGH95 合金涡轮盘材质研究

胡本芙

（北京科技大学材料科学与工程学院粉末高温合金涡轮盘研制组）

1996 年 9 月

"八五"国家立项继续研制粉末高温合金涡轮盘，为快速解决粉末质量问题，从俄罗斯引进等离子旋转电极制粉装置并相应配置生产粉末高温合金有关设备、粉末筛分、静电除陶瓷夹杂，脱气、装套、封焊，气体净化、包套真空退火，粉末检测等装置，建立一条完整生产高温合金粉末的生产流线，并于 1995 年底成功生产使用，解决和保证高温合金粉末生产和质量。

从 1995 年 8 月开始在西南铝加工厂共进行两次全尺寸盘件的包套锻造，锻成 9 件盘坯，经涿州基地热处理后，1996 年 2 月交付 430 厂 7 件（包括两件冷加工试验件），开创在我国粉末高温合金第一次大规模锻盘的历史。证明包套模锻工艺可以模锻出 ϕ630mmFGH95 合金涡轮盘。

对交付盘坯切取试验环进行超声探伤和性能检验结果发现：

（1）拉伸强度（σ_b），屈服强度（$\sigma_{0.2}$），伸长率（δ），断面收缩率（ψ）以及 650℃ 高拉强度，光滑、缺口持久强度，蠕变强度等主要力学性能指标已达到美国 GE 公司技术条件 A 级要求，但持久性能偏低。

（2）超声探伤发现每件盘坯都出现缺陷信号，并经 430 厂检证存在非金属夹杂物。

（3）固溶温度 1140℃/3h→540℃.S.C + 870℃/3h.A.C + 650℃/24h.A.C 热处理时，发现盘件在 870℃ 中间处理后出现裂纹，降低固溶温度于 1120℃ 未出现裂纹，但持久强度仍偏低。

为了进一步详细深入了解这批盘坯冶金质量，在钢研总院密切配合下，对全尺寸盘坯 9 号切下边缘料进行较系统研究，进行了缺陷检验，金相组织观察以及精细组织分析并初步探讨改进锻造工艺和热处理制度和建议。

1 FGH95 合金母材电极棒铸态组织

根据俄罗斯生产经验的资料报道得知：铸造棒组织不均匀性，可能是粉末组织不均匀性的原因，因此了解电极棒的组织状态很有必要。

电极棒是由真空感应炉熔炼，并在氩气保护下浇成 ϕ60mm 圆棒，O、N、H 气体含量符合技术标准，其化学成分如表 1 所示。

表1　FGH95 合金化学成分（质量分数/%）

元　素	C	Cr	Co	Mo	W	Nb	Al	Ti	B	Zr
母合金	0.053	15.41	8.89	3.86	5.32	2.40	4.56	1.69	0.014	0.015
粉　末	0.073	12.24	8.47	3.61	3.41	3.40	3.51	2.23	0.0093	0.046

图1 示出 FGH95 合金凝固组织形态：可以看出由树枝晶和胞状晶组成，枝晶间存在细小白色碳化物，并存在粗大共晶体，尺寸较大约 $20 \sim 40\mu m$，根据枝晶臂与冷速之间经验公式（$\lambda = 109V^{-0.44}$），测得 FGH95 母合金 $\phi 60mm$ 棒冷却速度约 $7.41 \, ^\circ\!C/s$，这一冷却速度与 ЭЛ741НП 合金相比（$81.248 \, ^\circ\!C/s$）约慢 10 倍。

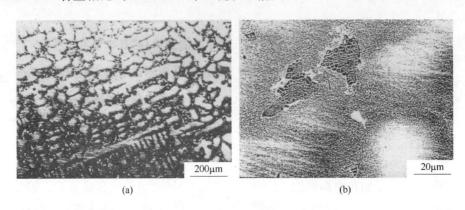

图1　FGH95 母合金的铸态组织

2　母合金中夹杂物

采用电化学萃取夹杂物残渣方法分析夹杂物形貌，类型以及化学组成。FGH95 母合金电极棒共存在三种类型夹杂，尺寸分别在 $20 \sim 100\mu m$ 间。

（1）CaO 夹杂物：细条或块状，尺寸约 $40\mu m$。

（2）Al_2O_3、SiO_2 夹杂物：以颗粒和小块状堆积，尺寸约 $10 \sim 20\mu m$，堆积中还发现有小块 CaO。

（3）FeO 夹杂物，形状极不规则，尺寸较大，约 $60 \sim 100\mu m$。

对 ЭЛ741НП 母合金棒中夹杂物也进行分析，存在两类非金属夹杂（见图2）。

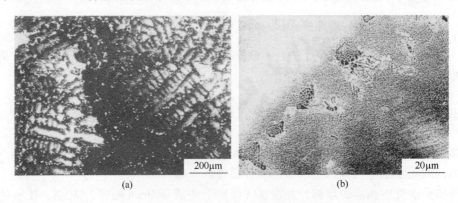

图2　ЭП741НП 母合金的铸态组织

（1）Ca-Mg 夹杂物：形状为棒状，尺寸约 20μm。

（2）Al$_2$O$_3$、SiO$_2$ 夹杂物：块状和长条状，尺寸约 10~15μm。

显然，尽管ЭЛ741HП 合金成分不同于 FGH95，但可以看出冷却速度快，有利于夹杂物细化，减少出现夹杂物的堆积状见图 3。

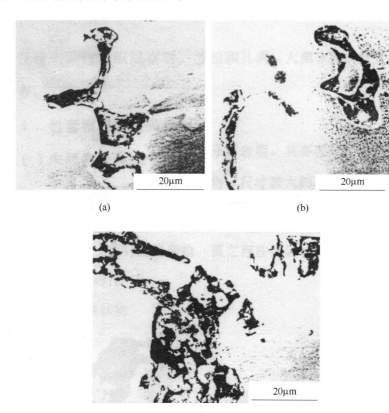

图3　母合金中各类非金属夹杂物

（a）CaO 夹杂物：细条或块状；（b）Al$_2$O$_3$、SiO$_2$ 夹杂物：颗粒和小块状堆积；

（c）FeO 夹杂物，形状极不规则

3　粉末颗粒中夹杂物

采用 SEM 大量观察粉末中夹杂物形态及类型以及化学组成。

（1）粉末表面和内部 Al$_2$O$_3$ 夹杂物，尺寸较小约 5μm。

（2）粉末近表面和内部 SiO$_2$ 夹杂物，尺寸约 5~10μm，也发现 Al$_2$O$_3$、SiO$_2$ 呈堆状。

（3）粉末近表面堆状 FeS 夹杂物，尺寸约 4μm。

（4）粉末表面 Al$_2$O$_3$、MgO 复合夹杂，尺寸较大约 20μm。

看来粉末中夹杂物与母合金中夹杂物类型基本相同，但尺寸明显减小，表面上的夹杂物如 Al$_2$O$_3$、SiO$_2$ 等可能是气体中污染所致，见图 4。

在粉末颗粒组织观察时，发现边缘疏松和孔洞，大部分孔洞经变形挤压不被焊合。

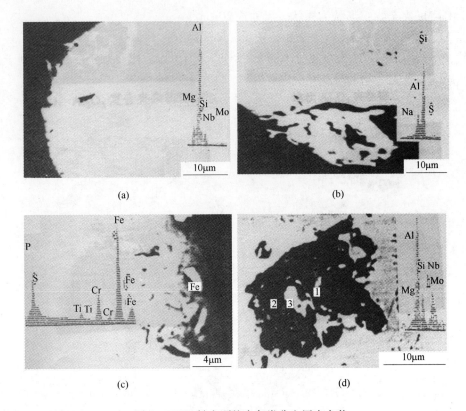

图 4　PREP 粉末颗粒中各类非金属夹杂物

4　包套模锻盘坯夹杂物分析

4.1　夹杂物分析

未经热处理 P9 号盘坯毛边夹杂物分析表明，共存在三类夹杂物如图 5 所示。

（1）大块 CaO 及颗粒状 Al_2O_3 复合夹杂物，尺寸较大约 $80 \sim 100\mu m$。

（2）堆积状 Al_2O_3 夹杂物，尺寸约 $40\mu m$。

（3）圆状及椭圆状 SiO_2 夹杂物，孤立存在约 $40\mu m$，以堆积状存在的 SiO_2 小颗粒夹杂，尺寸约 $10 \sim 15\mu m$。

富 W、Mo 块状物：

（1）存在边缘裂纹的 Al_2O_3、CrO_2 夹杂物（见图 6）。

（2）存在内部裂纹周围成堆状 Al_2O_3 夹杂物。

模锻盘坯中夹杂物与母合金，粉末中的夹杂物类型基本一致，只是形态和尺寸发生变化，包套模锻对脆性夹杂物有一定破碎作用。

4.2　采取措施

建议从以下方面采取措施：

（1）真空感应炉冶炼母合金时十分注意钢液纯洁化，铸造时采用耐火过滤器。

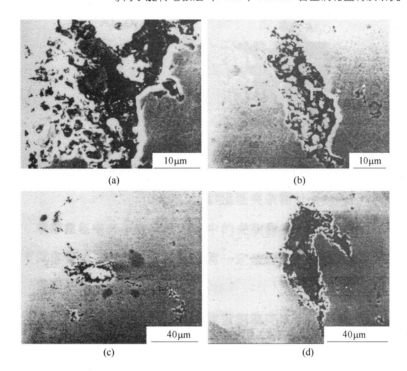

图5　包套模锻盘坯中各类夹杂物

（a）CaO、Al_2O_3 复合夹杂物；（b）堆积状 Al_2O_3 夹杂物；（c），（d）SiO_2 夹杂物

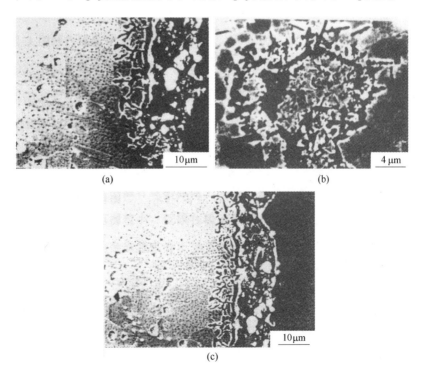

图6　热处理后盘坯夹杂物

（a）Al_2O_3、CrO_2；（b）堆积状 Al_2O_3；（c）Al_2O_3、SiO_2

1）坩埚打结烘烤温度适宜，增加牢固性；

2）为保证 N、O 均低，钢液在加 Al、Ti 前精炼温度应在 1500～1550℃，加强低频电磁搅拌；

3）注意氩气保护的清洁度，否则易使注液表面形成含氧保护膜卷入锭坯中；

4）提高电极棒冷却速度可分散夹杂物分布，不易发生聚集而增大夹杂物尺寸，同时避免铸锭结晶过程中析出大尺寸初生碳化物和（γ+MC）共晶体粗大化。

（2）加强气体净化：

1）SiO_2 夹杂物有尺寸大者，也有尺寸小者，前者可能是冶炼耐火材料带入，后者可能与雾化时惰性气体净化不充分带来尘埃有关；

2）装套封焊时，保护气体清洁化。

5　包套模锻盘坯中残留枝晶区（部分再结晶区）

早期研制涡轮盘（如 GH20236）轮心和轮缘都存在残留枝晶区这一材质问题，后来在其他高温合金涡轮盘上亦存在类似组织，但粉末高温合金盘件中出现残留枝晶区范围较小，仅限在粉末颗粒内，它对低周疲劳性能影响还缺少数据，但从盘件冶金质量来看不能不给予注意，应当在工艺程序上设法尽量减少。

5.1　残留枝晶区金相观察

图 7 给出锻态残留枝晶区的分布和形态，均沿着锻压伸长方向变形（阴影区）定量统计约占总面积 30%，高倍下观察发现在此残留枝晶区内，晶粒细小不均匀，细小 γ′ 相似乎按一定方向排列布满区内，而相邻区晶粒呈等轴状，γ′相尺寸较大，不均匀分布在晶界。

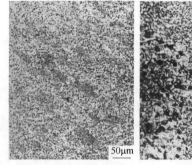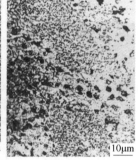

图 7　锻态残留枝晶区形貌及分布

5.2　残留枝晶区 TEM 观察

通过 TEM 观察残留枝晶区内存在大量位错发团和位错相互缠绕，位错密度很高，晶粒尺寸不均匀，有的晶粒内正处在回复阶段位错少，有的晶粒内多边化完成，形成大量亚晶和等轴状小晶粒。γ′相与碳化物分布在区内。

显然，这些组织特点表明，残留枝晶区实质上是形变后未完全再结晶组织（见图 8）而与相邻区内，晶粒尺寸大致相同呈等轴状，晶粒内由于冷却而补充析出均匀方形小尺寸γ′相，晶界上大 γ′相呈圆形，是处在充分再结晶状态，再结晶区与未再结晶区交界处有明显界线，靠近再结晶区是位错密度高的高应力区，如图 9 所示。

5.3　残留枝晶区的消除

涡轮盘内存在残留枝晶区明显降低盘件低周疲劳性能，曾在许多高温合金涡轮盘上进行了研究，并采取措施消除。如 GH2036 盘件残留枝晶对断裂韧性 K_{IC} 和临界裂纹长度 a_c

图 8　残留枝晶区内 TEM 像（未完全再结晶区）

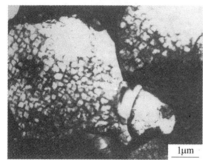

图 9　非残留枝晶区 TEM 像（完全再结晶区）

的影响如表 2 所示。

表 2　GH2036 盘件残留枝晶对断裂韧性 K_{IC} 和临界裂纹长度 a_c 的影响

部　位	组织状态	$K_{IC}/kg \cdot mm^{-3/2}$	a_c/mm
轮盘中心	有残留枝晶	224	4.7
	无	343	11.0
轮盘缘槽底	有	224	5.7
	无	343	13.3

　　尽管快速凝固粉末合金中残留枝晶区尺寸范围，晶粒尺寸，应力状态与普通形变高温合金盘件有所不同，但残留枝晶区的存在，无疑将会影响合金低周疲劳性能，为此采取有效办法减少或消除残留枝晶区还是很有必要的，本报告采用热处理办法，改变固溶温度可以有效消除残留枝晶区的组织，如图 10 所示。

　　由图 10 可以看出：

　　（1）1120℃、1140℃、1150℃固溶处理后，合金内仍然存在残留枝晶组织，但随温度升高数量减少。

　　（2）1160℃固溶处理基本上可以消除残留枝晶区，晶粒尺寸 10～20μm，晶界形状有弯曲和笔直两种。

　　（3）1185℃退火残留枝晶完全消除，晶粒尺寸长大约 25～27μm，γ′相完全变成方形。

　　为了有效消除残留枝晶区，固溶温度 1150～1160℃较为合适，此时晶粒尺寸适中，强

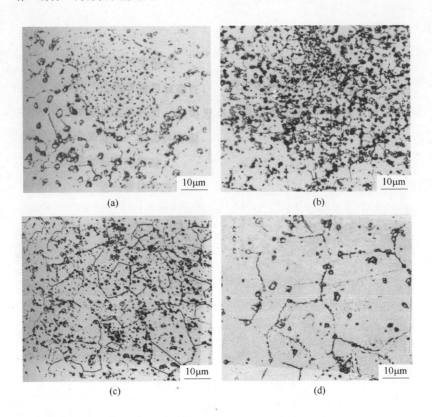

图 10　不同固溶温度下 FGH95 合金组织变化

(a) 1140℃；(b) 1150℃；(c) 1160℃；(d) 1185℃

化相析出可达到最大数量且均匀分布。

表 3 列出不同固溶温度与残留枝晶区数量。

表 3　固溶温度与残留枝晶区

处　理	残留枝晶区/%	处　理	残留枝晶区/%
包套模锻	30.2	1160℃	0.54
1140℃	16.71	1185℃	0
1150℃	11.25		

6　包套模锻盘坯中裂纹

锻造盘坯中发现有微裂纹存在，一类为锻造时沿夹杂物边开裂，残留枝晶区内和残留枝晶区边界开裂；二类为锻后热处理过程中热处理裂纹，可以沿着夹杂物也可以沿着大 γ' 相边界开裂。

6.1　残留枝晶区与裂纹

图 11 示出一组残留枝晶区裂纹。

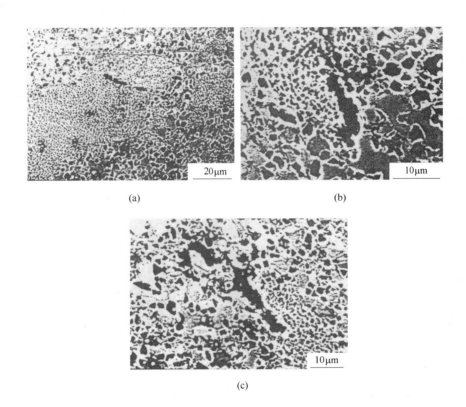

图 11　残留枝晶区裂纹

（a）残留枝晶区内密 γ′相与疏 γ′相边界裂纹；（b）残留枝晶区与再结晶区边界开裂；
（c）两残留枝晶区中间再结晶区内大 γ′相边界开裂

6.2　热处理裂纹

热处理过程中裂纹往往是在固溶处理后盐浴淬火再经 870℃ 中间处理时发现裂纹，可以是轴向亦可以是径向裂纹，图 12 给出热处理裂纹（1140℃/1h→538℃ 或 600℃S. C ＋ 870℃/1h. A. C ＋650℃/24h. A. C）的各种形式。

（1）锻造的微裂纹在热处理中继续扩展开裂，裂纹边缘的晶粒尺寸较大，晶粒内析出大量细小 γ′相和细小碳化物相，显然是锻造时微裂纹已存在，热处理时此开裂表面会发生诱发晶粒长大现象，而在热处理冷却时晶粒内析出 γ′和碳化物如图 13 所示。

（2）图 14 给出热处理时开裂的裂纹，可以沿残留枝晶区边界开裂，亦可以沿组织中大 γ′相开裂，这种开裂的边缘晶粒尺寸不长大，而且无细小 γ′和碳化物析出。

热处理出现裂纹是粉末高温合金中重要工艺问题，这种开裂敏感性决定合金中缺陷，组织和热应力，要根本解决此工艺问题，必须尽量消除缺陷（夹杂、孔洞、残留枝晶区），改善组织（碳化物和 γ′相尺寸分布）两方面下工夫，而热应力消除在热处理过程中难以完全避免。

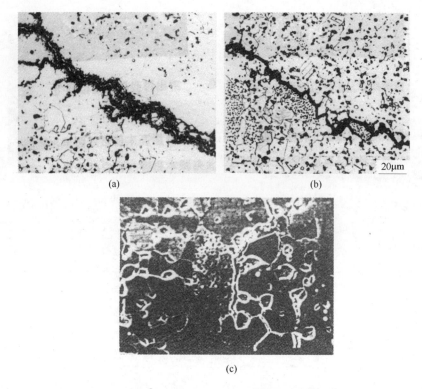

图 12　热处理过程中裂纹形式

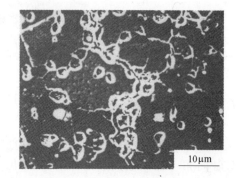

图 13　扩展裂纹边界处析出相　　　图 14　热处理时残留枝晶区边界和沿大 γ′ 相裂纹

7　结论

（1）陶瓷夹杂物仍是盘坯质量中重要问题，但盘坯中大尺寸夹杂物数量并不多，进一步提高母合金纯净度和防止制粉工艺各环节中的污染可以减少夹杂物数量和尺寸。

（2）盘坯中大量残留枝晶区（未完全再结晶区）的存在使组织极不均匀，它可导致锻造中出现微裂纹和热处理裂纹，持久强度偏低。因此通过热等静压、锻造工艺和热处理进一步改善组织不均匀性，可以提高持久强度。

等离子旋转电极法(PREP)FGH95
粉末预热处理研究

胡本芙

（北京科技大学材料科学与工程学院粉末高温合金涡轮盘研制组）

1996 年 9 月

对 PREP 粉末原始组织结构、相类型及表面成分进行了系统总结，并着重指出与氩气雾化粉末颗粒相比，PREP 粉内部冷凝组织中长大胞状晶比例高，相应地晶界偏析也少。亚稳碳化物 MC 形状随粉末颗粒尺寸而减少，形态变得更加复杂。出现较多花朵状共晶体碳化物（$\gamma + NbC$）以及 laves 相(Co_2Nb)和(M_3B_2-$(Nb_2Cr)_3B_2$)，这些冷凝组织特点，无疑将会对热等静压工艺参数选择带来影响。

为了进一步研究 HIPed 工艺参数合理性，有必要对粉末颗粒进行热处理，研究温度、时间对粉末冷凝组织影响，给 HIPed 工艺参数选择提供实验数据。

1 粉末用料

采用（80～74μm）无污染粉末，装入石英管内抽真空（10^{-3}Pa）封焊，在电阻炉内进行热处理，然后采用固定粉末的化学镀沉积法，观察粉末表面和内部组织，并进行相鉴定和化学成分分析。

2 实验结果

2.1 粉末颗粒表面组织

粉末作为合金基元制成合金，其粉末表面组织结构直接影响热等静压的合金质量。图 1 示出不同温度下粉末颗粒表面冷凝组织变化。

（1）随着温度升高，粉末颗粒表面树枝晶轮廓逐渐变得模糊不清，至 1100℃ 发现粉末颗粒表面树枝晶完全消失。

（2）粉末颗粒表面碳化物随温度增加发生明显变化。950℃ 时枝晶间亚稳碳化物 $M'C$ 发生分解，$M'C$ 颗粒变小。1000℃ 时发现 $M'C$ 分解和新析出 MC 碳化物同时进行。分布在枝晶间碳化物颗粒数量增加。1050℃ 时，发现枝晶轴上析出第二相，呈颗粒状均匀分布（如图 2 所示），二级碳复型萃取以及能谱分析证明，晶轴析出第二相为碳化物$(Ti,Nb)C$。1100℃ 时发现碳化物聚集长大，尺寸增加。

以上实验结果表明，粉末颗粒表面冷凝组织均匀化温度在 1100℃ 以上，而低于 1050℃ 时枝晶组织消除作用不大，但可发生 $M'C$ 分解，不过分解速度较慢，而高于 1050℃ 时在 $M'C$ 发生分解的同时，可以从固溶体中析出较稳定 MC 碳化物见图 3。

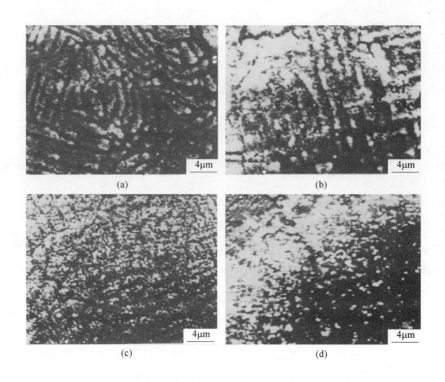

图1 不同温度处理（4.5h）粉末颗粒表面组织（80~74μm）
(a) 950℃；(b) 1050℃；(c) 1100℃；(d) 1120℃

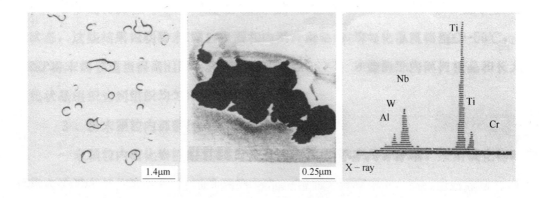

图2 1050℃/4.5h处理表面碳化物形态及化学组成

2.2 粉末颗粒内部冷凝组织

（1）随预处理温度升高，内部树枝晶组织的枝杈变圆，枝晶轮廓逐渐消失，1100℃枝晶开始消失而形成明显晶粒形态，晶界呈弯曲状，但仍可看到部分胞状晶存在。

（2）经1120℃/3h处理树枝晶仍未完全消失，部分晶界呈平直状态，说明粉末颗粒表面和内部冷凝组织均匀化温度相差20~50℃，对PREP粉末需要适当提高HIPed温度（1150℃以上），才能消除内部树枝晶和长大胞状晶组织达到组织均匀化。

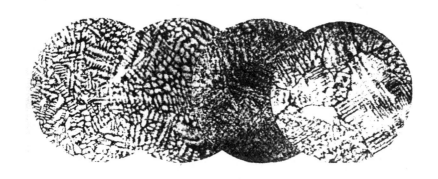

图 3　不同温度下粉末颗粒内部组织变化（80～74μm）

（从左到右依次为：原始状态，1000℃/4.5h，1050℃/4.5h，1100℃/4.5h）

2.3　粉末颗粒内部碳化物

粉末颗粒内碳化物析出规律对合金强度和塑性有很大影响。采用萃取碳化物方法进行结构和成分分析是有效方法。

（1）950℃/4.5h 处理后，枝晶间存在条状，粒状以及花朵状形态碳化物其化学成分示于表 1，并发现在大块 M'C 型碳化物边缘析出小颗粒 $M_{23}C_6$（见图 4）。从表 1 看出 M'C 碳化物成分复杂，包含强碳化物形成元素（Ti + Nb），还有固溶体强化元素（Cr + Mo + W），非碳化物形成元素（Ni + Co）。这是由于粉末颗粒在急冷条件下，合金元素来不及充分扩散而导致 M'C 型碳化物成分多元化，是一种亚稳的 MC 型碳化物，点阵常数比典型 MC 碳化物来得大。花朵状碳化物是一种（MC + γ）共晶体，它是在凝固后期枝晶间剩余液体成分达到共晶成分时形成的。Ni-Nb-C 三元相图中，在1333～1341℃之间发生 Ni-NbC 的二相共晶反应产物。由于它形成温度高，热处理过程中很难加以消除。其次在 M'C 发生分解时部分 Cr、Mo、W 要离开碳化物向固溶体扩散，故可以在 M'C 周边发生 $M_{23}C_6$ 和 M_6C 碳化物析出。在 950℃ 和 1000℃ 处理时都曾发现 M_6C 和 $M_{23}C_6$ 的析出。所以在快速冷却的粉末颗粒内这种碳化物相间反应的发生是不可避免的。

表 1　萃取碳化物的化学成分类型和点阵常数（950℃/4.5h）（质量分数/%）

成分	Al	Ti	Cr	Co	Ni	W	Zr	Nb	Mo	类型	点阵常数/nm
块状	3.147	13.546	2.371	3.426	3.259	7.634	0.963	56.278	9.376	M'C	0.4359
条状	6.301	14.754	1.281	2.742	2.109	3.034	4.153	61.925	3.702	M'C	0.4370
圆粒状	2.598	0.550	28.755	11.135	14.988	20.789	0	4.239	16.996	$M_{23}C_6$	1.0866
花朵状	2.458	13.263	8.304	1.983	6.664	13.627	1.334	41.218	11.148	MC + γ	

（2）1050℃/4.5h 处理枝晶间碳化物仍然是条状、块状和花朵状碳化物，但 M'C→MC 转化大部分完成，并发现颗粒状 M_6C 和条状 $M_{23}C_6$（见图 5），其化学成分如表 2 所示。

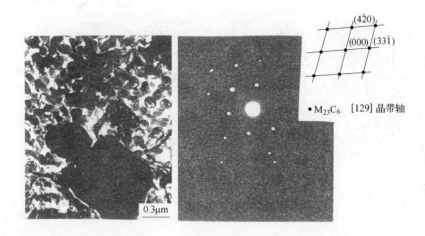

图4 950℃/4.5h 处理枝晶间碳化物形态及衍射谱

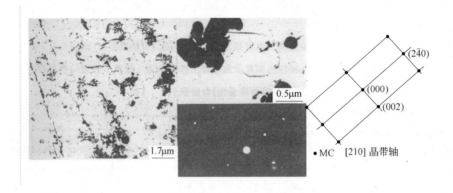

图5 1050℃/4.5h 处理粉末颗粒内碳化物及衍射谱

表2 1050℃/4.5h 处理碳化物化学成分 （质量分数/%）

成 分	Nb + Ti	Cr + W + Mo	Co + Ni	类型	点阵常数/nm
块 状	92.669	2.928	3.378	MC	0.4402
颗粒状	6.455	61.234	29.231	M_6C	1.1198
条 状	2.422	91.392	5.003	$M_{23}C_6$	1.0848

（3）1100℃/4.5h 处理后 M'C→MC 转化迅速完成，变成富 Nb、Ti 的较稳定 MC 碳化物，呈小块状分布在枝晶间或晶轴上，同时发现 M_6C 和 $M_{23}C_6$ 碳化物数量明显减少，如图 6 所示，特别是发现花朵状共晶碳化物存在形态明显细化。

（4）1120℃/3h 处理后，M'C→MC 转化已经完成，颗粒状 MC 碳化物分布在晶内和晶界，如表3 所示，MC 中强碳化物形成元素高达97%。

表3 1120℃/3h 处理碳化物化学成分 （质量分数/%）

成 分	Al	Ti	Cr	Co	Ni	W	Zr	Nb	Mo	Nb + Ti	类型
大块状	0	25.386	0.78	0.578	0	0.579	0	72.113	0.557	97.499	MC
块 状	0	22	0	1.2	1.277	2.896	3	64.92	2.612	87.0471	MC
花朵状	1.926	15.878	3.472	6.148	6.932	12.308	1.016	41.225	8.095		MC + γ

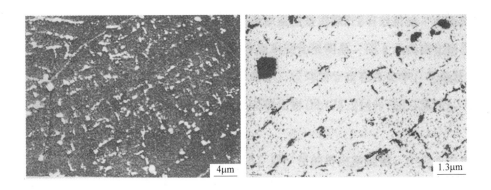

图 6　1100℃/4.5h 处理粉末颗粒内碳化物

特别是花朵状共晶碳化物形态发生较大变化，分叉减少变成堆状，如图 7 所示，而化学成分仍然变化不大，在 1120℃消除花朵状共晶碳化物是困难的。

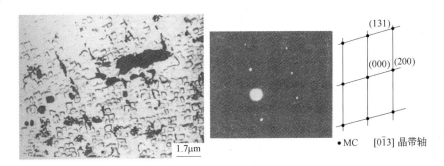

图 7　1120℃时碳化物形态

（5）粉末经预热处理后再进行热等静压成型是消除 PPB 有效措施，本研究表明，粉末在 1050℃/4.5h + 1120℃/3h 条件组织变化很明显。图 8 示出碳化物形态及分布。从图 8 可知：MC 碳化物形态简单，较均匀分布在合金中，花朵状共晶碳化物基本上消失，变成富 Nb、Ti 的 MC 碳化物（Nb：78.214% + 20.135%）。

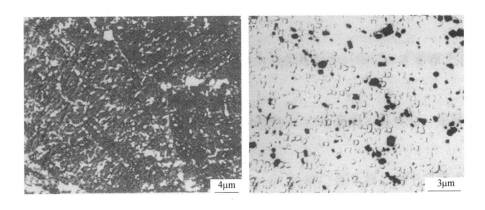

图 8　1050℃/4.5h + 1120℃/3h 处理碳化物形态

2.4 粉末颗粒内 γ′相

原始 PREP 粉末中没有发现一次 γ′相，即大部分 γ′相的析出被抑制，但经不同温度预热处理后大量 γ′相析出，其数量随温度升高减少，但 γ′相形状由圆形向方形转变，图9 给出萃取 γ′相形态，γ′相形态变化取决于 γ/γ′错配度，一般来说，随 γ/γ′错配度增加，γ′形态发生椭圆→圆→正方形变化。

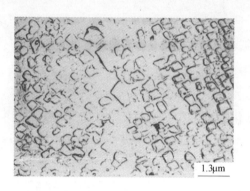

图9 1120℃/3h 处理粉末颗粒内 γ′相形态

本实验结果表明在较低温度处理（950~1000℃），由于合金元素扩散速度慢，原子尺寸较大，Ti 进入 γ′相的量较少，γ′相点阵常数变化小。相应 γ/γ′错配度也变化小，γ′相呈圆形，而在较高温度下（1100~1120℃），大尺寸的 Ti、Nb 原子进入 γ′相数量增多，γ′相点阵常数增大，γ/γ′错配度也增大，（FGH95 属于正错配度合金）γ′相形状趋向转变为方形，这也说明为什么在热等静压合金中 γ′相易变成方形的原因。

3 结论

（1）PREP 粉末颗粒的冷凝组织均匀化温度要高于1150℃，才有利于消除残留树枝晶区。

（2）在温度高于1050℃时 PREP 粉末颗粒中要发生亚稳碳化物 M′C→MC 型碳化物快速转化。

（3）PREP 粉末颗粒中出现花朵状共晶体（γ + NbC）碳化物，由于它形成温度高，必须在经1050℃预热处理后，在高于1150℃热等静压温度时才能消除。

（4）PREP 粉末颗粒中二次 γ′相的析出形态与热处理温度（或 HIPed 温度）有关，高于1120℃时 γ′相呈方形。

（5）综合上述结论，建议 PREP 粉末热等静压时，其温度可提高至1140~1180℃，有利于消除残留树枝晶区和亚稳碳化物分解和转化。

粉末高温合金各种状态中夹杂物来源及其遗传关系

胡本芙　　何承群　　李慧英　　章守华

（北京科技大学材料科学与工程学院粉末高温合金课题组）

2003 年 7 月

在新型高推重比、低油耗发动机的设计和制造中涡轮盘是发动机热端的关键部件之一，工作条件极为苛刻，要求材料不仅要有足够的力学性能和优良的理化性能以及良好的热冷工艺性能，特别是在使用温度范围内应具有优良的低周疲劳和热疲劳寿命。

采用粉末高温合金制造高性能的涡轮盘比传统铸造和变形工艺来说具有很大优越性，所以粉末涡轮盘的制造和应用得到迅速发展，当前国际上许多军、民用飞机已成功的使用新型高推重比、低油耗粉末高温合金涡轮盘，极大的推动航空事业的发展。但粉末高温合金中的缺陷往往是阻碍它的广泛应用的关键，合金中缺陷有三种：外来的陶瓷夹杂物、原始颗粒边界问题（PPB）及热诱导空洞（TIP），它们的存在严重影响粉末高温合金的各种力学性能和热工艺性能，大幅度降低合金的疲劳性能，成为粉末涡轮盘部件的稳定性和可靠性的障碍[1~4]。因此人们一直以来致力于研究和采取各种可行措施消除缺陷，如：采用等离子旋转电极雾化法（PREP）制成的粉末较好解决空心粉问题及气体污染问题，减少了热诱导空洞缺陷的影响；通过一定粉末预处理可以大大降低 PPB 碳化物析出问题。而粉末中陶瓷夹杂物问题长期以来由于对它的分离、检测手段没有很好解决，所以对它的来源、类型、化学组成都不很清楚，因此难以从源头阻止外来夹杂物的侵入。

本文将借助于自行设计改进型水淘析装置，分离检测出夹杂，并配合扫描电镜和透射电镜技术获得夹杂物的数量、尺寸、类型、组成等特征数据，对 FGH95 合金中夹杂物来源及其遗传关系进行分析。

1　材料及实验程序

1.1　材料

实验材料为用等离子旋转电极雾化法（Plasma Rotation Eletrode Process）生产的 FGH95 合金，其化学成分如表 1 所示。

表1　FGH95 合金化学成分（质量分数/%）

元　素	C	Cr	Co	W	Mo	Al	Ti	Nb	B	Zr	Ni
含量	0.04 /0.09	12.0 /14.0	7.0 /9.0	3.3 /3.7	3.3 /3.7	3.3 /3.7	2.3 /2.7	3.3 /3.7	0.005 /0.015	0.03 /0.07	余量

选用 1000g 质量粉末作为试料（粉末粒度范围为 50~100μm），每次用 100g 粉进行淘

析分离夹杂，将淘析出的夹杂分别收集，一部分固定在特制的试片上喷碳后用型号为 S-250MK3 的扫描电镜及其附带能谱仪 NH100G 进行形貌观察和成分分析，并用 X 射线衍射仪进行物相鉴定。另一部分夹杂通过特殊制样工艺固定后经离子减薄穿孔作成薄膜试样供 TEM 观察分析。

1.2　陶瓷夹杂物水淘析装置特点

　　分离粉末中夹杂物所用改进型水淘析装置（见图 1）是利用非均匀相物系分离的重力沉降原理，其实质是利用分散物质（合金粉末及各种杂质）的密度差异在流体介质中发生相对运动而分离的过程，本装置的特点[5,6]：

　　（1）为确保有效淘析效率，用流体力学理论计算并确定合适水流速度（0.005m/s）和管径尺寸（ϕ50mm），这是保证淘析效率的关键。

　　（2）为解决粉末发生团聚裹住夹杂物带出，选择适量表面活性剂，通过降低固-液表面张力使合金粉末润湿和分散。

　　（3）为防止淘析过程中带入异相颗粒的污染，采用蒸馏水作为水淘析介质，并在淘析前用大量清净水空载运行以避免管路带来污染。

　　（4）在收集夹杂物上采用出口处的滤布反复在清净水中漂洗，抽滤后进行干燥、封闭收集保存，以便制样观察。

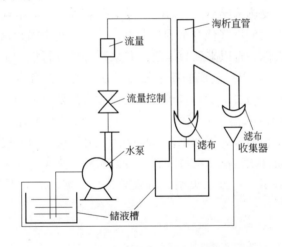

图 1　水淘析装置示意图

Fig. 1　Schematic of the water elutriation apparatus

2　FGH95 合金粉末中夹杂物特征

2.1　陶瓷夹杂物的数量和尺寸分布

　　用水淘析法对 FGH95 未静电分离粉和静电分离粉（50～100μm）及 René95 氩气雾化粉（60～78μm）三种合金粉末进行淘析分离夹杂，为了检测装置的精确可靠性，对大于 25～150μm 范围内的夹杂物全部分离检测，在高倍分辨的 SEM 下测量结果如图 2 所示。

由图 2 可知，未静电分离粉夹杂物绝对数量比较高，而静电分离粉 FGH95 的夹杂物绝对数量和进口 René95 粉末中数量相当，这说明静电分离明显地减少夹杂数量，不仅对减少小尺寸夹杂作用明显，而且对去除大尺寸夹杂（小于 150μm）更有效，分离效率可达 95% 以上，为更有效的验证静电分离工艺的效果和淘析装置的可靠性，如图 3 给出夹杂尺寸为 $a > 60μm$、$b > 60μm$ 时各种类中夹杂的绝对数量。

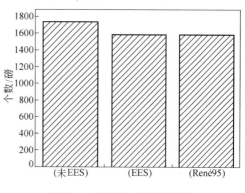

图 2　不同粉末种类夹杂的
绝对数量（30 ~ 150μm）

图 4 给出某一批量三种粉末中不同夹杂尺寸频度分布，显然从图 4 中明显看出 René95 和未静电分离 FGH95 两种粉中夹杂在 35 ~ 50μm 左右存在一峰值，而静电分离粉末峰值向更小尺寸偏移，这说明粉末中的夹杂物也存在某一尺寸的峰值这一特征，同时还说明整体上，FGH95 粉频度曲线较平缓，说明 FGH95 粉末中的夹杂在各个尺寸分布均匀，大颗粒夹杂含量相对较少。René95 粉夹杂尺寸分布比较集中，这种夹杂尺寸分布对合金的低周疲劳的影响是很有利的。不过 René95 粉末中大尺寸夹杂含量相对较多些，这当然应该注意到 René95 粉是与采用氩气雾化法生产工艺有关。

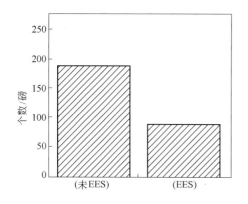

图 3　不同粉末种类中夹杂的绝对数量
（$a > 60μm$，$b > 60μm$）

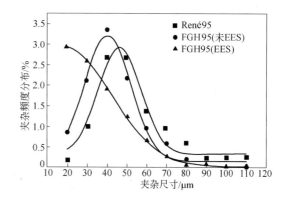

图 4　不同夹杂尺寸频度分布

2.2　夹杂物的类型

若按大于 60μm 以上尺寸排列，前四种夹杂类型可分为：未静电分离和静电分离。FGH95 粉末中主要类型为富 Ca 型、富 Si 型、Si-Ca 型、Si-Al-Ca 复合型，分别占总夹杂物的 58% 和 63%，这说明静电分离能够把未静电分离粉中一些其他类型夹杂物分离去除掉。René95 粉末中夹杂物类型其量按前四种夹杂为富 Si 型、富 Al 型、Si-Al 型、Si-Al-Ca 复合型，占全部夹杂数量的 73.7%，显然，FGH95 和 René95 两种粉末中主类型夹杂物是不同的。图 5(a) 和图 5(b) 给出四种典型夹杂物的形貌。

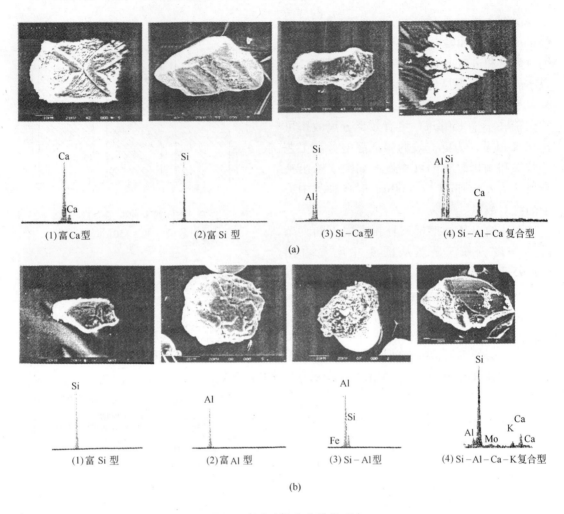

(1)富Ca型　　(2)富Si型　　(3)Si-Ca型　　(4)Si-Al-Ca复合型

(a)

(1)富Si型　　(2)富Al型　　(3)Si-Al型　　(4)Si-Al-Ca-K复合型

(b)

图5　粉末中夹杂物的类型

（a）FGH95；（b）René95

从形貌和种类的对应关系中可以看出：同一类型夹杂物可能有多种形态，如富Ca型中发现有针状、结晶态规则几何形状和疏松无规则状。同样Si-Al型、Si-Al-Ca复合型夹杂物均有多种形貌，这说明夹杂物类型可能来自不同途径，这对分析夹杂物来源造成一定困难。

2.3　夹杂物的结构

2.3.1　X射线谱分析

把收集的夹杂物制成X射线谱分析用试样，对FGH95中的夹杂得出（见图6），富Ca型夹杂为CaO，富Si型夹杂主要为SiO_2，而Si-Al型为$SiO_2 \cdot Al_2O_3$复合型夹杂物。

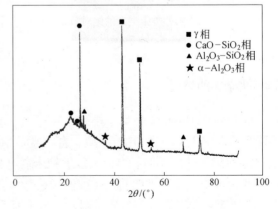

■γ相
● $CaO-SiO_2$相
▲ $Al_2O_3-SiO_2$相
★ $\alpha-Al_2O_3$相

$2\theta/(°)$

图6　FGH95粉末中夹杂物的X射线谱

2.3.2 几种典型夹杂物的 TEM 结构分析

夹杂物的 TEM 图像见图 7。

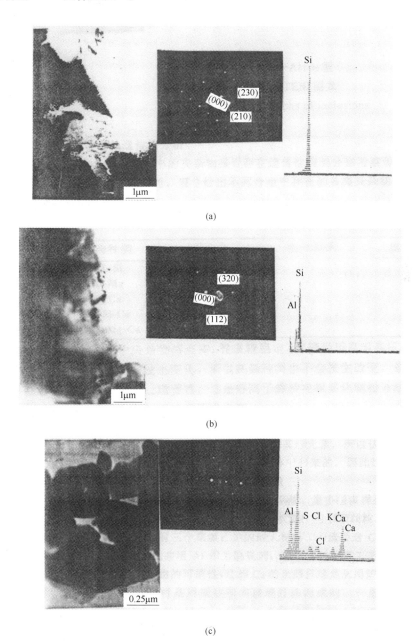

图 7 夹杂物的 TEM 图像

（a）富 Si 型（SiO$_2$）；（b）SiO$_2$·Al$_2$O$_3$ 复合型；（c）CaO-SiO$_2$-Al$_2$O$_3$ 型

3 夹杂物种类的遗传性分析

FGH95 合金粉末中的夹杂物是否存在遗传性应当分别考察母合金、合金粉末态、成型合金中夹杂物种类。表 2 给出不同合金中存在的各类夹杂物类型。

表 2 存在于 FGH95 合金不同状态中的夹杂物类型

夹杂种类	母合金	合金粉末	成型合金
Al-Si	√	√	√
Al-Mg	√	√	√
Si-Ca	√	√	√
Al-Si-Ca	√	√	√
Al-Si-Mg-Ca			

由于表 2 中夹杂物熔点高，性质较稳定，尽管经历高温高压和变形等工艺处理，它们的化学组成没有发生变化，所以夹杂种类也不会发生改变，说明上述夹杂物类型在合金制造过程中存在遗传性，这是等离子旋转电极雾化制粉方法的重要特点，也说明这种方法对母合金的清洁度要求很高。

4 讨论

从夹杂物结构分析得知，FGH95 合金中主要的夹杂物为富 Si 的 SiO_2 和富 Ca 的 CaO-SiO_2-Al_2O_3 复合夹杂物（$CaAl_2Si_2O_8$），只要严格控制这两类夹杂物的来源就可以有效地减少 FGH95 合金中夹杂物数量。

一般 SiO_2 有多种同素异构体，在常温常压下稳定的 SiO_2 称为方石英，在冶炼时钢液中形成的方石英中能溶解百分之几 Al_2O_3、Cr_2O_3 等金属氧化物而成为固溶体[7]，可是 FGH95 粉末中的 SiO_2 方石英中并不含其他元素，所以认定 SiO_2 夹杂物的来源是外生的，最大可能是国产氩和氦冷却气体中带来的，因此过滤净化 Ar、He 气体是堵塞、减少此类夹杂物进入粉末中重要对策。

其次，FGH95 粉末中存在大量硅铝酸钙夹杂物，呈多种多样外形，其中经鉴定为 $CaO \cdot 2SiO_2 \cdot Al_2O_3$（$CaAl_2Si_2O_8$），可以成板条状或者聚集为颗粒。值得注意的是这类复合夹杂物中的 Ca 主要有三个来源：炉的耐火材料、炉渣及含 Ca 的脱氧剂。母合金是采用真空感应炉冶炼，并用 Al 作为脱氧剂，所以这种冶炼工艺排除从炉渣和含 Ca 的脱氧剂带来含 Ca 夹杂物的可能性，这样 Ca 的来源只能是从用炉的耐火材料中带来。事实上，真空感应炉炉衬是用镁砂和水玻璃打结而成的，一般镁砂中含有 $w(Ca)$ = 0.5% ~ 0.3%、$w(SiO_2)$ = 1% ~ 3%、$w(Al_2O_3)$ = 0.5%，存在 α 型钙硅酸盐相（$3CaO \cdot 2SiO_2$），在用 Al 脱氧剂时钙硅酸盐相中 SiO_2 组元可以被 Al 还原成 Si（因 Al_2O_3 的 $\Delta G^\ominus$ 小于 SiO_2 的 $\Delta G^\ominus$），产物为钙铝硅酸盐，所以富 Ca 的硅酸盐夹杂物往往含有不同数量的 Al_2O_3。

由以上分析可以得出 $CaAl_2Si_2O_8$ 不是钢液中沉淀出来的，而是炉衬带来的外来夹杂物，所以精选镁砂控制 Ca 的含量，牢固打结并焙烧充分又是堵塞和减少 FGH95 粉末中夹杂物的重要对策。

5 结论

（1）改进型水淘析法检测粉末中非金属陶瓷夹杂物装置从结构设计及操作流程上解决了淘析过程带来的外来污染，保证很高的淘析效率，用以检测高温合金粉末中的非金属陶瓷夹杂物是有效可靠的。

（2）FGH95 合金中陶瓷夹杂物基本来源是坩埚材料的污染和冷却气体氩、氦中灰尘的污染。

（3）FGH95 母合金、合金粉末态、成型合金中夹杂物种类鉴定比较表明：FGH95 合金制造过程伴随着夹杂的遗传过程。

（4）采用水淘析法获得的高温合金粉末中夹杂物，再结合 X 射线、SEM 和 TEM 结构分析仪形成一条连贯结构分析的方法可获得夹杂物特征的可靠信息。

（5）FGH95 高温合金粉末中确定陶瓷夹杂物的结构和类型为：正交晶系 SiO_2 和 $SiO_2 \cdot Al_2O_3$；三斜晶系复合型 $CaO \cdot 2SiO_2 \cdot Al_2O_3$。

参 考 文 献

［1］Shamblen C E, Chang D R. Effect of inclusion on LCF life of HIP plus heat treated powder metal René95［J］. Metallurgical Transaction B, 1985, 16：775-784.

［2］Ambrois M H, et al. Crack initiation from the interface of superficial inclusions［C］// Conference：Mechanical Behavior of Materials V, 1987, 169.

［3］国为民, 吴剑涛, 张凤戈, 陈淦生. FGH95 镍基粉末高温合金中夹杂对低周疲劳性能的影响［J］. 金属学报（增刊2）, 1999, 35：S355-S357.

［4］何承群, 余泉茂, 胡本芙. FGH95 合金 LCF 断裂寿命与夹杂特征关系的研究［J］. 金属学报, 2001, 37（3）：247-252.

［5］胡本芙, 何承群, 李慧英. 水淘析管结构参数对分离 René95 粉末中陶瓷夹杂的影响［C］// 第九届全国高温合金年会论文集. 金属学报（增刊2）, 1999, 35：S352-S354.

［6］何承群, 胡本芙, 李慧英. 淘析 René95 合金粉末中陶瓷夹杂的水流速确定［C］// 第九届全国高温合金年会论文集. 金属学报（增刊2）, 1999, 35：S371-S374.

［7］Kiessling R, Lange N. 钢中非金属夹杂物［M］. 鞍钢钢铁研究所, 中国科学院金属研究所合译. 鞍山：鞍钢科技情报研究所, 1980：5.

热等静压 FGH95 合金高温挤压形变微观组织

胡本芙　　陈焕铭　　李慧英　　刘建涛

（北京科技大学材料科学与工程学院粉末高温涡轮盘研制组）

2003 年 9 月

　　粉末高温合金是 20 世纪 60 年代诞生的新一代高温合金，由于其晶粒细小、组织均匀、无宏观偏析、屈服强度高和疲劳性能好等优点，很快成为先进航空发动机涡轮盘、挡环等关键部件的首选材料[1~3]。FGH95 合金是一种 γ′ 相沉淀强化型镍基粉末高温合金，γ′ 体积含量接近 55%，在 650℃ 范围内具有较高的拉伸强度，国内目前采用的成形工艺是热等静压加包套锻造。本文将热等静压 FGH95 合金进行高温挤压形变及随后热处理，用光镜（OM）、扫描电镜（SEM）及透射电镜（TEM）观察其微观组织演变，这方面的研究国内目前还未见报道。

1　实验方法

　　将热等静压 FGH95 合金重新包套（热等静压制度分别为：1120℃/105MPa/3h；1190℃/105MPa/3h），包套尺寸为 $\phi100mm \times 90mm$，将包套的试样加热至 1120℃ 保温 2h 后挤压，挤压比为 6.5:1，对挤压后的试样进行热处理，制度分别为：1130℃/1h，油淬 + 870℃/1h，空冷 + 650℃/24h，空冷；1140℃/1h，538℃盐淬 + 870℃/1h，空冷 + 650℃/24h，空冷。侵蚀剂溶液成分为 $CuCl_2$(5g) + HCl(100mL) + 酒精(100mL)，侵蚀 2min，薄晶体试样减薄采用电解双喷方法。用于观察试样的扫描电镜型号为 Cambridge S250-Ⅲ，透射电镜型号为 H-800。

2　实验结果

2.1　热等静压 FGH95 合金组织

　　图 1(a)、(b)分别是热等静压温度为 1120℃、1190℃时合金的显微组织，在光学显微镜下，可以看到热等静压组织局部范围内保留由 γ′ 相构成的原颗粒边界（PPB）及树枝晶痕迹，γ′ 分布基本均匀，但尺寸并不均匀，大 γ′（尺寸大于 1.0μm）主要分布于原颗粒界和晶界，中等尺寸 γ′（尺寸在 0.1~1.0μm 之间）均匀地分布于晶内。对薄晶体试样的观察表明：小于 1.0μm 的中等尺寸 γ′ 的形态均为四个方形构成的蝶形［见图 2(a)、(b)］。另外，对于 1120℃ 热等静压的试样，由于热等静压温度低于 γ′ 完全溶解温度（1156℃），观察到部分未完全回溶的 γ′ 组织［图 2(c)］及形变态 γ′ 组织见图 2(d)。

2.2　挤压态 FGH95 合金显微组织

　　图 3 为热等静压试样经 1120℃ 高温挤压后的显微组织，与热等静压试样相比，由大尺

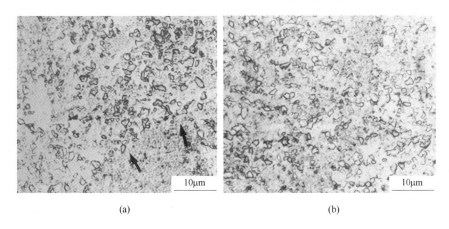

(a)   (b)

图 1　热等静压态 FGH95 合金显微组织

(a) 1120℃/105MPa/3h；(b) 1190℃/105MPa/3h

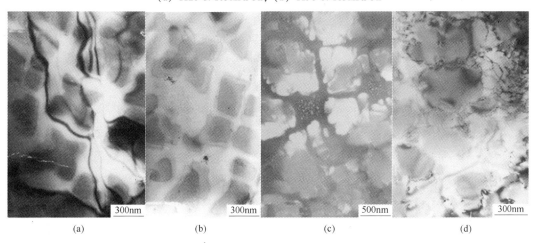

(a)   (b)   (c)   (d)

图 2　热等静压态 FGH95 合金中 γ′形态

(a) 1120℃ HIP；(b) 1190℃ HIP；(c) 1120℃ HIP；(d) 1120℃ HIP

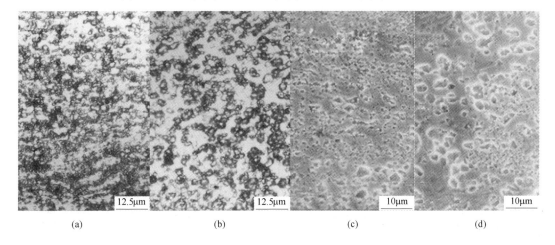

(a)   (b)   (c)   (d)

图 3　挤压态 FGH95 合金显微组织

(a) 1120℃ HIP + Ext；(b) 1190℃ HIP + Ext；(c) 1120℃ HIP + Ext（SEM）；(d) 1190℃ HIP + Ext（SEM）

寸 γ′相构成的 PPB 和树枝晶痕迹完全消失，见图 3(a)、(b)，大 γ′沿晶界析出且尺寸略有增加。1120℃热等静压试样经挤压后中等尺寸 γ′相明显增多，见图 3(c)，而 1190℃热等静压试样经挤压后大尺寸 γ′相含量增多，见图 3(d)。

对两种试样的薄晶体观察表明：挤压态组织大都为再结晶组织，见图 4(a)，在这些已发生再结晶的晶粒内部有方形 γ′析出，见图 4(b)，同时也能观察到少量位错密度很高的形变态组织，这种形变态组织有两种典型的特征：一种如图 4(c)所示，形变集中在晶粒内部，在晶界及晶内有大、中尺寸的 γ′相；另一种如图 4(d)所示，在晶界及晶内没有 γ′相，晶界由高密度位错构成，晶粒沿挤压方向伸长。

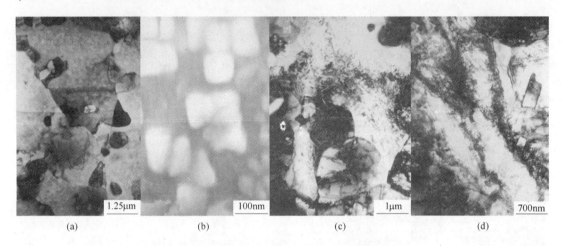

1.25μm	100nm	1μm	700nm
(a)	(b)	(c)	(d)

图 4　挤压态 FGH95 合金显微组织（TEM）

2.3　挤压态试样热处理后的组织

图 5 为挤压态试样经固溶热处理后的显微组织，可以看出两种制度热等静压试样经挤压后 1130℃/1h 固溶油淬处理时见图 5(a)、(b)，中等尺寸 γ′相大都溶入基体，大尺寸 γ′分布在晶界，1120℃热等静压试样经挤压、固溶油淬处理后晶粒平均尺寸为 5.17μm，见

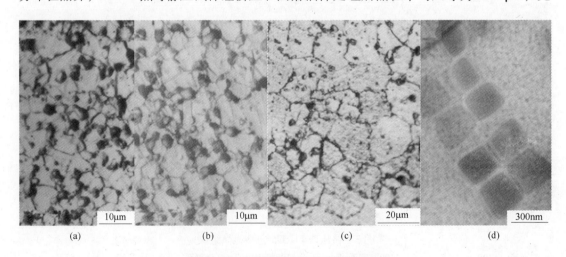

10μm	10μm	20μm	300nm
(a)	(b)	(c)	(d)

图 5　挤压态试样固溶热处理后的组织

图 5(a)，1190℃热等静压试样经挤压、固溶油淬处理后晶粒平均尺寸为 6.00μm，见图 5(b)，HIP 温度对挤压并固溶热处理后的试样组织没有明显的影响。对 1120℃热等静压试样挤压后采用 1140℃/1h 固溶盐淬热处理时，晶内有很多细小的中等尺寸 γ′析出，晶界上大 γ′较少，见图 5(c)，这种析出的中等尺寸 γ′在晶内很有规律地排列，见图 5(d)，γ′的分布及尺寸发生了明显的变化，同时由于固溶温度的提高，晶粒尺寸也有所长大，见图 5(c)。

图 6 为二级时效后小 γ′相的中心暗场像，可以看出小 γ′的尺寸与时效前固溶热处理制度的选择有关，1120℃热等静压试样挤压后固溶油淬[图 6(a)]与固溶盐淬[图 6(b)]相比，油淬在时效时析出的小 γ′尺寸较大，而都用油淬时，则 HIP 温度高的试样在时效时析出的小 γ′尺寸较大，见图 6(c)，这与时效前基体中 γ′形成元素的过饱和度有关。盐淬比油淬冷速慢，有一部分中等尺寸 γ′在晶内析出致使基体中 γ′形成元素的过饱和度减小，时效时小 γ′尺寸亦小，油淬冷速快，晶内很少有中等尺寸 γ′析出，故时效时小 γ′尺寸较大。由于 1190℃热等静压时 γ′完全溶解，而 1120℃热等静压时 γ′仅部分溶解，经挤压固溶热处理后 1190℃HIP 试样小 γ′尺寸就比 1120℃HIP 试样的小 γ′尺寸大。

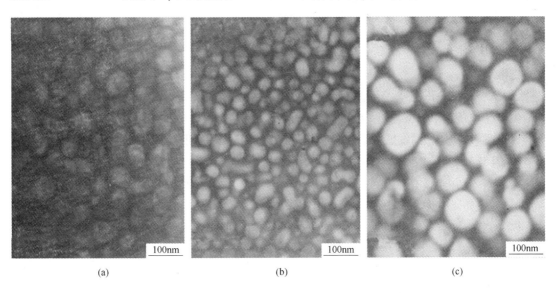

| (a) | (b) | (c) |

图 6　时效热处理后小 γ′相形态

3　讨论

运用 IBAS2000 图像分析仪对 γ′进行定量统计，结果表明：1120℃HIP 试样和 1190℃HIP 试样中大、中 γ′平均尺寸分别为 0.723μm 和 0.795μm，大 γ′所占的百分数分别为 24.99% 和 23.55%，经挤压后试样中大、中 γ′平均尺寸分别为 0.903μm 和 1.090μm，大 γ′所占的百分数分别为 32.81% 和 44.88%，挤压态大、中 γ′平均尺寸及大 γ′所占的百分数较热等静压态大，说明挤压以后 γ′发生长大，由于挤压时有再结晶发生，而再结晶时 γ′会发生粗化，所以挤压态的 γ′尺寸较热等静压的 γ′尺寸大。由大 γ′所占的百分数可以看出，1190℃HIP 试样较 1120℃HIP 试样具有更多的中等尺寸 γ′，由于中等尺寸 γ′大都是在冷却时析出的，1190℃热等静压时 γ′完全溶解，增大了基体中 γ′形成元素的过饱和度，在

冷却时中等尺寸 γ' 析出的数目较过饱和度小的 1120℃ HIP 试样中的数目要多，尺寸也略大一些，从而使得大、中 γ' 平均尺寸大一些。

在高温挤压过程中，伴随有再结晶的发生，γ' 将发生分解与粗化，如果其他条件相同时，按 γ' 尺寸对溶解度影响的观点，即尺寸越大，相应的分解温度也上升，因而在挤压时，1190℃ HIP 试样中 γ' 的分解温度要高一些，即挤压时 γ' 分解速度较慢，从而使得基体中 γ' 形成元素的过饱和度下降，导致析出的中等尺寸 γ' 数量减少，大 γ' 量相应增多，这一趋势一直保持到热处理后，即挤压并热处理后 1190℃ HIP 试样中 γ' 尺寸较 1120℃ HIP 试样中的大。

在热处理过程中，晶内均匀分布的 γ' 在固溶时溶入基体，但由于从固溶温度冷却下来的速度不同，便产生了两种组织，油冷的速度较快，γ' 不能充分形核但却容易长大，因而 γ' 在晶界形核后优先长大，故晶界 γ' 含量高，而晶内 γ' 则相对较少，通过固溶后高温盐浴（538℃）冷却的速度则较慢，γ' 可以充分形核，因而 γ' 不但在晶界而且还在晶内形核，晶界有部分大 γ'，晶内均匀分布中等尺寸 γ'，固溶冷却速度不同改变了晶界与晶内的大、中尺寸 γ' 配比，相应地，由于基体中 γ' 形成元素的过饱和度不同，使得时效过程中析出的小 γ' 尺寸也有所改变。

4　结论

（1）热等静压 FGH95 合金经高温挤压变形后，由大 γ' 相及树枝晶构成的 PPB 痕迹完全消失，晶粒度为 ASTM 12-14 级。

（2）对不同 HIP 温度的合金试样挤压后的固溶热处理表明，HIP 温度对挤压并固溶处理后的组织没有明显影响。

（3）时效处理小 γ' 的析出不仅与时效前的固溶热处理温度有关，而且与 HIP 温度的选择有关。

参 考 文 献

[1] 国为民，吴剑涛，张凤戈，冯涤. FGH95 粉末高温合金非金属夹杂物的研究[J]. 材料工程(增刊)，2002：54-57.

[2] 张义文. 俄罗斯粉末冶金高温合金[J]. 钢铁研究学报，1998，10(3)：74-76.

[3] 张莹，李世魁，陈生大. 用等离子旋转电极法制取镍基高温合金粉末[J]. 粉末冶金工业，1998，8(6)：17-22.

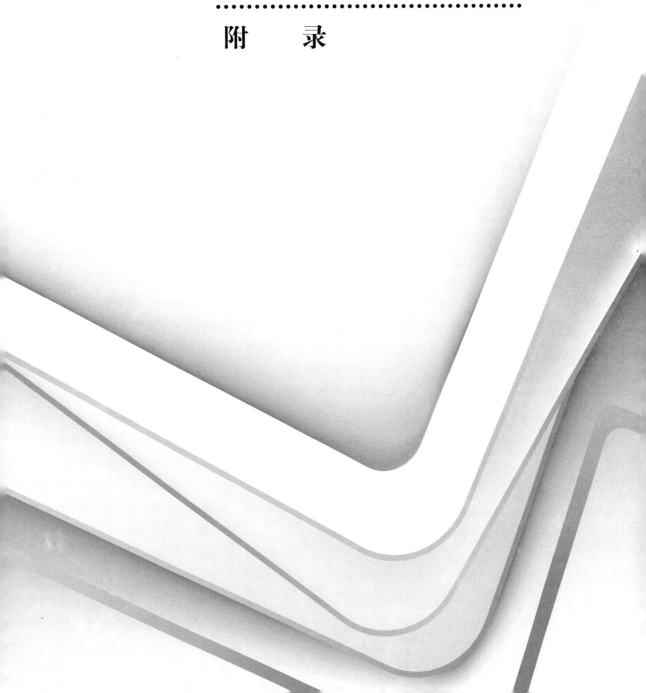

▲ **第三部分**

附　　录

附录1　胡本芙教授与其他人员合作发表的论文标题

1　章守华（1篇）

《镍基粉末高温合金 FGH95 的组织和性能》章守华，胡本芙，李慧英，吴承健，金开生。北京科技大学学报，1993，15(1)：1-9。

2　李慧英（6篇）

(1)《FGH95 与 René95 合金粉末热学凝固参数和微观组织》李慧英，胡本芙，章守华。北京钢铁学院学报（专辑2），1987：1-11。

(2)《镍基高温合金氩气雾化粉末颗粒中相的研究》李慧英，胡本芙，章守华。北京钢铁学院学报（专辑2），1987：29-39。

(3)《原粉末颗粒边界碳化物的研究》李慧英，胡本芙，章守华。北京钢铁学院学报（专辑2），1987：40-49。

(4)《原粉末颗粒边界碳化物的研究》李慧英，胡本芙，章守华。金属学报，1987，23(2)：B90-B94。

(5)《热等静压加模锻的粉末高温合金 FGH95 的低周疲劳》李慧英，胡本芙，章守华，俞克兰，杜晓梅。第六届全国高温合金年会论文集（冶金部钢铁研究总院五室），1987：446-448。

(6)《热等静压＋挤压的 FGH95 合金组织与性能的研究》李慧英，金开生，胡本芙，章守华。第七届全国高温合金年会论文集，Superalloys 1991；北京科技大学学报（增刊），1991，13：635-640。

3　贾成厂（1篇）

《热处理制度对粉末高温合金性能的影响》贾成厂，尹法章，胡本芙，梅雪珍。粉末冶金材料科学与工程，2006，11(3)：176-179。

4　高庆（1篇）

《粉末 René95 高温合金中项链组织的形成》高庆，章守华，胡本芙，李慧英。金属学报，1996，32(10)：1019-1022。

5　金开生（1篇）

《FGH95 合金热等静压及挤压态夹杂物研究》金开生，李慧英，胡本芙，章守华。第七届全国高温合金年会论文集，Superalloys 1991；北京科技大学学报（增刊），1991，13：

641-645。

6　尹法章（1 篇）

《挤压变形和热处理工艺对 FGH95 合金 γ′相析出的影响》尹法章，胡本芙，金开生，贾成厂。材料工程，2005，（10）：52-55。

7　何承群（3 篇）

（1）《淘析 René95 合金粉末中陶瓷夹杂的水流速确定》何承群，胡本芙，李慧英。第九届全国高温合金年会论文集；金属学报（增刊 2），1999，35：S371-S374。

（2）《等离子体旋转自耗电极端部熔池中的流场分析》何承群，胡本芙，国为民，陈生大。金属学报，2000，36（2）：187-190。

（3）《FGH95 合金 LCF 断裂寿命与夹杂特征关系的研究》何承群，余泉茂，胡本芙。金属学报，2001，37（3）：247-252。

8　陈焕铭（14 篇）

（1）《工艺参数对 FGH95 合金粉末粒度分布分维数的影响》陈焕铭，胡本芙，张义文。宁夏大学学报（自然科学版），2002，23（2）：169-172。

（2）《FGH95 粉末枝晶间合金元素偏析的研究》陈焕铭，胡本芙，余泉茂，宋铎。材料工程，2002（3）：32-35。

（3）《等离子旋转电极雾化熔滴的热量传输与凝固行为》陈焕铭，胡本芙，余泉茂，张义文。中国有色金属学报，2002，12（5）：883-890。

（4）《飞机涡轮盘用镍基粉末高温合金研究进展》陈焕铭，胡本芙，张义文，余泉茂，李慧英。材料导报，2002，16（11）：17-19。

（5）《PREP 法 FGH95 粉末颗粒表面特性的研究》陈焕铭，胡本芙，李慧英，宋铎。第六届先进材料技术研讨会文集；材料工程（增刊），2002：50-53。

（6）《等离子旋转电极雾化 FGH95 高温合金粉末颗粒凝固组织特征》陈焕铭，胡本芙，李慧英，余泉茂，张义文。金属学报，2003，39（1）：30-34。

（7）《等离子旋转电极雾化 FGH95 高温合金粉末的预热处理》陈焕铭，胡本芙，李慧英，宋铎。中国有色金属学报，2003，13（3）：554-559。

（8）Chen H M，Hu B F. Numerical calculation on temperature field of FGH95 alloy droplet during rapid solidification. Journal of University of Science and Technology Beijing（English Edition），2003，10（3）：51-54.

（9）Chen H M，Hu B F，Li H Y. Surface characteristics of rapidly solidified nickel-based superalloy powders prepared by PREP. Rare Metals，2003，22（4）：309-314.

（10）Chen H M，Hu B F，Zhang Y W，Yu Q M，Li H Y. Numerical analysis on solidification process and heat transfer of FGH95 superalloy droplets during PREP. Journal of University of Science and Technology Beijing（English Edition），2003，10（5）：53-58.

（11）Chen H M，Hu B F，Zhang Y W，Li H Y，Yu Q M. Influence of processing parameters on granularity distribution of superalloy powders during PREP. Journal of Materials Science and Technology，2003，19（6）：587-590.

（12）《等离子旋转电极雾化熔滴凝固过程的数值计算》陈焕铭，胡本芙，李慧英。兵器材料科学与工程，2005，28（5）：21-24。

（13）《快速凝固 FGH95 合金粉末中的碳化物及其稳定性》陈焕铭，胡本芙，宋铎，李慧英。兰州大学学报（自然科学版），2006，42（3）：71-75。

（14）《镍基合金粉末的预变形与热处理》陈焕铭，胡本芙，魏彩虹。兰州大学学报（自然科学版），2009，45（1）：136-140。

9 刘建涛（12 篇）

（1）《某新型粉末高温合金的高温变形与动态再结晶》刘建涛，陈焕铭，胡本芙，刘国权，张义文。兵器材料科学与工程，2004，27（4）：11-14。

（2）《某新型粉末高温合金静态再结晶的实验研究》刘建涛，陈焕铭，胡本芙，刘国权，张义文。金属热处理，2004，29（6）：37-40。

（3）《某新型粉末高温合金热压缩变形特性的研究》刘建涛，陈焕铭，胡本芙，刘国权，张义文。热加工工艺，2004，（6）：5-7。

（4）《FGH96 合金晶粒长大规律的研究》刘建涛，刘国权，胡本芙，陈焕铭，宋月鹏，张义文。材料热处理学报，2004，25（6）：25-29。

（5）《某新型粉末高温合金的晶粒细化》刘建涛，陈焕铭，胡本芙，刘国权，张义文。热加工工艺，2004（7）：3-5。

（6）《某新型粉末高温合金动态再结晶数学模型的研究》刘建涛，刘国权，胡本芙，陈焕铭，宋月鹏，张义文。金属热处理，2004，29（10）：47-50。

（7）《FGH96 合金静态再结晶机理的研究》刘建涛，刘国权，胡本芙，宋月鹏，张义文，陶宇。材料热处理学报，2005，26（6）：11-15。

（8）《FGH96 合金中 γ' 相的高温粗化行为》刘建涛，刘国权，胡本芙，宋月鹏，秦子然，向嵩，张义文。稀有金属材料与工程，2006，35（3）：418-422。

（9）Liu J T，Liu G Q，Hu B F，Song Y P，Qin Z R，Zhang Y W. Hot deformation behavior of FGH96 superalloys. Journal of University of Science and Technology Beijing（English Edition），2006，13（4）：319-323.

（10）《FGH96 合金动态再结晶行为的研究》刘建涛，张义文，陶宇，刘国权，胡本芙。材料热处理学报，2006，27（5）：46-50。

（11）《FGH96 合金锻造盘坯热处理过程中的晶粒长大行为》刘建涛，张义文，陶宇，刘国权，胡本芙。金属热处理，2006，31（6）：40-44。

（12）《FGH4096 合金在控制冷却过程中 γ' 相析出行为研究》刘建涛，胡本芙，刘国权，张义文，陶宇。动力与能源用高温结构材料——第十一届中国高温合金年会论文集；冶金工业出版社，2007：528-533。

10 田高峰（7 篇）

（1）《固溶冷却介质 FGH96 合金 γ' 相和性能的影响》田高峰，贾成厂，刘建涛，胡本芙。材料工程，2006（12）：24-27。

（2）《冷却速度对 FGH4096 合金 γ′ 相析出行为的研究》田高峰，贾成厂，刘建涛，胡本芙。北京科技大学学报（增刊 1），2006，28：547-549。

（3）《冷却速度对 FGH4096 合金中 γ′ 相形态的影响》田高峰，胡本芙，贾成厂，李慧英。动力与能源用高温结构材料——第十一届中国高温合金年会论文集，冶金工业出版社，2007：534-537。

（4）《粉末高温合金涡轮盘不同部位冷却 γ′ 相的析出和强化》田高峰，贾成厂，温莹，刘国权，胡本芙。材料热处理学报，2008，29(3)：126-130。

（5）Tian G F, Jia C C, Wen Y, Liu G Q, Hu B F. Cooling γ′ precipitation behavior and strengthening in powder metallurgy superalloy FGH4096. Rare Metals, 2008, 27(4): 410-417.

（6）Tian G F, Jia C C, Wen Y, Hu B F. Effect of the solution cooling rate on the γ′ precipitation behaviors of a Ni-base P/M superalloy. Journal of University of Science and Technology Beijing (English Edition), 2008, 15(6): 729-734.

（7）Tian G F, Jia C C, Liu J T, Hu B F. Experimental and simulation on the grain growth of P/M nickel-base superalloy during the heat treatment process. Materials and Design, 2009, 30(3): 433-439.

11　吴凯（18 篇）

（1）《合金元素对新型镍基粉末高温合金的热力学平衡相析出行为的影响》吴凯，刘国权，胡本芙，吴昊，张义文，陶宇，刘建涛。北京科技大学学报，2009，31(6)：719-727。

（2）《新型镍基粉末高温合金的高温变形行为》吴凯，刘国权，胡本芙，李峰，张义文，陶宇，刘建涛。航空材料学报，2010，30(4)：1-7。

（3）《新型镍基粉末高温合金涡轮盘双重组织热处理实验与模拟研究》吴凯，刘国权，胡本芙，张义文，陶宇，刘建涛。材料科学中的数学应用研讨会论文集；保定，2010：31-37。

（4）《新型镍基高温合金粉末颗粒的凝固组织特征》吴凯，刘国权，胡本芙，吴昊，张义文，陶宇，刘建涛。材料科学中的数学应用研讨会论文集；保定，2010：67-70。

（5）《新型涡轮盘用高性能粉末高温合金的研究进展》吴凯，刘国权，胡本芙，张义文，陶宇，刘建涛。中国材料进展，2010，39(3)：23-32。

（6）Wu K, Liu G Q, Hu B F, Li F, Zhang Y W, Tao Y, Liu J T. Characterization of hot deformation behavior of a new Ni-Cr-Co based P/M superalloy. Material Characterization, 2010, 61(3): 330-340.

（7）《含 Hf 和 Ta 新型镍基高温合金粉末中碳化物相》吴凯，刘国权，胡本芙，吴昊，张义文，陶宇，刘建涛。北京科技大学学报，2010，32(11)：1464-1470。

（8）《新型镍基粉末高温合金微量元素的相研究》吴凯，刘国权，胡本芙，吴昊，张义文，陶宇，刘建涛。稀有金属材料与工程，2011，40(2)：279-284。

（9）《航空发动机用新型镍基粉末高温合金涡轮盘双重晶粒尺寸组织的制备》吴凯，刘国权，胡本芙，马文斌。中国体视学与图像分析，2011，16(3)：262-270。

（10）《新型镍基粉末高温合金的热变形行为》吴凯，刘国权，胡本芙，李峰，张义文，陶宇，刘建涛。稀有金属材料与工程，2011，40（4）：645-649。

（11）Wu K，Liu G Q，Hu B F，Li F，Zhang Y W，Tao Y，Liu J T. Hot compressive deformation behavior of a new Ni-Cr-Co based powder metallurgy superalloy. Materials and Design，2011，32（4）：1872-1879.

（12）《固溶热处理对新型镍基粉末 FGH98 I 高温合金组织与性能的影响》吴凯，刘国权，胡本芙，张义文，陶宇，刘建涛。稀有金属材料与工程，2011，40（11）：1966-1971。

（13）《固溶冷却速度对新型涡轮盘用高性能粉末高温合金晶界形态的影响》吴凯，刘国权，胡本芙，马文斌。第十二届中国高温合金年会论文集；钢铁研究学报（增刊2），2011，23：514-517。

（14）Wu K，Liu G Q，Hu B F，Wang C Y，Zhang Y W，Tao Y，Liu J T. Effect of processing parameters on hot compressive deformation behavior of a new Ni-Cr-Co based P/M superalloy. Materials Science and Engineering A，2011，528(13-14)：4620-4629.

（15）《固溶冷却速度和前处理对新型镍基粉末高温合金组织与显微硬度的影响》吴凯，刘国权，胡本芙，张义文，陶宇，刘建涛。稀有金属材料与工程，2012，41（4）：685-691。

（16）《固溶冷却速度和后处理对新型 FGH98 I 镍基粉末高温合金 γ' 相析出和显微硬度的影响》吴凯，刘国权，胡本芙，张义文，陶宇，刘建涛。稀有金属材料与工程，2012，41(7)：1267-1272。

（17）Wu K，Liu G Q，Hu B F，Li F，Zhang Y W，Tao Y，Liu J T. Solidification characterization of a new rapidly solidified Ni-Cr-Co based superalloy. Material Characterization，2012，73(11)：68-76.

（18）Wu K，Liu G Q，Hu B F，Li F，Zhang Y W，Tao Y，Liu J T. Formation mechanism and coarsening behavior of fan-type structures in a new Ni-Cr-Co-based powder metallurgy superalloy. Journal of Material Science，2012，47：4680-4688.

12　张义文（4篇）

（1）《铪对 FGH97 合金平衡相影响的评估》张义文，王福明，胡本芙。北京科技大学学报，2011，33(8)：978-985。

（2）《Hf 在粉末冶金镍基高温合金中的相间分配及对析出相的影响》张义文，王福明，胡本芙。金属学报，2012，48(2)：187-193。

（3）《Hf 含量对 FGH97 合金 γ/γ' 晶格错配度的影响》张义文，王福明，胡本芙。稀有金属材料与工程，2012，41(6)：989-993。

（4）《Hf 含量对镍基粉末高温合金中 γ' 相形态的影响》张义文，王福明，胡本芙。金属学报，2012，48(8)：1011-1017。

13　温莹（1篇）

《镍基粉末高温合金中 γ' 相的形貌特征的定量表征研究》温莹，田高峰，刘国权，胡本芙。中国体视学与图像分析，2007，12(3)：162-166。

14　胡文波（2 篇）

（1）《氩气雾化法制备 FGH96 高温合金粉末颗粒的凝固组织》胡文波，贾成厂，胡本芙，田高峰，黄虎豹。粉末冶金材料科学与工程，2011，16(5)：671-677。

（2）《FGH96 合金原始颗粒边界（PPB）及其对冲击性能的影响》胡文波，贾成厂，胡本芙，田高峰。粉末冶金技术，2012，30(5)：327-333。

15　胡鹏辉（1 篇）

《锆对急冷凝固 FGH96 合金粉末显微组织和元素偏析的影响》胡鹏辉，刘国权，马文斌，胡本芙，张义文，刘建涛。粉末冶金材料科学与工程，2012，17(6)：694-699。

16　马文斌（4 篇）

（1）《PREP FGH4096 粉末凝固组织和碳化物研究》马文斌，吴凯，刘国权，胡本芙，李慧英。第十二届中国高温合金年会论文集；钢铁研究学报（增刊 2），2011，23：490-493。

（2）《粉末高温合金 FGH96 中原始粉末颗粒边界及其对合金拉伸性能的影响》马文斌，刘国权，胡本芙，张义文，刘建涛。粉末冶金材料科学与工程，2013，18(1)：1-7。

（3）《镍基粉末高温合金枝晶间亚稳碳化物》马文斌，刘国权，胡本芙，吴凯，张义文。北京科技大学学报，2013，35(6)：770-776。

（4）Ma W B, Liu G Q, Hu B F, Zhang Y W, Liu J T. Effect of Hf on carbides of FGH4096 superalloy produced by hot isostatic pressing. Materials Science & Engineering A, 2013, 587: 313 ~ 319.

17　杨万鹏（1 篇）

Yang W P, Liu G Q, Wu K, Hua B F. Influence of sub-solvus solution heat treatment on comorphological instability in a new Ni-Cr-Co-based powder metallurgy superalloy. Journal of Alloys and Compounds. 2014, 582: 515-521.

附录 2　胡本芙教授指导的本科生毕业论文标题

1.《FGH95 合金相变规律研究》章钢娅，1977 级本科生。北京钢铁学院，1982。

2.《美国进口 René95 粉末冷凝组织的研究》宋力匠，1977 级本科生。北京钢铁学院，1982。

3.《高温合金粉末中碳化物研究》侯珉，1977 级本科生。北京钢铁学院，1982。

4.《FGH95（AA 粉）中萃取亚稳碳化物研究》张今虹，1977 级本科生。北京钢铁学院，1982。

5.《镍基高温合金 FGH95 淬火裂纹形成原因》袁英，1978 级本科生。北京钢铁学院，1982。

6.《高温合金中析出相差热分析研究》赵宇新，1978 级本科生。北京钢铁学院，1982。

7.《热等静压 + 锻造的 FGH95 合金淬火热处理时裂纹形成原因研究》朱凤霜，1981 级本科生。北京钢铁学院，1985。

8.《粉末高温合金热处理研究（FGH95 及 René95）》邹金文，1985 级本科生。北京科技大学，1989。

附录3 胡本芙教授指导的硕士
研究生毕业论文标题

1.《René95 合金急冷凝固组织与性能》王乃一，1983 级硕士研究生。北京钢铁学院，1986。

2.《高温合金的项链组织工艺和原因》高庆，1984 级硕士研究生。北京钢铁学院，1987。

3.《FGH95（−60 目）合金热等静压＋挤压工艺组织与性能研究》金开生，1988 级硕士研究生。北京科技大学，1991。

4.《旋转电极法（PREP）FGH95 合金粉末性质研究》宋铎，1993 级硕士研究生。北京科技大学，1996。

5.《FGH95 合金中强化相 γ' 相与再结晶》尹法章，1998 级硕士研究生。北京科技大学，2001。

6.《FGH96 合金 γ' 相析出特征及合金热塑性变形行为研究》温莹，2008 级硕士研究生。北京科技大学，2011。

7.《HIP 法制备 AA FGH96 高温合金中 PPB 的形成机理与控制研究》胡文波，2009 级硕士研究生。北京科技大学，2011。

8.《碳、铪、锆对 FGH96 合金粉末颗粒特征的影响规律研究》胡鹏辉，2010 级硕士研究生。北京科技大学，2013。

9.《双晶粒组织涡轮盘用三代粉末高温合金 γ' 强化相及晶界形态研究》杨万鹏，2011 级硕士研究生。北京科技大学，2014。

附录 4　胡本芙教授指导的博士
研究生毕业论文标题

1.《粉末高温合金（FGH95）及其合金粉末中外来夹杂物研究》何承群，1999 级博士研究生。北京科技大学，2003。

2.《等离子旋转电极法（PREP）合金粉末颗粒性质及合金再结晶研究》陈焕铭，2000 级博士研究生。北京科技大学，2004。

3.《航空发动机双重组织涡轮盘用 FGH96 高温合金热加工行为的研究》刘建涛，2001 级博士研究生。北京科技大学，2005。

4.《FGH4096 合金双晶粒组织盘 γ′相析出与强化研究》田高峰，2005 级博士研究生。北京科技大学，2009。

5.《双性能涡轮盘用三代粉末高温合金的优化设计及组织控制》吴凯，2007 级博士研究生。北京科技大学，2011。

6.《微量元素 Hf 对粉末高温合金 FGH97 组织和性能影响的研究》张义文，2007 级博士研究生。北京科技大学，2012。

7.《FGH4096 合金原始颗粒边界的形成与控制研究》马文斌，2010 级博士研究生。北京科技大学，2014。